수학 좀 한다면

디딤돌 초등수학 응용 4-2

펴낸날 [개정판 1쇄] 2023년 11월 10일 [개정판 5쇄] 2024년 10월 4일 | **펴낸이** 이기열 | **펴낸곳** (주)디딤돌 교육 | **주소** (03972) 서울특별시 마포구 월드컵북로 122 청원선와이즈타워 | **대표전화** 02-3142-9000 | **구입문의** 02-322-8451 | **내용문의** 02-323-9166 | **팩시밀리** 02-338-3231 | **홈페이지** www.didimdol.co.kr | **등록번호** 제10-718호 | 구입한 후에는 철회되지 않으며 잘못 인쇄된 책은 바꾸어 드립니다. 이 책에 실린 모든 삽화 및 편집 형태에 대한 저작권은 (주)디딤돌 교육에 있으므로 무단으로 복사 복제할 수 없습니다. Copyright ⓒ Didimdol Co. [2402340]

내 실력에 딱!
최상위로 가는 '맞춤 학습 플랜'

STEP 1 On-line
나에게 맞는 공부법은?
맞춤 학습 가이드를 만나요.

교재 선택부터 공부법까지! 디딤돌에서 제공하는 시기별 맞춤 학습 가이드를 통해 아이에게 맞는 학습 계획을 세워 주세요. (학습 가이드는 디딤돌 학부모카페 '맘이가'를 통해 상시 공지합니다. cafe.naver.com/didimdolmom)

STEP 2 Book
맞춤 학습 스케줄표
계획에 따라 공부해요.

교재에 첨부된 '맞춤 학습 스케줄표'에 맞춰 공부 목표를 달성합니다.

STEP 3 On-line
이럴 땐 이렇게!
'맞춤 Q&A'로 해결해요.

궁금하거나 모르는 문제가 있다면, '맘이가' 카페를 통해 질문을 남겨 주세요. 디딤돌 수학쌤 및 선배맘님들이 친절히 답변해 드립니다.

STEP 4 Book
다음에는 뭐 풀지?
다음 교재를 추천받아요.

학습 결과에 따라 후속 학습에 사용할 교재를 제시해 드립니다. (교재 마지막 페이지 수록)

★ 디딤돌 플래너 만나러 가기

디딤돌 초등수학 응용 4-2

8주 완성
맞춤 학습 스케줄표

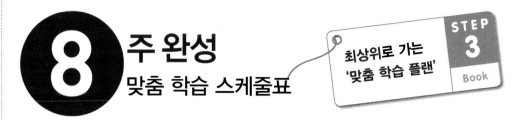

최상위로 가는 '맞춤 학습 플랜'

STEP 3 Book

짧은 기간에 **집중력** 있게 한 학기 과정을 완성할 수 있도록 설계하였습니다.
방학 때 미리 공부하고 싶다면 주 5일 8주 완성 과정을 이용해요.

공부한 날짜를 쓰고 하루 분량 학습을 마친 후, 부모님께 확인 check ☑를 받으세요.

❶ 분수의 덧셈과 뺄셈

1주

월 일	월 일	월 일	월 일	월 일
8~9쪽	10~13쪽	14~17쪽	18~22쪽	23~26쪽

2주

월 일	월 일
27~29쪽	30~32쪽

❷ 삼각형   ❸ 소수의 나눗셈과

3주

월 일	월 일	월 일	월 일	월 일
47~50쪽	51~53쪽	54~56쪽	60~63쪽	64~67쪽

4주

월 일	월 일
68~71쪽	72~75쪽

❹ 사각형

5주

월 일	월 일	월 일	월 일	월 일
88~90쪽	91~94쪽	95~98쪽	99~102쪽	103~106쪽

6주

월 일	월 일
107~109쪽	110~112쪽

❺ 꺾은선그래프   ❻

7주

월 일	월 일	월 일	월 일	월 일
128~129쪽	130~131쪽	132~134쪽	135~137쪽	140~144쪽

8주

월 일	월 일
145~147쪽	148~150쪽

MEMO

효과적인 수학 공부 비법

시켜서 억지로 X   내가 스스로 O

억지로 하는 일과 즐겁게 하는 일은 결과가 달라요.
목표를 가지고 스스로 즐기면 능률이 배가 돼요.

가끔 한꺼번에 X   매일매일 꾸준히 O

급하게 쌓은 실력은 무너지기 쉬워요.
조금씩이라도 매일매일 단단하게 실력을 쌓아가요.

정답을 몰래 X   개념을 꼼꼼히 O

정답   개념

모든 문제는 개념을 바탕으로 출제돼요.
쉽게 풀리지 않을 땐, 개념을 펼쳐 봐요.

채점하면 끝 X   틀린 문제는 다시 O

왜 틀렸는지 알아야 다시 틀리지 않겠죠?
틀린 문제와 어림짐작으로 맞힌 문제는 꼭 다시 풀어 봐요.

디딤돌 초등수학 응용 4-2

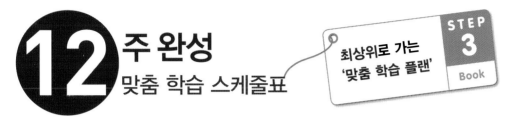

12주 완성 맞춤 학습 스케줄표

최상위로 가는 '맞춤 학습 플랜'
STEP 3 Book

여유를 가지고 깊이 있게 한 학기 과정을 완성할 수 있도록 설계하였습니다.
학기 중 교과서와 함께 공부하고 싶다면 주 5일 12주 완성 과정을 이용해요.

공부한 날짜를 쓰고 하루 분량 학습을 마친 후, 부모님께 확인 check ✔를 받으세요.

❶ 분수의 덧셈과 뺄셈

1주					2주	
월 일	월 일	월 일	월 일	월 일	월 일	월 일
8~9쪽	10~11쪽	12~13쪽	14~15쪽	16~17쪽	18~19쪽	20~22쪽

❷ 삼각형

3주					4주	
월 일	월 일	월 일	월 일	월 일	월 일	월 일
30~32쪽	36~38쪽	39~40쪽	41~42쪽	43~44쪽	45~46쪽	47~48쪽

❸ 소수의 나눗셈과 뺄셈

5주					6주	
월 일	월 일	월 일	월 일	월 일	월 일	월 일
60~61쪽	62~63쪽	64~65쪽	66~67쪽	68~71쪽	72~73쪽	74~75쪽

❹ 사각형

7주					8주	
월 일	월 일	월 일	월 일	월 일	월 일	월 일
83~85쪽	88~90쪽	91~92쪽	93~94쪽	95~98쪽	99~100쪽	101~102쪽

❺ 꺾은선그래프

9주					10주	
월 일	월 일	월 일	월 일	월 일	월 일	월 일
110~112쪽	116~117쪽	118~119쪽	120~121쪽	122~123쪽	124~125쪽	126~127쪽

❻ 다각형

11주					12주	
월 일	월 일	월 일	월 일	월 일	월 일	월 일
135~137쪽	140~142쪽	143~144쪽	145~146쪽	147~148쪽	149~150쪽	151~152쪽

시켜서 억지로 ✗　　내가 스스로 ○

억지로 하는 일과 즐겁게 하는 일은 결과가 달라요.
목표를 가지고 스스로 즐기면 능률이 배가 돼요.

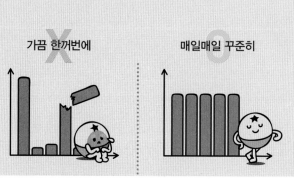

가끔 한꺼번에 ✗　　매일매일 꾸준히 ○

급하게 쌓은 실력은 무너지기 쉬워요.
조금씩이라도 매일매일 단단하게 실력을 쌓아가요.

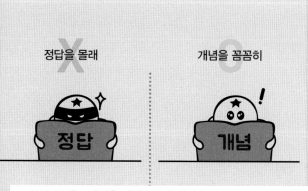

정답을 몰래 ✗　　개념을 꼼꼼히 ○

모든 문제는 개념을 바탕으로 출제돼요.
쉽게 풀리지 않을 땐, 개념을 펼쳐 봐요.

채점하면 끝 ✗　　틀린 문제는 다시 ○

왜 틀렸는지 알아야 다시 틀리지 않겠죠?
틀린 문제와 어림짐작으로 맞힌 문제는 꼭 다시 풀어 봐요.

수학 좀 한다면

초등수학
응용

상위권 도약, 실력 완성

4-2

개념 적용으로 실력을 높이는 공부 비법!

1 교과서 개념

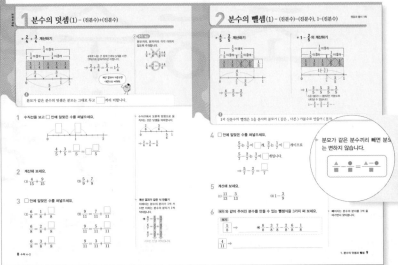

교과서 핵심 내용과 익힘책 기본 문제로 개념을 이해할 수 있도록 구성하였습니다.

교과서 개념 이외의 보충 개념, 연결 개념을 함께 정리하여 심화 학습의 기본기를 갖출 수 있습니다.

2 기본에서 응용으로

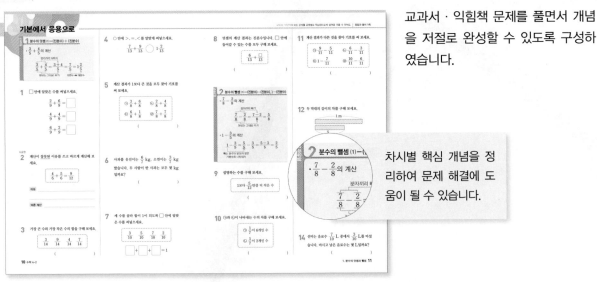

교과서 · 익힘책 문제를 풀면서 개념을 저절로 완성할 수 있도록 구성하였습니다.

차시별 핵심 개념을 정리하여 문제 해결에 도움이 될 수 있습니다.

3 응용에서 최상위로

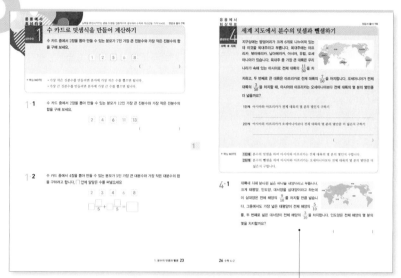

엄선된 심화 유형을 집중 학습함으로써 실력을 높이고 사고력을 향상시킬 수 있도록 구성하였습니다.

세계 지도에서 분수의 덧셈과 뺄셈하기

융합유형 4
수학 ✚ 사회

지구상에는 땅덩어리가 크게 6개로 나누어져 있는데 이것을 육대주라고 부릅니다. 육대주에는 아프리카, 북아메리카, 남아메리카, 아시아, 유럽, 오세아니아가 있습니다. 육대주 중 가장 큰 대륙은 우리

창의·융합 문제를 통해 문제 해결력과 더불어 정보처리 능력까지 완성할 수 있습니다.

4 기출 단원 평가

단원 학습을 마무리 할 수 있도록 기본 수준부터 응용 수준까지의 문제들로 구성하였습니다.

시험에 잘 나오는 기출 유형 중심으로 문제들을 선별하였으므로 수시평가 및 학교 시험 대비용으로 활용해 봅니다.

이 책의 **차례**

분수의 덧셈과 뺄셈

1

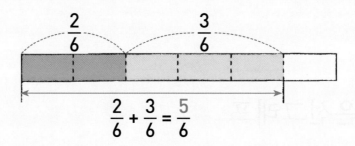

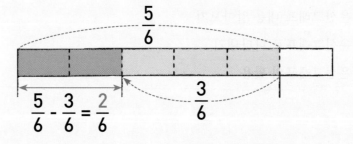

분모가 같으면 분자끼리 더하고 빼.

● 덧셈

$$\frac{2}{6} + \frac{3}{6} = \frac{5}{6}$$

$\frac{1}{6}$이 2개 $\frac{1}{6}$이 3개 $\frac{1}{6}$이 5개

● 뺄셈

$$\frac{5}{6} - \frac{3}{6} = \frac{2}{6}$$

$\frac{1}{6}$이 5개 $\frac{1}{6}$이 3개 $\frac{1}{6}$이 2개

1 분수의 덧셈(1) – (진분수)+(진분수)

개념 강의

● $\dfrac{2}{4} + \dfrac{3}{4}$ 계산하기

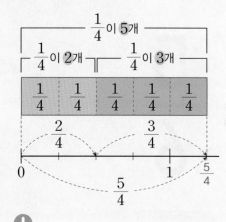

$\dfrac{1}{4}$이 **5**개

$\dfrac{1}{4}$이 **2**개 $\dfrac{1}{4}$이 **3**개

4개로 나눈 것 중의 2개와 3개를 더한 것이므로 분자끼리만 더합니다.

➡ $\dfrac{2}{4} + \dfrac{3}{4} = \dfrac{5}{4} = 1\dfrac{1}{4}$

계산 결과가 가분수면 대분수로 바꿔줘.

⚡ 주의 개념

분모끼리, 분자끼리 각각 더하지 않도록 주의합니다.

$\dfrac{1}{6} + \dfrac{4}{6} \ \cancel{=} \ \dfrac{1+4}{6+6}$

$\dfrac{1}{6} + \dfrac{4}{6} = \dfrac{1+4}{6}$ ○

❗ 분모가 같은 분수의 덧셈은 분모는 그대로 두고 ▢끼리 더합니다.

---

1 수직선을 보고 ▢ 안에 알맞은 수를 써넣으세요.

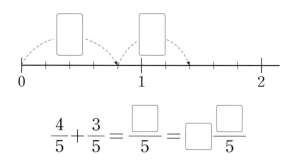

$\dfrac{4}{5} + \dfrac{3}{5} = \dfrac{\boxed{}}{5} = \boxed{}\dfrac{\boxed{}}{5}$

▶ 수직선에서 오른쪽 방향으로 움직이는 것은 덧셈을 의미합니다.

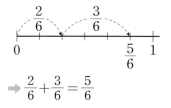

➡ $\dfrac{2}{6} + \dfrac{3}{6} = \dfrac{5}{6}$

2 계산해 보세요.

(1) $\dfrac{4}{15} + \dfrac{9}{15}$

(2) $\dfrac{5}{9} + \dfrac{7}{9}$

3 ▢ 안에 알맞은 수를 써넣으세요.

(1) $\dfrac{6}{8} = \dfrac{1}{8} + \dfrac{\boxed{}}{8}$

$\dfrac{6}{8} = \dfrac{2}{8} + \dfrac{\boxed{}}{8}$

$\dfrac{6}{8} = \dfrac{3}{8} + \dfrac{\boxed{}}{8}$

(2) $\dfrac{9}{11} = \dfrac{7}{11} + \dfrac{\boxed{}}{11}$

$\dfrac{9}{11} = \dfrac{5}{11} + \dfrac{\boxed{}}{11}$

$\dfrac{9}{11} = \dfrac{3}{11} + \dfrac{\boxed{}}{11}$

▶ **계산 결과가 같은 식 만들기**

더해지는 분수의 분자가 1씩 커지면 더하는 분수의 분자가 1씩 작아집니다.

예) $\dfrac{6}{7} = \dfrac{1}{7} + \dfrac{5}{7}$

$\dfrac{6}{7} = \dfrac{2}{7} + \dfrac{4}{7}$

$\dfrac{6}{7} = \dfrac{3}{7} + \dfrac{3}{7}$

커지는 만큼 작아집니다.

2 분수의 뺄셈(1) – (진분수)–(진분수), 1–(진분수)

• $\dfrac{4}{5} - \dfrac{2}{5}$ 계산하기

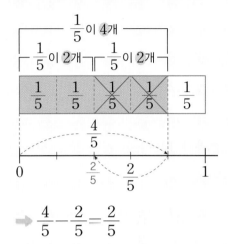

➡ $\dfrac{4}{5} - \dfrac{2}{5} = \dfrac{2}{5}$

• $1 - \dfrac{2}{5}$의 계산하기

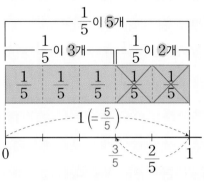

➡ $1 - \dfrac{2}{5} = \dfrac{5}{5} - \dfrac{2}{5} = \dfrac{3}{5}$

└ 1은 (분모) = (분자)인 가분수로 나타낼 수 있습니다.

$1 = \dfrac{2}{2} = \dfrac{3}{3} = \dfrac{4}{4} = \cdots$

❶ 1과 진분수의 뺄셈은 1을 분자와 분모가 (같은 , 다른) 가분수로 만들어 (분자 , 분모)끼리 뺍니다.

---

4 □ 안에 알맞은 수를 써넣으세요.

$\dfrac{5}{7}$는 $\dfrac{1}{7}$이 □개, $\dfrac{2}{7}$는 $\dfrac{1}{7}$이 □개이므로

$\dfrac{5}{7} - \dfrac{2}{7}$는 $\dfrac{1}{7}$이 □개입니다.

➡ $\dfrac{5}{7} - \dfrac{2}{7} = \dfrac{\square}{7}$

▸ 분모가 같은 분수끼리 빼면 분모는 변하지 않습니다.

$$\frac{\blacktriangle}{\blacksquare} - \frac{\bullet}{\blacksquare} = \frac{\blacktriangle - \bullet}{\blacksquare}$$

5 계산해 보세요.

(1) $\dfrac{11}{13} - \dfrac{3}{13}$

(2) $1 - \dfrac{3}{9}$

6 보기 와 같이 주어진 분수를 만들 수 있는 뺄셈식을 3가지 써 보세요.

▸ 빼어지는 분수의 분자를 1씩 줄여가면서 찾아봅니다.

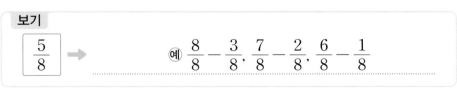

보기

$\boxed{\dfrac{5}{8}}$ ➡ 예 $\dfrac{8}{8} - \dfrac{3}{8}$, $\dfrac{7}{8} - \dfrac{2}{8}$, $\dfrac{6}{8} - \dfrac{1}{8}$

$\boxed{\dfrac{4}{11}}$ ➡ _____

기본에서 응용으로

개념+문제 풀이

교과서

1 분수의 덧셈 ⑴ — (진분수) + (진분수)

• $\dfrac{3}{5} + \dfrac{4}{5}$의 계산

분자끼리 더하기

$$\dfrac{3}{5} + \dfrac{4}{5} = \dfrac{3+4}{5} = \dfrac{7}{5} = 1\dfrac{2}{5}$$

분모는 그대로 두기   가분수 ➡ 대분수

---

1 ☐ 안에 알맞은 수를 써넣으세요.

$$\dfrac{2}{9} + \dfrac{6}{9} = \boxed{}$$

$$\dfrac{4}{9} + \dfrac{4}{9} = \boxed{}$$

$$\dfrac{6}{9} + \dfrac{2}{9} = \boxed{}$$

서술형

2 계산이 <u>잘못된</u> 이유를 쓰고 바르게 계산해 보세요.

$$\dfrac{4}{6} + \dfrac{5}{6} = \dfrac{9}{12}$$

이유 ....

....

바른 계산 ....

---

3 가장 큰 수와 가장 작은 수의 합을 구해 보세요.

| $\dfrac{3}{14}$ | $\dfrac{9}{14}$ | $\dfrac{4}{14}$ | $\dfrac{7}{14}$ |

(   )

---

4 ○ 안에 >, =, <를 알맞게 써넣으세요.

$$\dfrac{7}{13} + \dfrac{9}{13} \;\bigcirc\; 1\dfrac{2}{13}$$

---

5 계산 결과가 1보다 큰 것을 모두 찾아 기호를 써 보세요.

| ㉠ $\dfrac{3}{8} + \dfrac{6}{8}$ | ㉡ $\dfrac{2}{8} + \dfrac{4}{8}$ |
| ㉢ $\dfrac{6}{8} + \dfrac{1}{8}$ | ㉣ $\dfrac{7}{8} + \dfrac{7}{8}$ |

(   )

---

6 사과를 유진이는 $\dfrac{6}{7}$ kg, 소연이는 $\dfrac{3}{7}$ kg 땄습니다. 두 사람이 딴 사과는 모두 몇 kg 일까요?

(   )

---

7 세 수를 골라 합이 1이 되도록 ☐ 안에 알맞은 수를 써넣으세요.

| $\dfrac{3}{10}$ | $\dfrac{5}{10}$ | $\dfrac{7}{10}$ | $\dfrac{2}{10}$ |

$$\boxed{} + \boxed{} + \boxed{} = 1$$

8 덧셈의 계산 결과는 진분수입니다. □ 안에 들어갈 수 있는 수를 모두 구해 보세요.

$$\frac{6}{13} + \frac{\square}{13}$$

( )

11 계산 결과가 다른 것을 찾아 기호를 써 보세요.

㉠ $\frac{9}{11} - \frac{5}{11}$ ㉡ $\frac{6}{11} - \frac{3}{11}$

㉢ $1 - \frac{7}{11}$ ㉣ $\frac{10}{11} - \frac{6}{11}$

( )

유형2 분수의 뺄셈 (1) ─(진분수)─(진분수), 1─(진분수)

• $\frac{7}{8} - \frac{2}{8}$의 계산

분자끼리 빼기

$$\frac{7}{8} - \frac{2}{8} = \frac{7-2}{8} = \frac{5}{8}$$

분모는 그대로 두기

• $1 - \frac{3}{5}$의 계산

$$1 - \frac{3}{5} = \frac{5}{5} - \frac{3}{5} = \frac{5-3}{5} = \frac{2}{5}$$

빼는 분수와 분모가 같은 가분수로 나타내기

9 설명하는 수를 구해 보세요.

1보다 $\frac{5}{12}$만큼 더 작은 수

( )

12 두 막대의 길이의 차를 구해 보세요.

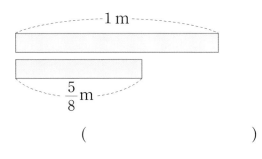

( )

13 ㉠과 ㉡이 나타내는 수의 차를 구해 보세요.

( )

10 ㉠과 ㉡이 나타내는 수의 차를 구해 보세요.

㉠ $\frac{1}{7}$이 6개인 수

㉡ $\frac{1}{7}$이 2개인 수

( )

14 선미는 음료수 $\frac{7}{10}$ L 중에서 $\frac{3}{10}$ L를 마셨습니다. 마시고 남은 음료수는 몇 L일까요?

( )

15 밀가루 1 kg 중에서 딸기 케이크를 만드는 데 $\frac{3}{9}$ kg, 초코 케이크를 만드는 데 $\frac{5}{9}$ kg을 사용하였습니다. 사용하고 남은 밀가루는 몇 kg인지 풀이 과정을 쓰고 답을 구해 보세요.

풀이 _____

_____

_____

답 _____

16 분모가 8인 진분수가 2개 있습니다. 합이 $\frac{5}{8}$ 이고 차가 $\frac{1}{8}$ 인 두 진분수를 구해 보세요.

( )

17 집에서 문구점까지의 거리를 나타낸 것입니다. 집에서 학교까지의 거리는 몇 km일까요?

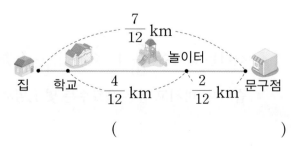

( )

실전유형 **도형의 모든 변의 길이의 합 구하기**

• 정삼각형: 세 변의 길이가 모두 같은 삼각형
• 이등변삼각형: 두 변의 길이가 같은 삼각형
• 정사각형: 네 변의 길이가 모두 같은 사각형
• 직사각형: 마주 보는 두 변의 길이가 같은 사각형

18 오른쪽 정사각형의 네 변의 길이의 합은 몇 cm일까요?

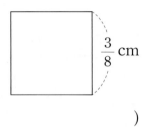

( )

19 직사각형의 가로가 세로보다 $\frac{2}{7}$ cm 더 길 때 직사각형의 네 변의 길이의 합은 몇 cm일까요?

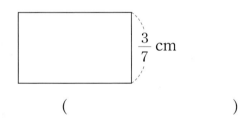

( )

20 이등변삼각형 ㄱㄴㄷ의 세 변의 길이의 합이 $\frac{14}{15}$ cm일 때 변 ㄴㄷ은 몇 cm일까요?

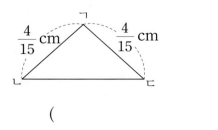

( )

어떤 수 구하기

① 어떤 수를 □라 하여 식을 세웁니다.
② 어떤 수 □를 구합니다.

$$\square + \blacktriangle = \bullet \;\Rightarrow\; \square = \bullet - \blacktriangle$$
$$\blacktriangle - \square = \bullet \;\Rightarrow\; \square = \blacktriangle - \bullet$$

21 □ 안에 알맞은 수를 써넣으세요.

(1) $\dfrac{11}{15} - \boxed{} = \dfrac{4}{15}$

(2) $1 - \boxed{} = \dfrac{3}{9}$

22 □ 안에 알맞은 수를 써넣으세요.

$$\boxed{} + \dfrac{5}{14} = 1 - \dfrac{3}{14}$$

23 어떤 수에서 $\dfrac{2}{11}$ 를 빼야 할 것을 잘못하여 더했더니 $\dfrac{9}{11}$ 가 되었습니다. 바르게 계산하면 얼마일까요?

(   )

□ 안에 들어갈 수 있는 수 구하기

$$\boxed{\dfrac{\square}{6} + \dfrac{2}{6} < 1}$$

□ = 4일 때 $\dfrac{\square}{6} + \dfrac{2}{6} = 1$입니다.

따라서 □ < 4이므로 □ 안에 들어갈 수 있는 수는 1부터 3까지의 수입니다.

➡ □ = 1, 2, 3

24 □ 안에 들어갈 수 있는 수를 모두 구해 보세요.

$$\boxed{\dfrac{3}{8} + \dfrac{\square}{8} < 1}$$

(   )

25 □ 안에 들어갈 수 있는 수 중에서 가장 큰 수를 구해 보세요.

$$\boxed{\dfrac{7}{11} + \dfrac{\square}{11} < 1\dfrac{3}{11}}$$

(   )

26 □ 안에 들어갈 수 있는 수는 모두 몇 개일까요?

$$\boxed{1 < \dfrac{7}{9} + \dfrac{\square}{9} < 1\dfrac{5}{9}}$$

(   )

3 분수의 덧셈(2) – (대분수)+(대분수)

• $2\dfrac{3}{5} + 3\dfrac{4}{5}$ 계산하기

방법 1 자연수 부분끼리 더하고, 분수 부분끼리 더합니다.

$$2\dfrac{3}{5} + 3\dfrac{4}{5} = (2+3) + \left(\dfrac{3}{5} + \dfrac{4}{5}\right) = 6\dfrac{2}{5}$$

$2\dfrac{3}{5}$ $3\dfrac{4}{5}$ $\dfrac{7}{5}(=1\dfrac{2}{5})$ $(5+1)+\dfrac{2}{5}$

방법 2 대분수를 가분수로 바꾸어 분자끼리 더합니다.

$$2\dfrac{3}{5} + 3\dfrac{4}{5} = \dfrac{13}{5} + \dfrac{19}{5} = \dfrac{32}{5} = 6\dfrac{2}{5}$$

각각 가분수로 바꾸기   가분수를 대분수로 바꾸기

계산 결과를 (자연수)+(진분수) 형태로 바꿔줘.

⊕ 보충 개념

받아올림이 없는 (대분수)+(대분수)

$$2\dfrac{3}{5} + 2\dfrac{1}{5} = 4\dfrac{4}{5}$$

➡ 자연수 부분끼리 더하고, 분수 부분끼리 더합니다.

⊕ 보충 개념

덧셈 계산 어림하기

• $2\dfrac{1}{4} + \dfrac{2}{4}$ 는 분수 부분끼리의 합이 1보다 작으므로 3보다 작습니다.

• $2\dfrac{3}{4} + \dfrac{2}{4}$ 는 분수 부분끼리의 합이 1보다 크므로 3보다 큽니다.

---

1 수직선을 보고 □ 안에 알맞은 수를 써넣으세요.

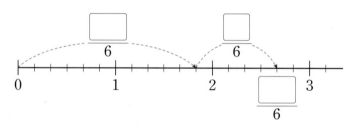

$$1\dfrac{5}{6} + \dfrac{5}{6} = \dfrac{\square}{6} + \dfrac{\square}{6} = \dfrac{\square}{6} = \square\dfrac{\square}{6}$$

2 보기 와 같은 방법으로 계산해 보세요.

보기

$$3\dfrac{4}{7} + 1\dfrac{2}{7} = (3+1) + \left(\dfrac{4}{7} + \dfrac{2}{7}\right) = 4 + \dfrac{6}{7} = 4\dfrac{6}{7}$$

$$5\dfrac{3}{9} + 3\dfrac{4}{9} = $$

3 계산해 보세요.

(1) $3\dfrac{2}{7} + 1\dfrac{4}{7}$

(2) $3\dfrac{5}{8} + 2\dfrac{7}{8}$

❓ **(대분수)+(진분수)는 어떻게 계산해야 하나요?**

(대분수)+(진분수)에서 진분수의 자연수 부분이 '0'이므로 분수 부분만 더합니다.

$$1\dfrac{1}{4} + \dfrac{2}{4} = 1 + \left(\dfrac{1}{4} + \dfrac{2}{4}\right)$$
$$= 1 + \dfrac{3}{4} = 1\dfrac{3}{4}$$

4 분수의 뺄셈 (2) – 받아내림이 없는 (대분수)−(대분수)

● $2\frac{2}{5} - 1\frac{1}{5}$ 계산하기

방법 1 자연수 부분끼리 빼고, 분수 부분끼리 뺍니다.

$$2\frac{2}{5} - 1\frac{1}{5} = (2-1) + \left(\frac{2}{5} - \frac{1}{5}\right) = 1\frac{1}{5}$$

방법 2 대분수를 가분수로 바꾸어 분자끼리 뺍니다.

$$2\frac{2}{5} - 1\frac{1}{5} = \frac{12}{5} - \frac{6}{5} = \frac{6}{5} = 1\frac{1}{5}$$

각각 가분수로 바꾸기   가분수를 대분수로 바꾸기

보충 개념

분수 부분이 같은 분수의 뺄셈 결과는 자연수입니다.

예) $4\frac{5}{8} - 2\frac{5}{8}$
$= (4-2) + \left(\frac{5}{8} - \frac{5}{8}\right)$
$= 2 + 0$
$= 2$

보충 개념

덧셈으로 검산하기

$$4\frac{7}{8} - 1\frac{2}{8} = 3\frac{5}{8}$$

검산 $4\frac{7}{8} = 3\frac{5}{8} + 1\frac{2}{8}$

---

4 그림을 보고 ☐ 안에 알맞은 수를 써넣으세요.

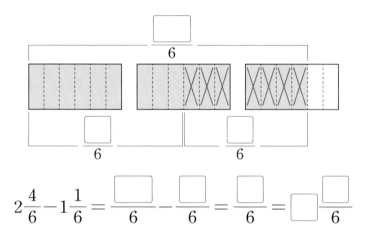

$$2\frac{4}{6} - 1\frac{1}{6} = \frac{\square}{6} - \frac{\square}{6} = \frac{\square}{6} = \square\frac{\square}{6}$$

▶ **그림으로 분수의 뺄셈하기**

빼는 수만큼 X표로 지우고 남은 부분이 두 분수의 차가 됩니다.

5 빈칸에 알맞은 분수를 써넣고 $3\frac{7}{11} - 1\frac{5}{11}$를 계산해 보세요.

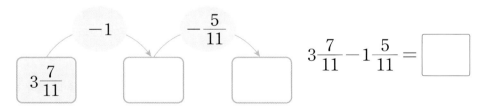

$$3\frac{7}{11} - 1\frac{5}{11} = \boxed{}$$

▶ $3\frac{7}{11} - 1\frac{5}{11}$

6 계산해 보세요.

(1) $3\frac{5}{7} - 2\frac{1}{7}$

(2) $4\frac{7}{8} - \frac{23}{8}$

▶ (대분수)−(가분수)는 대분수를 가분수로 바꿔서 계산하거나, 가분수를 대분수로 바꿔서 계산합니다.

분수의 뺄셈(3) – (자연수)–(대분수)

• $4 - 1\frac{2}{4}$ 계산하기

방법 1 자연수에서 1만큼을 가분수로 바꾸고 자연수끼리, 분수끼리 계산합니다.

$$4 - 1\frac{2}{4} = 3\frac{4}{4} - 1\frac{2}{4} = 2\frac{2}{4}$$

$$3+1\left(=\frac{4}{4}\right)$$

방법 2 두 수를 모두 가분수로 바꾸어 분자끼리 뺍니다.

$$4 - 1\frac{2}{4} = \frac{16}{4} - \frac{6}{4} = \frac{10}{4} = 2\frac{2}{4}$$

각각 가분수로 바꾸기

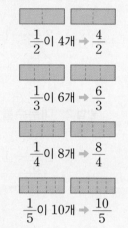

➕ **보충 개념**

• **2를 여러 가지 분수로 나타내기**
분자에 따라 여러 가지 방법으로 나타낼 수 있습니다.

$\frac{1}{2}$이 4개 ➡ $\frac{4}{2}$

$\frac{1}{3}$이 6개 ➡ $\frac{6}{3}$

$\frac{1}{4}$이 8개 ➡ $\frac{8}{4}$

$\frac{1}{5}$이 10개 ➡ $\frac{10}{5}$

---

7 ☐ 안에 알맞은 수를 써넣으세요.

3은 $\frac{1}{7}$이 ☐개, $2\frac{2}{7}$는 $\frac{1}{7}$이 ☐개이므로

$3 - 2\frac{2}{7}$는 $\frac{1}{7}$이 ☐개입니다.

➡ $3 - 2\frac{2}{7} = \dfrac{\boxed{}}{7} - \dfrac{\boxed{}}{7} = \dfrac{\boxed{}}{7}$

8 어림한 결과가 2와 3 사이인 뺄셈식을 모두 찾아 ○표 하세요.

$$5 - \frac{13}{4}$$ $$7 - 4\frac{3}{8}$$ $$4 - 1\frac{5}{7}$$ $$8 - 6\frac{1}{2}$$

(   )   (   )   (   )   (   )

▶ **뺄셈 계산 어림하기**

• $2 - 1\frac{1}{5}$은 $2 - 1 = 1$이고, 여기에서 $\frac{1}{5}$을 더 빼야 하기 때문에 1보다 작습니다.

• $3 - 1\frac{1}{5}$은 $3 - 1 = 2$이고, 여기에서 $\frac{1}{5}$을 더 빼야 하기 때문에 1과 2 사이에 있습니다.

9 계산해 보세요.

(1) $4 - 2\frac{5}{6}$

(2) $7 - 6\frac{1}{9}$

분수의 뺄셈(4) – 받아내림이 있는 (대분수)–(대분수)

정답과 풀이 4쪽

● $3\dfrac{1}{6} - 1\dfrac{5}{6}$ 계산하기

방법 1 분수 부분끼리 뺄 수 없으므로 자연수에서 1만큼을 가분수로 바꾸고 자연수끼리, 분수끼리 계산합니다.

$$3\dfrac{1}{6} - 1\dfrac{5}{6} = 2\dfrac{7}{6} - 1\dfrac{5}{6} = 1\dfrac{2}{6}$$

$2\dfrac{1}{6} + 1\left(=\dfrac{6}{6}\right)$

방법 2 두 수를 모두 가분수로 바꾸어 분자끼리 뺍니다.

$$3\dfrac{1}{6} - 1\dfrac{5}{6} = \dfrac{19}{6} - \dfrac{11}{6} = \dfrac{8}{6} = 1\dfrac{2}{6}$$

각각 가분수로 바꾸기

➕ 보충 개념

· 세로셈으로 계산하기

	자연수	분수
	2	$\dfrac{6}{6}$
	3	$\dfrac{1}{6}$
$-$	1	$\dfrac{5}{6}$
	1	$\dfrac{2}{6}$

$2 - 1 = 1$

$\dfrac{6}{6} + \dfrac{1}{6} - \dfrac{5}{6} = \dfrac{2}{6}$

---

10 계산해 보세요.

(1) $2\dfrac{1}{5} - 1\dfrac{3}{5}$

(2) $7\dfrac{3}{10} - 3\dfrac{6}{10}$

(3)

	자연수	분수
	7	$\dfrac{4}{11}$
$-$	5	$\dfrac{10}{11}$

(4)

	자연수	분수
	6	$\dfrac{4}{9}$
$-$	4	$\dfrac{7}{9}$

▶ 먼저 분수 부분끼리 뺄 수 있는지 확인합니다. 분수 부분끼리 뺄 수 없는 경우에는 빼지는 분수의 자연수에서 1만큼 가분수로 바꿉니다.

11 □ 안에 알맞은 수를 써넣으세요.

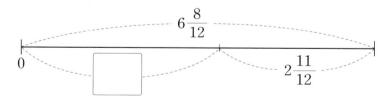

$6\dfrac{8}{12}$

$2\dfrac{11}{12}$

0

12 □ 안에 알맞은 수를 써넣으세요.

$$4\dfrac{3}{7} - 2\dfrac{6}{7} = \boxed{}$$

⬇

$$\boxed{} + 2\dfrac{6}{7} = \boxed{}$$

1

3 분수의 덧셈 ⑵ ─ 대분수의 덧셈

・$1\dfrac{2}{4} + 1\dfrac{3}{4}$ 계산하기

방법 1 $1\dfrac{2}{4} + 1\dfrac{3}{4} = 2 + \dfrac{5}{4} = 3\dfrac{1}{4}$

자연수 부분끼리, 분수 부분끼리 더하기

방법 2 $1\dfrac{2}{4} + 1\dfrac{3}{4} = \dfrac{6}{4} + \dfrac{7}{4} = \dfrac{13}{4} = 3\dfrac{1}{4}$

가분수로 바꿔서 더하기

27 빈칸에 알맞은 수를 써넣으세요.

$$1\dfrac{3}{11} \;+\; \begin{array}{|c|} \hline 1\dfrac{7}{11} \\ \hline 1\dfrac{5}{11} \\ \hline 1\dfrac{3}{11} \\ \hline \end{array} \;=\; \begin{array}{|c|} \hline \\ \hline \\ \hline \\ \hline \end{array}$$

28 어림한 결과가 3과 4 사이인 덧셈식을 모두 찾아 기호를 써 보세요.

$\bigcirc\ 1\dfrac{2}{8} + 2\dfrac{3}{8}$ $\bigcirc\!\!\!\bigcirc\ \dfrac{5}{7} + 1\dfrac{2}{7}$

$\bigcirc\!\!\!\!\bigcirc\ 1 + 1\dfrac{3}{4}$ $\bigcirc\!\!\!\!\!\bigcirc\ \dfrac{12}{11} + 2\dfrac{2}{11}$

(   )

29 화살표가 나타내는 수보다 $3\dfrac{5}{6}$ 만큼 더 큰 수를 구해 보세요.

```
├──┼──┼──┼──┼──┼──┼──┼──┤
2        ↑  3              4
```

(   )

30 보기 의 대분수 중 2개를 골라 만들 수 있는 합이 가장 작은 덧셈식의 결과를 구하려고 합니다. 풀이 과정을 쓰고 답을 구해 보세요.

보기

$3\dfrac{2}{6}$ $4\dfrac{2}{6}$ $1\dfrac{1}{6}$ $2\dfrac{3}{6}$

풀이 _____

_____

_____

답 _____

31 분모가 7인 두 가분수의 합이 $2\dfrac{4}{7}$ 인 덧셈식을 모두 써 보세요. (단, $\dfrac{7}{7} + \dfrac{11}{7}$ 과 $\dfrac{11}{7} + \dfrac{7}{7}$ 은 한 가지로 생각합니다.)

_____

32 자연수를 대분수의 합으로 나타내었습니다. ☐ 안에 알맞은 수를 써넣으세요.

⑴ $5 = 3\dfrac{2}{10} + \boxed{}\dfrac{\boxed{}}{10}$

⑵ $6 = \boxed{}\dfrac{7}{13} + 2\dfrac{11}{13} + 1\dfrac{\boxed{}}{13}$

33 성민이가 수학 공부를 수요일에는 $2\frac{3}{8}$시간, 목요일에는 $1\frac{5}{8}$시간, 금요일에는 $1\frac{7}{8}$시간 했습니다. 성민이가 지난주 수요일부터 3일 동안 수학 공부를 한 시간은 모두 몇 시간일까요?

(   )

유형정리

4 **분수의 뺄셈** (2) ─ 받아내림이 없는 대분수의 뺄셈

• $2\frac{2}{3} - 1\frac{1}{3}$ 계산하기

방법 1 $2\frac{2}{3} - 1\frac{1}{3} = 1 + \frac{1}{3} = 1\frac{1}{3}$

자연수 부분끼리, 분수 부분끼리 빼기

방법 2 $2\frac{2}{3} - 1\frac{1}{3} = \frac{8}{3} - \frac{4}{3} = \frac{4}{3} = 1\frac{1}{3}$

가분수로 바꿔서 빼기

34 빈칸에 알맞은 수를 써넣으세요.

$$\begin{array}{c}2\frac{7}{8}\\2\frac{6}{8}\\2\frac{5}{8}\end{array} - 1\frac{3}{8} = \begin{array}{c}\\\\\end{array}$$

35 가장 큰 수와 가장 작은 수의 차를 구해 보세요.

$$5\frac{13}{14} \quad 2\frac{9}{14} \quad 4\frac{11}{14} \quad 5\frac{4}{14}$$

(   )

36 설명하는 수와 $2\frac{1}{6}$의 차를 구해 보세요.

$\frac{1}{6}$이 27개인 수

(   )

37 □ 안에 알맞은 수를 써넣으세요.

$$\boxed{} + 3\frac{2}{7} = 4\frac{6}{7}$$

38 계산 결과가 0이 <u>아닌</u> 가장 작은 값이 되도록 □ 안에 알맞은 수를 써넣고 그 계산 결과를 구해 보세요.

$$3\frac{4}{5} - \boxed{}\frac{\boxed{}}{5} = \boxed{}$$

39 그릇에 물이 $2\frac{7}{9}$ L 담겨 있었습니다. 승호가 $1\frac{2}{9}$ L를 사용하고, 다시 $\frac{14}{9}$ L를 채워 놓았다면 현재 남아 있는 물은 몇 L일까요?

(   )

5 분수의 뺄셈 (3) ─ (자연수) ─ (대분수)

・$3 - 1\frac{2}{3}$ 계산하기

방법 1 $3 - 1\frac{2}{3} = 2\frac{3}{3} - 1\frac{2}{3} = 1\frac{1}{3}$

자연수에서 1만큼을 가분수로 바꾸기

방법 2 $3 - 1\frac{2}{3} = \frac{9}{3} - \frac{5}{3} = \frac{4}{3} = 1\frac{1}{3}$

가분수로 바꿔서 빼기

서술형

40 계산이 <u>잘못된</u> 이유를 쓰고 바르게 계산해 보세요.

$$7 - 3\frac{7}{10} = (7 - 3) + \frac{7}{10} = 4\frac{7}{10}$$

이유 _____

_____

바른 계산 _____

_____

41 빈칸에 알맞은 수를 써넣으세요.

5	
$1\frac{1}{5}$	$3\frac{4}{5}$
$2\frac{2}{6}$	
	$1\frac{7}{8}$

42 계산한 값이 9에 가장 가까운 식을 찾아 기호를 써 보세요.

㉠ $9 - 1\frac{5}{6}$	㉡ $8 - \frac{1}{6}$
㉢ $12 - 2\frac{3}{6}$	㉣ $10 - 1\frac{4}{6}$

( )

43 분수 카드 중 2장을 뽑아 10을 만들려고 합니다. 첫 번째로 $6\frac{5}{8}$를 골랐다면 두 번째에는 어떤 카드를 골라야 할까요?

| $6\frac{5}{8}$ | $4\frac{3}{8}$ | $3\frac{4}{8}$ | $3\frac{3}{8}$ |

( )

44 어떤 수에서 $2\frac{4}{9}$를 빼야 할 것을 잘못하여 더했더니 $5\frac{4}{9}$가 되었습니다. 바르게 계산하면 얼마일까요?

( )

6 분수의 뺄셈 (4) — 받아내림이 있는 대분수의 뺄셈

• $3\frac{1}{7} - 1\frac{4}{7}$ 계산하기

방법 1 $3\frac{1}{7} - 1\frac{4}{7} = 2\frac{8}{7} - 1\frac{4}{7} = 1\frac{4}{7}$

자연수 부분에서 1을 가분수로 바꾸기

방법 2 $3\frac{1}{7} - 1\frac{4}{7} = \frac{22}{7} - \frac{11}{7} = \frac{11}{7} = 1\frac{4}{7}$

가분수로 바꿔서 빼기

45 ○ 안에 >, =, <를 알맞게 써넣으세요.

$5\frac{4}{13} - 3\frac{12}{13}$ ○ $5\frac{4}{13} - 4\frac{7}{13}$

46 뺄셈식이 <u>잘못</u> 계산된 이유를 설명하고 있습니다. ㉠과 ㉡을 구해 보세요.

$4\frac{2}{9} - 1\frac{5}{9} = 3\frac{3}{9}$

수호: $4 - 1 = 3$이고, $\frac{2}{9}$가 $\frac{5}{9}$보다 작으므로 계산 결과는 ㉠ 보다 작아야 해.

지환: $3\frac{3}{9} + 1\frac{5}{9}$는 $4\frac{2}{9}$가 아니라 ㉡ 이니까 잘못 계산한 거야.

㉠ (   ), ㉡ (   )

47 대분수 중 2개를 골라 차가 가장 큰 뺄셈식을 만들었을 때 그 결과를 써 보세요.

$5\frac{9}{17}$ $4\frac{8}{17}$ $7\frac{2}{17}$

(   )

48 영준, 수연, 주희가 하루 동안 마신 물의 양에 대한 설명을 보고 마신 물의 양이 많은 사람부터 순서대로 이름을 써 보세요.

• 영준이는 $2\frac{1}{12}$ L의 물을 마셨습니다.

• 수연이는 $\frac{11}{12}$ L의 물을 마셨습니다.

• 주희는 영준이보다 $1\frac{3}{12}$ L 적게 물을 마셨습니다.

(   )

49 가 ★ 나 = 가 － 나 － 나라고 약속할 때 다음을 계산해 보세요.

$7\frac{5}{11}$ ★ $1\frac{8}{11}$

(   )

50 밀가루가 7 kg이 있습니다. 빵 한 개를 만드는 데 밀가루를 $2\frac{8}{11}$ kg씩 사용한다면 만들 수 있는 빵은 몇 개이고, 남는 밀가루는 몇 kg일까요?

(   ), (   )

51 색 테이프가 $26\frac{2}{6}$ cm 있습니다. 이 중에서 어제는 $11\frac{5}{6}$ cm를 사용했고, 오늘은 $9\frac{4}{6}$ cm 를 사용했습니다. 사용하고 남은 색 테이프는 몇 cm일까요?

(   )

정답과 풀이 **5**쪽

조건에 알맞은 분수 찾기

대분수로 이루어진 식에서 ㉠＋㉡이 가장 클 때의 값 구하기

$$2\frac{㉠}{7} - 1\frac{㉡}{7} = 1\frac{2}{7}$$

① ㉠－㉡＝2입니다.
② ㉠과 ㉡은 7보다 작아야 하므로 ㉠＝6, ㉡＝4일 때 ㉠＋㉡은 10으로 가장 큽니다.

조건에 알맞은 식 완성하기

계산 결과가 가장 작은 뺄셈식은 빼는 수가 가장 큰 수일 때입니다.

$$1, 2, 4 \qquad 5 - \boxed{4}\frac{\boxed{2}}{5}$$

만들 수 있는 가장 큰 수

→ $5 - 4\frac{2}{5} = 4\frac{5}{5} - 4\frac{2}{5} = \frac{3}{5}$

54 대분수로 만들어진 뺄셈식에서 ㉠＋㉡이 가장 클 때의 값을 구해 보세요.

$$5\frac{㉠}{9} - 3\frac{㉡}{9} = 2\frac{5}{9}$$

(   )

52 두 수를 골라 ☐ 안에 써넣어 계산 결과가 가장 작은 뺄셈식을 만들고 계산해 보세요.

$$3, 5, 7 \qquad 8 - \boxed{}\frac{\boxed{}}{9}$$

(   )

55 대분수로 만들어진 뺄셈식에서 ㉠＋㉡이 두 번째로 클 때의 값을 구해 보세요.

$$9\frac{㉠}{13} - 3\frac{㉡}{13} = 6\frac{7}{13}$$

(   )

53 두 수를 골라 ☐ 안에 써넣어 계산 결과가 가장 작은 뺄셈식을 만들고 계산해 보세요.

$$3, 4, 5 \qquad 7\frac{\boxed{}}{7} - 6\frac{\boxed{}}{7}$$

(   )

56 대분수로 만들어진 덧셈식에서 ㉠＋㉡의 값을 구해 보세요.

$$1\frac{㉠}{10} + 2\frac{㉡}{10} = 4$$

(   )

심화유형 1 수 카드로 덧셈식을 만들어 계산하기

수 카드 중에서 2장을 뽑아 만들 수 있는 분모가 7인 가장 큰 진분수와 가장 작은 진분수의 합을 구해 보세요.

( )

● 핵심 NOTE
- 가장 작은 진분수를 만들려면 분자에 가장 작은 수를 뽑으면 됩니다.
- 가장 큰 진분수를 만들려면 분자에 가장 큰 수를 뽑으면 됩니다.

1-1 수 카드 중에서 2장을 뽑아 만들 수 있는 분모가 12인 가장 큰 진분수와 가장 작은 진분수의 합을 구해 보세요.

( )

1-2 수 카드 중에서 4장을 뽑아 만들 수 있는 분모가 5인 가장 큰 대분수와 가장 작은 대분수의 합을 구하려고 합니다. ☐ 안에 알맞은 수를 써넣으세요.

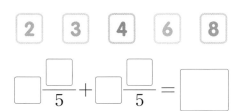

$$\square\frac{\square}{5}+\square\frac{\square}{5}=\boxed{}$$

심화유형 **2**

자연수를 두 분수의 합으로 나타내기

자연수를 보기 와 같이 두 진분수의 합으로 나타내려고 합니다. 1을 분모가 6인 두 진분수의 합으로 나타내는 식을 2가지 써 보세요. (단, $\dfrac{1}{5}+\dfrac{4}{5}$와 $\dfrac{4}{5}+\dfrac{1}{5}$과 같이 두 수를 바꾸어 더한 식은 같은 식으로 생각합니다.)

> 보기
>
> $$1=\dfrac{1}{5}+\dfrac{4}{5}, \quad 1=\dfrac{2}{5}+\dfrac{3}{5}$$

.... , ...

● 핵심 NOTE
- 분자끼리의 합과 분모가 같으면 1이 됩니다.
- 1을 분모가 ★인 두 진분수의 합으로 나타내려면 분자끼리의 합이 ★이 되도록 만들면 됩니다.

2-1 자연수를 보기 와 같이 두 대분수의 합으로 나타내려고 합니다. 5를 분모가 7인 두 대분수의 합으로 나타내는 식을 2가지 써 보세요. (단, $4\dfrac{1}{5}+3\dfrac{4}{5}$와 $3\dfrac{4}{5}+4\dfrac{1}{5}$과 같이 두 수를 바꾸어 더한 식은 같은 식으로 생각합니다.)

> 보기
>
> $$8=4\dfrac{1}{5}+3\dfrac{4}{5}, \quad 8=3\dfrac{3}{5}+4\dfrac{2}{5}$$

.... , ...

2-2 자연수를 보기 와 같이 세 대분수의 합으로 나타내려고 합니다. 8을 분모가 5인 세 대분수의 합으로 나타내는 식을 2가지 써 보세요. (단, $1\dfrac{1}{6}+2\dfrac{1}{6}+1\dfrac{4}{6}$와 $1\dfrac{4}{6}+2\dfrac{1}{6}+1\dfrac{1}{6}$과 같이 세 수의 순서를 바꾸어 더한 식은 같은 식으로 생각합니다.)

> 보기
>
> $$5=1\dfrac{1}{6}+2\dfrac{1}{6}+1\dfrac{4}{6}, \quad 5=1\dfrac{5}{6}+1\dfrac{4}{6}+1\dfrac{3}{6}$$

.... , ...

심화유형 3 이어 붙인 테이프의 전체 길이 구하기

길이가 5 cm인 테이프 세 장을 $\frac{1}{4}$ cm씩 겹쳐 이어 붙였습니다. 이어 붙인 테이프의 전체 길이는 몇 cm일까요?

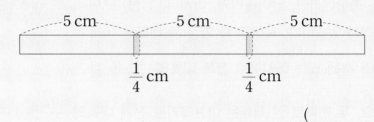

(   )

● **핵심 NOTE**
• (이어 붙인 테이프의 전체 길이)=(테이프 3장의 길이의 합)—(겹쳐진 부분의 길이의 합)
• 테이프 세 장을 겹쳐 이어 붙이면 두 부분이 겹쳐집니다.

3-1 길이가 4 cm인 테이프 세 장을 $\frac{1}{5}$ cm씩 겹쳐 이어 붙였습니다. 이어 붙인 테이프의 전체 길이는 몇 cm일까요?

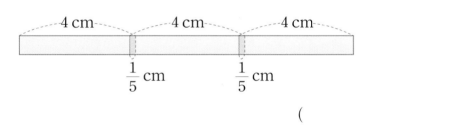

(   )

3-2 길이가 $30\frac{3}{6}$ cm인 끈과 $26\frac{5}{6}$ cm인 끈을 한 번 묶은 후 길이를 재었더니 $48\frac{1}{6}$ cm였습니다. 두 끈을 묶은 후의 길이는 묶기 전의 길이의 합보다 몇 cm 줄었을까요?

(   )

응용에서 최상위로

융합유형 **4**

수학 ✚ 사회

세계 지도에서 분수의 덧셈과 뺄셈하기

지구상에는 땅덩어리가 크게 6개로 나누어져 있는데 이것을 육대주라고 부릅니다. 육대주에는 아프리카, 북아메리카, 남아메리카, 아시아, 유럽, 오세아니아가 있습니다. 육대주 중 가장 큰 대륙은 우리나라가 속해 있는 아시아로 전체 대륙의 $\frac{11}{50}$을 차지하고, 두 번째로 큰 대륙은 아프리카로 전체 대륙의 $\frac{7}{50}$을 차지합니다. 오세아니아가 전체 대륙의 $\frac{3}{50}$을 차지할 때, 아시아와 아프리카는 오세아니아보다 전체 대륙의 몇 분의 몇만큼 더 넓을까요?

1단계 아시아와 아프리카가 전체 대륙의 몇 분의 몇인지 구하기

_____

2단계 아시아와 아프리카가 오세아니아보다 전체 대륙의 몇 분의 몇만큼 더 넓은지 구하기

_____

(   )

● 핵심 NOTE   **1단계** 분수의 덧셈을 하여 아시아와 아프리카는 전체 대륙의 몇 분의 몇인지 구합니다.
                2단계 분수의 뺄셈을 하여 아시아와 아프리카는 오세아니아보다 전체 대륙의 몇 분의 몇만큼 더 넓은지 구합니다.

4-1

대륙에 의해 분리된 넓은 바다를 대양이라고 부릅니다. 크게 태평양, 인도양, 대서양을 삼대양이라고 하는데 이 삼대양은 전체 해양의 $\frac{9}{10}$를 차지할 만큼 넓습니다. 그중에서도 가장 넓은 태평양이 전체 해양의 $\frac{5}{10}$를, 두 번째로 넓은 대서양이 전체 해양의 $\frac{3}{10}$을 차지합니다. 인도양은 전체 해양의 몇 분의 몇을 차지할까요?

(   )

기출 단원 평가 Level ①

점수 _____

확인 _____

1 그림을 보고 ☐ 안에 알맞은 수를 써넣으세요.

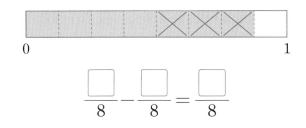

$$\frac{\boxed{}}{8} - \frac{\boxed{}}{8} = \frac{\boxed{}}{8}$$

2 ☐ 안에 알맞은 수를 써넣으세요.

1은 $\frac{1}{9}$이 ☐ 개, $\frac{5}{9}$는 $\frac{1}{9}$이 ☐ 개이므로

$1 - \frac{5}{9}$는 $\frac{1}{9}$이 ☐ 개입니다.

➡ $1 - \frac{5}{9} = \frac{\boxed{}}{9}$

3 ☐ 안에 알맞은 수를 써넣으세요.

$1\frac{3}{11} + 2\frac{6}{11} = \boxed{}$

$1\frac{5}{11} + 2\frac{4}{11} = \boxed{}$

$1\frac{7}{11} + 2\frac{2}{11} = \boxed{}$

4 어림한 결과가 3과 4 사이인 덧셈식을 모두 찾아 기호를 써 보세요.

> ㉠ $1\frac{3}{4} + 1\frac{2}{4}$ ㉡ $\frac{3}{5} + 1\frac{4}{5}$
>
> ㉢ $1\frac{2}{11} + 1\frac{7}{11}$ ㉣ $2\frac{5}{9} + \frac{7}{9}$

( )

5 ○ 안에 >, =, <를 알맞게 써넣으세요.

$1 - \frac{5}{11}$ ◯ $\frac{10}{11} - \frac{3}{11}$

6 보기 와 같은 방법으로 계산해 보세요.

> **보기**
>
> $7 - 2\frac{3}{5} = \frac{35}{5} - \frac{13}{5} = \frac{22}{5} = 4\frac{2}{5}$

$8 - 3\frac{2}{7} = $ _____

7 설명하는 수를 구해 보세요.

> $3\frac{5}{14}$보다 $1\frac{9}{14}$만큼 더 작은 수

( )

8 □ 안에 알맞은 수를 써넣으세요.

$$\boxed{} + \frac{7}{15} = 1 - \frac{2}{15}$$

9 보기 에서 두 수를 골라 계산 결과가 가장 큰 덧셈식을 만들어 보세요.

보기

$$7\frac{4}{9} \qquad 4\frac{1}{9} \qquad 2\frac{8}{9} \qquad 8\frac{6}{9}$$

$$\boxed{} + \boxed{} = \boxed{}$$

10 $5\frac{4}{7}$ L의 빨간색 페인트에 $\frac{22}{7}$ L의 노란색 페인트를 섞어 주황색 페인트를 만들었습니다. 만든 주황색 페인트의 양은 모두 몇 L일까요?

(   )

11 어떤 수에서 $2\frac{7}{15}$ 을 뺐더니 $2\frac{9}{15}$ 가 되었습니다. 어떤 수는 얼마일까요?

(   )

12 작년 유진이의 몸무게는 $30\frac{3}{7}$ kg이었습니다. 올해 유진이의 몸무게가 $3\frac{5}{7}$ kg만큼 줄어들었다면 올해 유진이의 몸무게는 몇 kg일까요?

(   )

13 덧셈의 계산 결과는 진분수입니다. □ 안에 들어갈 수 있는 수를 모두 구해 보세요.

$$\frac{6}{11} + \frac{\square}{11}$$

(   )

14 가△나 = 가＋가－나라고 약속할 때 다음을 계산해 보세요.

$$3\frac{2}{8} \;\triangle\; 4\frac{7}{8}$$

(   )

15 정사각형입니다. 네 변의 길이의 합은 몇 cm일까요?

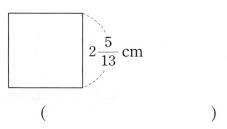

$2\frac{5}{13}$ cm

(   )

16 □ 안에 들어갈 수 있는 수를 모두 구해 보세요.

$$\frac{9}{13} + \frac{\square}{13} < 1\frac{2}{13}$$

(   )

17 1을 분모가 8인 두 진분수의 합으로 나타내는 식을 2가지 써 보세요. (단, $\frac{1}{8} + \frac{7}{8}$과 $\frac{7}{8} + \frac{1}{8}$과 같이 두 수를 바꾸어 더한 식은 같은 식으로 생각합니다.)

.... , ...

18 수 카드 중에서 4장을 뽑아 만들 수 있는 분모가 9인 가장 큰 대분수와 가장 작은 대분수의 차를 구해 보세요.

| 1 | 3 | 6 | 7 | 5 |

(   )

19 계산이 <u>잘못된</u> 이유를 쓰고 바르게 계산해 보세요.

$$7\frac{5}{10} - 4\frac{9}{10} = 7\frac{15}{10} - 4\frac{9}{10} = 3\frac{6}{10}$$

이유 ....

....

바른 계산 ....

....

20 현수, 승연, 혜림이가 책을 읽은 시간에 대한 설명을 보고 누가 책을 가장 오랫동안 읽었는지 풀이 과정을 쓰고 답을 구해 보세요.

- 현수는 $2\frac{3}{8}$시간 동안 책을 읽었습니다.
- 승연이는 $3\frac{4}{8}$시간 동안 책을 읽었습니다.
- 혜림이는 승연이보다 $1\frac{5}{8}$시간 더 짧게 책을 읽었습니다.

풀이 ....

....

....

....

답 ....

1

기출 단원 평가 Level ❷

점수

확인

1 □ 안에 알맞은 수를 써넣으세요.

$$\frac{\boxed{}}{9} - \frac{1}{9} = \frac{1}{9}$$

$$\frac{\boxed{}}{9} - \frac{1}{9} = \frac{2}{9}$$

$$\frac{\boxed{}}{9} - \frac{1}{9} = \frac{3}{9}$$

2 계산해 보세요.

(1) $5\frac{2}{4} + 4\frac{3}{4}$

(2) $4 - 1\frac{7}{9}$

(3)
자연수	분수
1	$\frac{5}{11}$
+ 2	$\frac{7}{11}$

(4)
자연수	분수
5	$\frac{3}{10}$
− 3	$\frac{5}{10}$

3 ㉠과 ㉡의 차를 구해 보세요.

> ㉠ $\frac{1}{15}$이 12개인 수
>
> ㉡ $\frac{1}{15}$이 7개인 수

( )

4 주스 2 L 중에서 $\frac{2}{5}$ L를 마셨습니다. 남은 주스의 양만큼 계량컵에 색칠해 보세요.

5 수직선에서 ㉠, ㉡이 나타내는 분수의 합을 구해 보세요.

```
0         ㉠              ㉡      1
```

( )

6 윤수네 가족은 주말 농장에서 고구마를 토요일에는 $4\frac{5}{9}$ kg, 일요일에는 $4\frac{6}{9}$ kg 캤습니다. 윤수네 가족이 주말 동안 캔 고구마는 모두 몇 kg일까요?

( )

7 빈칸에 알맞은 수를 써넣으세요.

6		
$2\frac{1}{4}$	$3\frac{3}{4}$	
	$2\frac{4}{5}$	
$1\frac{1}{7}$	$2\frac{3}{7}$	

8 가장 큰 수와 가장 작은 수의 합을 구해 보세요.

$$2\frac{5}{12} \quad 1\frac{11}{12} \quad \frac{17}{12} \quad 2\frac{1}{12}$$

(   )

9 세 수를 골라 합이 1인 식을 만들어 보세요.

$$\frac{6}{8} \quad \frac{3}{8} \quad \frac{4}{8} \quad \frac{1}{8}$$

$$\boxed{} + \boxed{} + \boxed{} = 1$$

10 ☐ 안에 알맞은 수를 구해 보세요.

$$\boxed{} + 2\frac{2}{13} = 3\frac{2}{13} + 4\frac{5}{13}$$

(   )

11 분모가 12인 진분수가 2개 있습니다. 합이 $\frac{7}{12}$이고 차가 $\frac{3}{12}$인 두 진분수를 구해 보세요.

(   )

12 경진이와 민우는 두 수를 모아 7 만들기 놀이를 하고 있습니다. 경진이가 $5\frac{3}{4}$ 카드를 먼저 뽑았다면 민우는 수 카드 중 무엇을 뽑아야 할까요?

$$\boxed{5\frac{3}{4}} \quad \boxed{\frac{7}{4}} \quad \boxed{1\frac{1}{4}} \quad \boxed{2\frac{2}{4}}$$

(   )

13 계산 결과가 5에 가장 가까운 식을 찾아 기호를 써 보세요.

$$㉠ \ 5 + \frac{2}{11} \qquad ㉡ \ 8\frac{5}{11} - 2\frac{9}{11}$$
$$㉢ \ 6\frac{4}{11} - \frac{10}{11} \qquad ㉣ \ 1\frac{10}{11} + 2\frac{8}{11}$$

(   )

14 어떤 수에서 $\frac{9}{15}$를 빼야 할 것을 잘못하여 더했더니 $6\frac{1}{15}$이 되었습니다. 바르게 계산하면 얼마일까요?

(   )

15 계산 결과가 0이 <u>아닌</u> 가장 작은 값이 되도록 □ 안에 알맞은 수를 써넣으세요.

$$4\dfrac{7}{8} - \boxed{}\dfrac{\boxed{}}{8}$$

16 두 수를 골라 □ 안에 써넣어 계산 결과가 가장 작은 **뺄셈식**을 만들고 계산해 보세요.

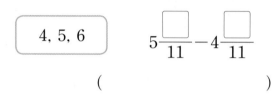

$$4, 5, 6 \qquad 5\dfrac{\boxed{}}{11} - 4\dfrac{\boxed{}}{11}$$

(   )

17 대분수로 만들어진 **뺄셈식**에서 ㉠+㉡이 가장 클 때의 값을 구해 보세요.

$$4\dfrac{㉠}{7} - 1\dfrac{㉡}{7} = 3\dfrac{2}{7}$$

(   )

18 길이가 7 cm인 테이프 세 장을 $1\dfrac{1}{3}$ cm씩 겹쳐 이어 붙였습니다. 이어 붙인 테이프의 전체 길이는 몇 cm일까요?

(   )

19 가로가 $\dfrac{9}{17}$ m, 세로가 $\dfrac{12}{17}$ m인 직사각형의 네 변의 길이의 합은 몇 m인지 풀이 과정을 쓰고 답을 구해 보세요.

풀이

답

20 집에서 은행까지의 거리를 나타낸 것입니다. 학교에서 공원까지의 거리는 몇 km인지 풀이 과정을 쓰고 답을 구해 보세요.

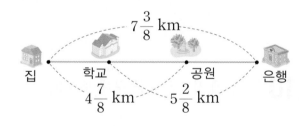

풀이

답

사고력이 반짝

● 4개의 점을 이어서 정사각형 1개를 만들어 보세요.
  (단, 점선을 따라 점을 이을 필요는 없습니다.)

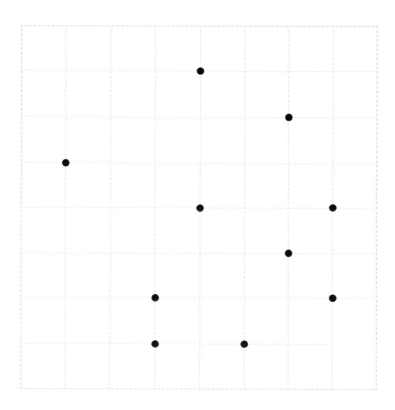

삼각형

2

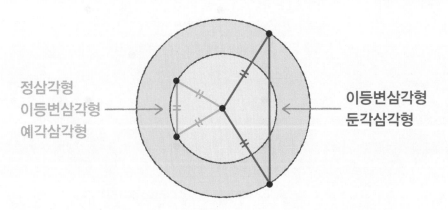

정삼각형
이등변삼각형 →
예각삼각형

← 이등변삼각형
둔각삼각형

삼각형

변의 길이와 각의 크기에 따라 삼각형을 나눌 수 있어!

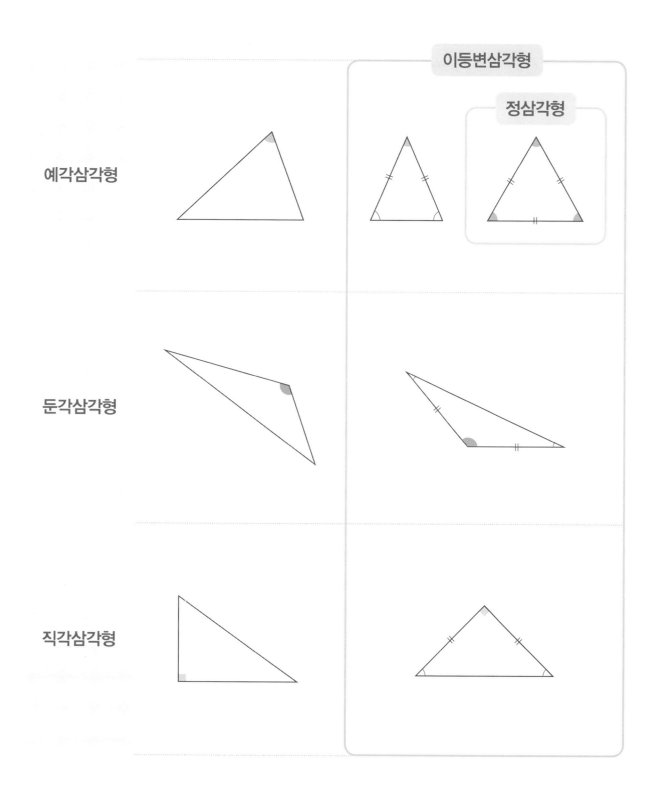

1 변의 길이에 따라 삼각형 분류하기

개념 강의

● **이등변삼각형**: 두 변의 길이가 같은 삼각형

● **정삼각형**: 세 변의 길이가 같은 삼각형

→ 정삼각형은 크기는 달라도 모양은 모두 같습니다.

➕ 보충 개념

삼각형이 되기 위한 세 변의 길이 사이의 관계

짧은 두 변의 길이의 합은 가장 긴 한 변의 길이보다 길어야 합니다.

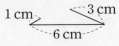

➡ $1+3<6$ (×)

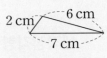

➡ $2+6>7$ (○)

---

1 도형을 보고 물음에 답하세요.

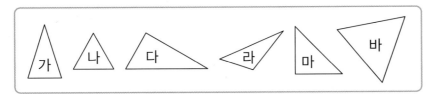

(1) 이등변삼각형을 모두 찾아 기호를 써 보세요.

( )

(2) 정삼각형을 모두 찾아 기호를 써 보세요.

( )

▶ 변의 길이에 따른 삼각형의 관계

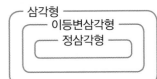

2 ☐ 안에 알맞은 수를 써넣으세요.

(1) 이등변삼각형

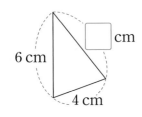
6 cm
☐ cm
4 cm

(2) 정삼각형

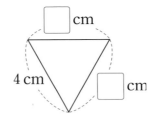
☐ cm
4 cm
☐ cm

❓ 정삼각형은 이등변삼각형이라고 할 수 있나요?

정삼각형은 세 변의 길이가 같은 삼각형이므로 두 변의 길이가 같은 이등변삼각형이라고 할 수 있습니다.

하지만 이등변삼각형은 두 변의 길이가 같고 나머지 한 변의 길이는 다를 수 있으므로 정삼각형이라고 할 수 없습니다.

정삼각형 ⇄ 이등변삼각형
(○ 위, × 아래)

3 이등변삼각형과 정삼각형에 대한 설명입니다. 맞으면 ○표, 틀리면 ✕표 하세요.

(1) 정삼각형은 이등변삼각형입니다. ( )

(2) 이등변삼각형은 정삼각형입니다. ( )

2 이등변삼각형의 성질

● **이등변삼각형의 성질:** 두 각의 크기가 같습니다.

● **이등변삼각형 그리기**

• 자를 사용하여 주어진 선분과 길이가 같은 한 변을 그려서 완성합니다.

6 cm

• 각도기를 사용하여 주어진 선분의 양 끝에서 크기가 같은 두 각을 그려서 완성합니다.

길이가 같은 두 변과 함께하는 두 각의 크기가 같아.

보충 개념

이등변삼각형의 성질

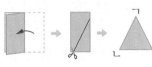

삼각형 ㄱㄴㄷ을 점선을 따라 접으면 각 ㄱㄴㄷ과 각 ㄱㄷㄴ이 꼭 맞게 포개어집니다.

➡ (각 ㄱㄴㄷ)=(각 ㄱㄷㄴ)

심화 개념

원의 반지름의 길이는 모두 같으므로 원의 중심과 원 위의 두 점을 연결하면 항상 이등변삼각형이 그려집니다.

---

4 이등변삼각형입니다. ☐ 안에 알맞은 수를 써넣으세요.

(1)
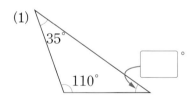

(2)
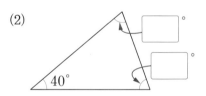

5 주어진 선분을 한 변으로 하는 이등변삼각형을 그리고, 크기가 같은 두 각에 ○표 하세요.

(1)
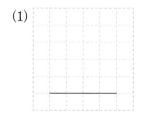

(2)
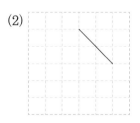

6 삼각형 ㄱㄴㄷ에서 각 ㄴㄷㄱ의 크기를 구해 보세요.

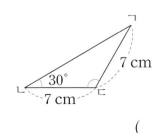

( )

▶ **주어진 선분을 한 변으로 하는 이등변삼각형 그리는 방법**

• 나머지 두 변의 길이가 같은 삼각형을 그립니다.

• 주어진 선분과 길이가 같은 한 변을 그린 후 삼각형을 그립니다.

3 정삼각형의 성질

● **정삼각형의 성질:** 세 각의 크기가 모두 같습니다.

● **정삼각형 그리기**

· 각도기를 사용하여 주어진 선분의 양 끝 점에서 각이 60°가 되도록 선을 긋습니다.

$180° \div 3 = 60°$

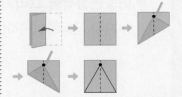
7 정삼각형입니다. ☐ 안에 알맞은 수를 써넣으세요.

(1)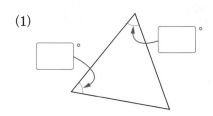

(2)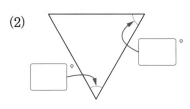

8 크기가 다른 정삼각형을 3개 그려 보세요.

9 컴퍼스를 사용하여 선분 ㄴㄷ을 한 변으로 하는 정삼각형을 그리려고 합니다. 순서에 알맞게 ☐ 안에 번호를 써넣으세요.

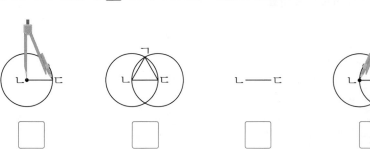

❓ 정삼각형의 한 각의 크기는 왜 60°인가요?

삼각형의 세 각의 크기의 합은 180°입니다. 정삼각형은 세 각의 크기가 모두 같으므로 한 각의 크기는 180° ÷ 3 = 60°입니다.

4 각의 크기에 따라 삼각형 분류하기

정답과 풀이 13쪽

• 예각삼각형: 세 각이 모두 예각인 삼각형

0°보다 크고 직각보다 작은 각

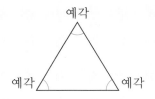

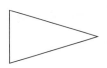

• 둔각삼각형: 한 각이 둔각인 삼각형

직각보다 크고 180°보다 작은 각

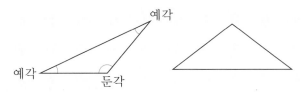

➕ 보충 개념

예각의 개수

삼각형의 세 각의 크기의 합이 180° 이므로 세 각 중 어느 한 각이 직각 또는 둔각이면 나머지 두 각은 예각입니다.

	예각	직각	둔각
예각삼각형	3개		
둔각삼각형	2개		1개
직각삼각형	2개	1개	

---

10 삼각형을 예각삼각형, 둔각삼각형, 직각삼각형으로 분류하여 기호를 써 넣으세요.

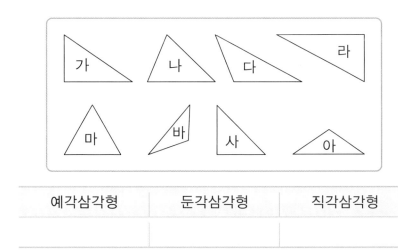

예각삼각형	둔각삼각형	직각삼각형

▶ **직각삼각형**

한 각이 직각인 삼각형입니다.

직각삼각형은 예각삼각형도 둔각삼각형도 아닙니다.

2

---

11 주어진 선분을 한 변으로 하는 삼각형을 그려 보세요.

예각삼각형

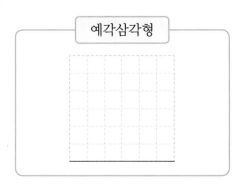

둔각삼각형

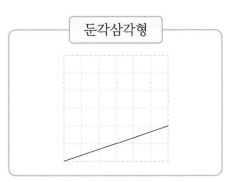

❓ **둔각이 2개이면 안 되나요?**

둔각이 2개이면 두 변이 만나지 않아서 삼각형이 될 수 없습니다.

5 두 가지 기준으로 분류하기

정답과 풀이 14쪽

● 변의 길이와 각의 크기에 따라 삼각형 분류하기

	각의 크기에 따른 분류		
	예각삼각형	둔각삼각형	직각삼각형
변의 길이에 따른 분류 · 세 변의 길이가 모두 다른 삼각형			
이등변삼각형			
정삼각형			

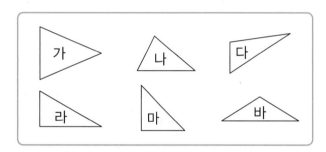

12 변의 길이와 각의 크기에 따라 삼각형을 분류하여 기호를 써넣으세요.

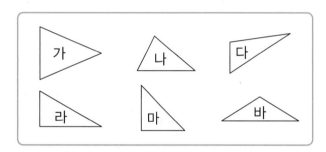

	예각삼각형	둔각삼각형	직각삼각형
세 변의 길이가 모두 다른 삼각형			
이등변삼각형			

▶ • 정삼각형은 각의 크기에 따라 분류하면 예각삼각형입니다.
• 이등변삼각형은 각의 크기에 따라 분류하면 예각삼각형, 둔각삼각형, 직각삼각형이 될 수 있습니다.

13 삼각형을 보고 ㉠, ㉡에 알맞은 삼각형의 이름을 써 보세요.

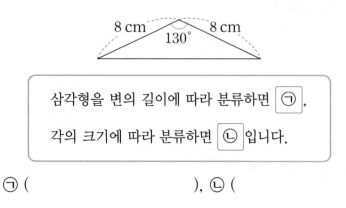

삼각형을 변의 길이에 따라 분류하면 ㉠ ,

각의 크기에 따라 분류하면 ㉡ 입니다.

㉠ (   ), ㉡ (   )

❓ **이등변삼각형이면서 직각삼각형인 삼각형은 이름이 없나요?**

이름이 있습니다. 이등변과 직각을 합쳐서 '직각이등변삼각형'이라고 부릅니다.

직각이등변삼각형

기본에서 응용으로

유형 **1** 변의 길이에 따라 삼각형 분류하기

• 이등변삼각형: 두 변의 길이가 같은 삼각형
• 정삼각형: 세 변의 길이가 같은 삼각형

[1~2] 도형을 보고 물음에 답하세요.

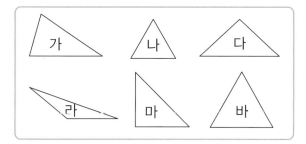

1 이등변삼각형을 모두 찾아 기호를 써 보세요.

( )

2 정삼각형을 모두 찾아 기호를 써 보세요.

( )

3 정삼각형의 세 변의 길이의 합을 구해 보세요.

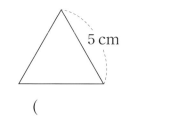

5 cm

( )

4 길이가 60 cm인 철사를 남기거나 겹치는 부분이 없도록 구부려서 정삼각형 한 개를 만들었습니다. 만든 정삼각형의 한 변의 길이는 몇 cm일까요?

( )

5 대화를 읽고 세 사람이 가지고 있는 막대로 만들 수 있는 삼각형의 이름을 써 보세요.

> 영소: 내가 가지고 있는 막대는 8 cm야.
> 준호: 내가 가지고 있는 막대는 12 cm야.
> 민주: 나는 영소와 똑같은 막대를 가지고 있어.

( )

서술형
6 두 변의 길이가 4 cm, 7 cm인 이등변삼각형이 있습니다. 이 삼각형의 세 변의 길이의 합이 될 수 있는 경우를 모두 구하려고 합니다. 풀이 과정을 쓰고 답을 구해 보세요.

풀이 _____

_____

_____

답 _____

7 한 변의 길이가 4 cm인 정삼각형 6개를 겹치지 않게 이어 붙여서 만든 도형입니다. 만든 도형의 굵은 선의 길이는 몇 cm일까요?

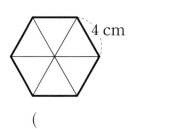

4 cm

( )

2

8 컴퍼스를 5 cm만큼 벌려서 점 ㄱ, 점 ㄴ, 점 ㄷ을 중심으로 하는 세 원을 그린 것입니다. 삼각형 ㄹㅁㅂ의 세 변의 길이의 합은 몇 cm일까요?

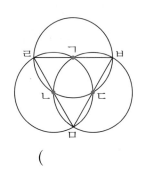

(   )

2 이등변삼각형의 성질

이등변삼각형은 두 각의 크기가 같습니다.

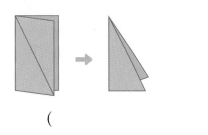

9 그림과 같이 반으로 접은 정사각형 모양의 종이를 선을 따라 잘랐을 때 생기는 도형의 이름을 써 보세요.

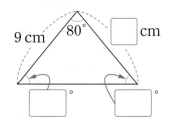

(   )

10 이등변삼각형입니다. ☐ 안에 알맞은 수를 써넣으세요.

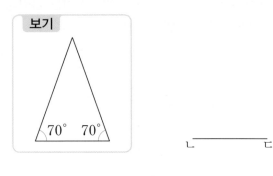

11 선분 ㄴㄷ을 이용하여 보기 와 같은 이등변삼각형을 그려 보세요.

보기

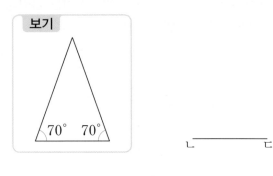

서술형
12 이등변삼각형이 <u>아닌</u> 이유를 설명해 보세요.

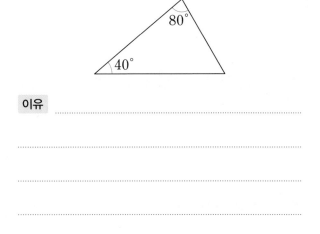

이유 _____

_____

_____

_____

13 삼각형 ㄱㄴㄷ은 이등변삼각형입니다. ☐ 안에 알맞은 수를 써넣으세요.

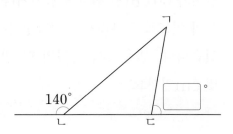

14 삼각형 ㄱㄴㄹ은 직각삼각형이고, 삼각형 ㄱㄴㄷ은 이등변삼각형입니다. 각 ㄷㄱㄹ의 크기를 구해 보세요.

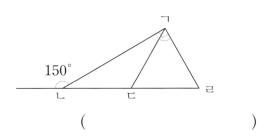

(   )

3 정삼각형의 성질

정삼각형은 세 각의 크기가 모두 같습니다.

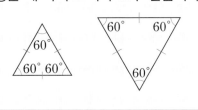

15 도형에서 ㉠과 ㉡의 각도의 합을 구해 보세요.

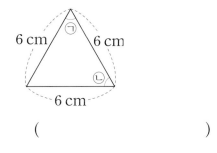

(   )

16 주어진 선분을 한 변으로 하는 정삼각형을 그려 보세요.

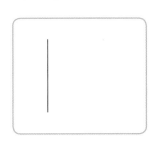 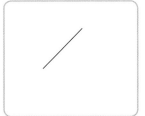

17 공을 완전히 둘러싸도록 정삼각형을 그려 보세요.

18 정삼각형 2개를 겹치지 않게 이어 붙여 만든 도형입니다. 각 ㄴㄱㄹ의 크기를 구해 보세요.

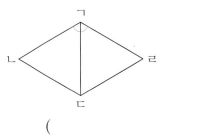

(   )

19 삼각형 ㄱㄴㄷ은 정삼각형입니다. ㉠의 각도를 구해 보세요.

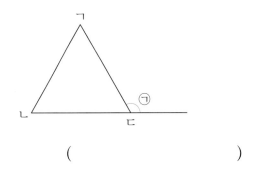

(   )

2

2. 삼각형 **43**

20 원의 반지름을 두 변으로 하는 정삼각형을 그려 보세요.

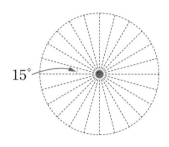

15°

서술형
21 삼각형의 세 변의 길이의 합은 몇 cm인지 풀이 과정을 쓰고 답을 구해 보세요.

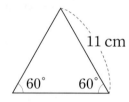

11 cm

60°   60°

풀이

답

22 삼각형 ㄱㄷㄹ은 정삼각형이고, 삼각형 ㄱㄴㄷ은 이등변삼각형입니다. 각 ㄱㄴㄷ의 크기를 구해 보세요.

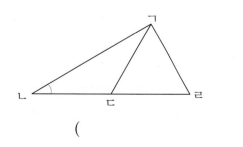

( )

실전유형
삼각형을 겹친 모양에서 문제 해결하기

정삼각형 2개를 겹친 모양에서 각 ㄴㅁㄹ의 크기 구하기

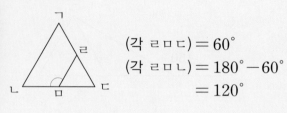

(각 ㄹㅁㄷ) = 60°
(각 ㄹㅁㄴ) = 180° − 60°
= 120°

23 삼각형 ㄱㄴㄷ과 삼각형 ㄱㄹㅁ은 정삼각형입니다. 변 ㄹㅁ과 변 ㄴㄷ의 길이의 합을 구해 보세요.

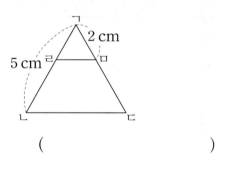

2 cm

5 cm

( )

24 삼각형 ㄱㄴㄷ과 삼각형 ㄹㄴㄷ은 이등변삼각형입니다. 각 ㄱㄴㄹ의 크기를 구해 보세요.

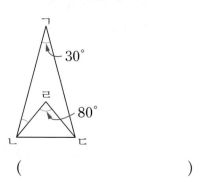

30°

80°

( )

4 각의 크기에 따라 삼각형 분류하기

- 예각삼각형: 세 각이 모두 예각인 삼각형
- 둔각삼각형: 한 각이 둔각인 삼각형
- 직각삼각형: 한 각이 직각인 삼각형

25 각의 크기에 따라 삼각형을 분류해 보세요.

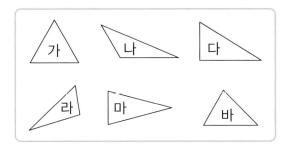

예각삼각형	둔각삼각형	직각삼각형

26 삼각형 가와 나에서 찾을 수 있는 예각은 모두 몇 개일까요?

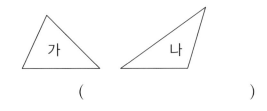

( )

27 삼각형의 세 각의 크기를 나타낸 것입니다. 예각삼각형을 찾아 기호를 써 보세요.

> ㉠ 25°, 25°, 130° ㉡ 40°, 60°, 80°
> ㉢ 45°, 40°, 95° ㉣ 30°, 100°, 50°

( )

[28~29] 세 점을 이어 삼각형을 만들었습니다. 물음에 답하세요.

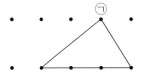

28 꼭짓점 ㉠을 오른쪽으로 한 칸 움직이면 어떤 삼각형이 될까요?

( )

29 꼭짓점 ㉠을 왼쪽으로 몇 칸 움직이면 둔각삼 각형이 될까요?

( )

30 육각형 안에 세 개의 선분을 그어 둔각삼각형 2개, 직각삼각형 2개를 만들어 보세요.

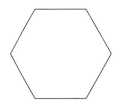

31 직사각형 모양의 종이를 점선을 따라 잘랐을 때 생기는 예각삼각형, 직각삼각형, 둔각삼각형을 각각 찾아 기호를 써 보세요.

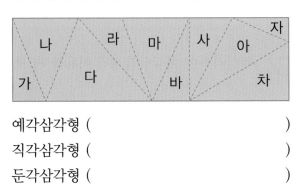

예각삼각형 ( )
직각삼각형 ( )
둔각삼각형 ( )

32 두 각의 크기가 다음과 같은 삼각형은 예각삼각형인지 둔각삼각형인지 써 보세요.

| 55°　　25° |

(　　　　　　　)

유형 **5** 두 가지 기준으로 분류하기

• 각의 크기를 기준으로 분류한 다음 변의 길이에 따라 분류할 수 있습니다.
• 변의 길이를 기준으로 분류한 다음 각의 크기에 따라 분류할 수 있습니다.

33 어떤 삼각형인지 알맞은 것을 모두 찾아 기호를 써 보세요.

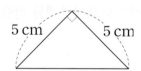

| ㉠ 이등변삼각형　　　㉡ 정삼각형 |
| ㉢ 예각삼각형　　　　㉣ 둔각삼각형 |
| ㉤ 직각삼각형 |

(　　　　　　　)

서술형
34 정삼각형이 예각삼각형인 이유를 써 보세요.

이유 ....

....

35 삼각형의 세 각의 크기를 나타낸 것입니다. 이 삼각형은 어떤 삼각형인지 모두 써 보세요.

| 50°　　50°　　80° |

(　　　　　　　)

36 삼각형의 일부가 지워졌습니다. 이 삼각형은 어떤 삼각형인지 모두 써 보세요.

100°　　　　　40°

(　　　　　　　)

37 보기 에서 설명하는 도형을 그려 보세요.

보기
• 30°인 각이 있습니다.
• 이등변삼각형입니다.
• 예각삼각형입니다.

정답과 풀이 16쪽

1 세 변의 길이의 합을 알 때 변의 길이 구하기

심화유형

이등변삼각형입니다. 세 변의 길이의 합이 30 cm일 때 ☐ 안에 알맞은 수를 구해 보세요.

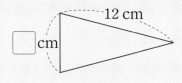

(   )

● 핵심 NOTE
- 이등변삼각형은 두 변의 길이가 같습니다.
- (세 변의 길이의 합)＝☐＋(나머지 두 변의 길이의 합)

1-1 이등변삼각형입니다. 세 변의 길이의 합이 44 cm일 때 변 ㄱㄴ의 길이는 몇 cm일까요?

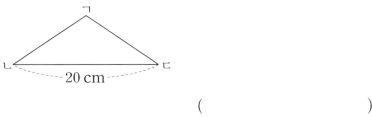

(   )

1-2 세 변의 길이의 합이 24 cm인 똑같은 이등변삼각형 3개를 겹치지 않게 이어 붙여서 사각형 ㄱㄴㄹㅁ을 만들었습니다. 이 사각형의 네 변의 길이의 합을 구해 보세요.

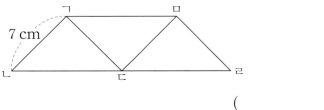

(   )

심화유형 2 두 삼각형의 세 변의 길이의 합이 같을 때 변의 길이 구하기

이등변삼각형 가와 정삼각형 나의 세 변의 길이의 합이 같습니다. 정삼각형 나의 한 변의 길이는 몇 cm일까요?

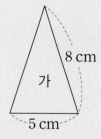

(   )

● 핵심 NOTE
- 이등변삼각형의 세 변의 길이의 합을 구합니다.
- (정삼각형의 한 변의 길이)=(이등변삼각형의 세 변의 길이의 합)÷3

2-1 이등변삼각형 가와 정삼각형 나의 세 변의 길이의 합이 같습니다. 이등변삼각형 가의 변 ㄴㄷ의 길이는 몇 cm일까요?

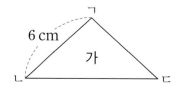

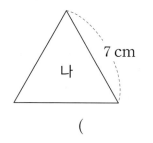

(   )

2-2 민지는 끈을 모두 사용하여 짧은 두 변이 각각 17 cm이고, 긴 변이 23 cm인 이등변삼각형을 만들었습니다. 같은 끈을 모두 사용하여 정삼각형을 한 개 만들었을 때 민지가 만든 정삼각형의 한 변의 길이는 몇 cm일까요?

(   )

심화유형 3 삼각형의 개수 구하기

원 위에 일정한 간격으로 점 4개를 찍었습니다. 원 위의 세 점을 연결하여 만들 수 있는 직각삼각형은 모두 몇 개일까요?

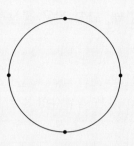

( )

● 핵심 **NOTE**
· 직각삼각형은 한 각이 직각인 삼각형입니다.

· 한 점에서 만들 수 있는 직각삼각형의 수를 구합니다.

· 만들 수 있는 직각삼각형이 같으면 중복하여 세지 않습니다.

3-1 원 위에 일정한 간격으로 점 6개를 찍었습니다. 원 위의 세 점을 연결하여 만들 수 있는 예각삼각형은 모두 몇 개일까요?

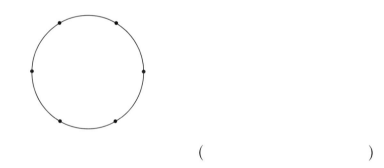

( )

3-2 원 위에 일정한 간격으로 점 6개를 찍었습니다. 원 위의 세 점을 연결하여 만들 수 있는 둔각삼각형은 모두 몇 개일까요?

( )

크고 작은 삼각형의 개수 구하기

모자이크는 돌이나 유리 등 작은 조각들을 붙여서 무늬를 만드는 기법입니다. 오른쪽과 같이 색종이로 만든 모자이크에서 가장 작은 삼각형이 모두 정삼각형이라고 할 때, 크고 작은 정삼각형은 모두 몇 개인지 구해 보세요.

1단계 찾을 수 있는 크고 작은 정삼각형 3가지를 그려 보세요.

2단계 위에서 찾은 정삼각형의 종류별로 개수를 구해 보세요.

➡ ☐개   ➡ ☐개   ➡ ☐개

3단계 크고 작은 정삼각형은 모두 몇 개인지 구해 보세요.

(   )

● **핵심 NOTE**   **1단계** 작은 삼각형 1개짜리, 4개짜리, 9개짜리의 정삼각형을 찾을 수 있습니다.

2단계 정삼각형의 종류별로 개수를 구합니다. 이때 거꾸로 된 정삼각형도 생각합니다.

3단계 종류별 개수를 모두 더하여 크고 작은 정삼각형의 개수를 구합니다.

4-1 스테인드글라스는 채색된 반투명 유리를 조화롭게 구성하여 채광을 이용하여 건축물을 장식하는 표현 기법입니다. 오른쪽과 같은 스테인드글라스에서 크고 작은 예각삼각형은 모두 몇 개인지 구해 보세요.

(   )

기출 단원 평가 Level ❶

[1~2] 도형을 보고 물음에 답하세요.

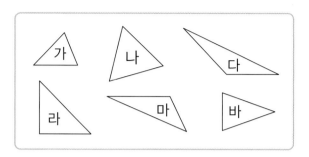

1 이등변삼각형은 모두 몇 개일까요?

( )

2 둔각삼각형을 모두 찾아 기호를 써 보세요.

( )

3 설명하는 삼각형의 이름을 써 보세요.

> • 세 변의 길이가 같습니다.
> • 세 각이 모두 예각입니다.
> • 세 각의 크기가 같습니다.

( )

4 컴퍼스와 자를 사용하여 한 변의 길이가 2 cm 인 정삼각형을 그려 보세요.

5 이등변삼각형입니다. 세 변의 길이의 합은 몇 cm일까요?

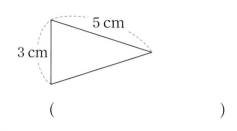

( )

6 두 변의 길이가 6 cm, 9 cm인 이등변삼각 형이 있습니다. 나머지 한 변이 될 수 있는 길 이를 모두 써 보세요.

( )

7 변의 길이와 각의 크기에 따라 삼각형을 분류 해 보세요.

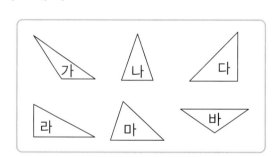

	예각 삼각형	둔각 삼각형	직각 삼각형
변의 길이가 모두 다른 삼각형			
이등변삼각형			

8 삼각형의 세 각의 크기가 각각 20°, 20°, 140°입니다. 이 삼각형은 어떤 삼각형이라고 할 수 있는지 모두 써 보세요.

( )

9 삼각형 ㄱㄴㄷ과 삼각형 ㄱㄷㄹ은 정삼각형입니다. 각 ㄴㄷㄹ의 크기를 구해 보세요.

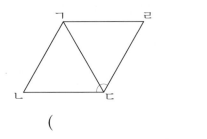

( )

10 사각형 안에 한 개의 선분을 그어 예각삼각형 1개와 둔각삼각형 1개를 만들어 보세요.

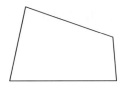

11 원의 반지름을 두 변으로 하고 한 각의 크기가 15°인 이등변삼각형을 그려 보세요.

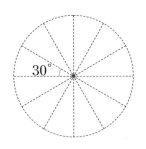

12 삼각형 ㄱㄴㄷ은 이등변삼각형입니다. ㉠의 각도를 구해 보세요.

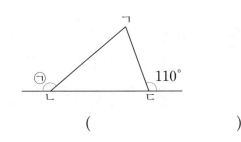

( )

13 삼각형의 두 각의 크기가 다음과 같을 때 예각삼각형인지, 둔각삼각형인지 써 보세요.

(1) | 40° | 40° | ( )

(2) | 35° | 60° | ( )

14 색종이 한 장을 반으로 접고 선을 따라 잘랐습니다. 잘린 삼각형을 펼쳤을 때 펼쳐진 삼각형은 어떤 삼각형인지 모두 써 보세요.

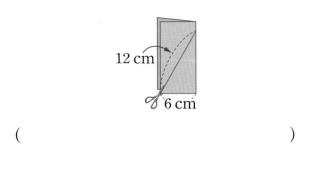

( )

15 삼각형의 일부가 지워졌습니다. 지워지기 전의 삼각형은 어떤 삼각형인지 모두 써 보세요.

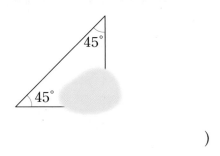

( )

16 삼각형 ㄱㄴㄷ과 삼각형 ㄹㄴㄷ은 이등변삼 각형입니다. 각 ㄱㄴㄹ의 크기를 구해 보세요.

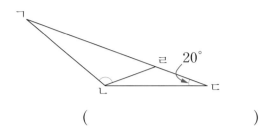

( )

17 크기가 같은 정삼각형 4개를 겹치지 않게 이 어 붙여 만든 도형입니다. 만든 도형의 굵은 선의 길이는 몇 cm인지 구해 보세요.

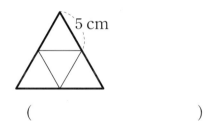

( )

18 이등변삼각형을 만든 철사를 펴서 가장 큰 정 삼각형을 만들었습니다. 이 정삼각형의 한 변 의 길이는 몇 cm일까요?

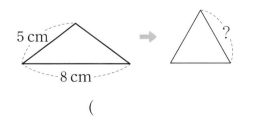

( )

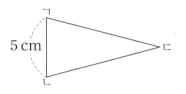

19 이등변삼각형 ㄱㄴㄷ의 세 변의 길이의 합은 25 cm입니다. 변 ㄱㄷ의 길이는 몇 cm인지 풀이 과정을 쓰고 답을 구해 보세요.

5 cm

풀이

답

20 예각이 있다고 항상 예각삼각형이 아닙니다. 그 이유를 설명해 보세요.

이유

2

기출 단원 평가 Level ❷

1 정삼각형입니다. 세 변의 길이의 합을 구해 보세요.

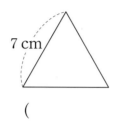

( )

2 □ 안에 알맞은 수를 써넣으세요.

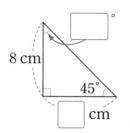

3 삼각형의 세 각의 크기를 나타낸 것입니다. 둔각삼각형은 어느 것일까요? ( )

① 40°, 60°, 80° ② 50°, 95°, 35°
③ 30°, 80°, 70° ④ 45°, 90°, 45°
⑤ 65°, 75°, 40°

4 삼각형 가, 나, 다에서 찾을 수 있는 예각은 모두 몇 개일까요?

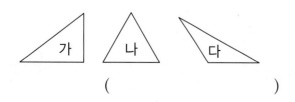

( )

5 주어진 선분을 한 변으로 하는 삼각형을 그려 보세요.

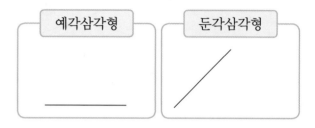

6 꽃을 완전히 둘러싸도록 이등변삼각형이면서 예각삼각형인 삼각형을 그려 보세요.

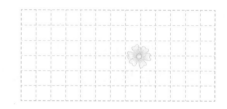

[7~8] 세 점을 이어 삼각형을 만들었습니다. 물음에 답하세요.

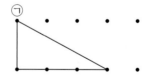

7 꼭짓점 ㉠을 오른쪽으로 한 칸 움직이면 어떤 삼각형이 될까요?

( )

8 꼭짓점 ㉠을 오른쪽으로 몇 칸 움직이면 둔각삼각형이 될까요?

( )

9 색종이 한 장을 반으로 접은 다음 선을 따라 잘라서 펼쳤습니다. ㉠의 각도는 몇 도일까요?

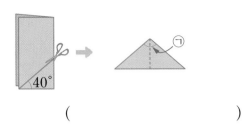

( )

10 삼각형 모양의 종이를 점선을 따라 오렸습니다. 둔각삼각형은 모두 몇 개일까요?

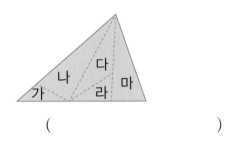

( )

11 어떤 둔각삼각형에서 둔각이 아닌 두 각을 나타낸 것입니다. ㉠에 들어갈 수 있는 각은 어느 것일까요? ( )

35° ㉠

① 80°   ② 75°   ③ 60°
④ 55°   ⑤ 40°

12 삼각형 ㄱㄴㄷ은 어떤 삼각형인지 모두 써 보세요.

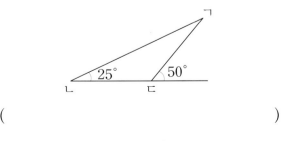

( )

13 이등변삼각형 ㄱㄴㄷ의 세 변의 길이의 합은 39 cm입니다. 변 ㄴㄷ의 길이를 구해 보세요.

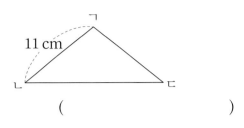

( )

14 도형에서 ㉠의 각도를 구해 보세요.

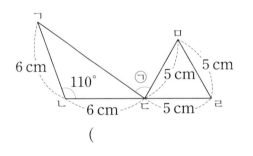

( )

15 보기 에서 설명하는 도형을 그려 보세요.

보기
• 40°인 각이 있습니다.
• 이등변삼각형입니다.
• 둔각삼각형입니다.

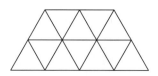

16 삼각형 ㄱㄴㄷ과 삼각형 ㄹㅁㄷ은 정삼각형입니다. 사각형 ㄱㄴㅁㄹ의 네 변의 길이의 합을 구해 보세요.

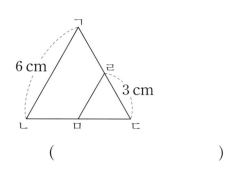

(   )

17 철사를 모두 사용하여 짧은 한 변이 9 cm이고, 긴 두 변이 15 cm인 이등변삼각형을 만들었습니다. 같은 철사를 모두 사용하여 정삼각형을 한 개 만들었을 때 만든 정삼각형의 한 변의 길이는 몇 cm일까요?

(   )

18 원 위에 일정한 간격으로 점 6개를 찍었습니다. 원 위의 세 점을 연결하여 만들 수 있는 직각삼각형은 모두 몇 개일까요?

(   )

술술 서술형

19 크고 작은 정삼각형은 모두 몇 개인지 풀이 과정을 쓰고 답을 구해 보세요.

풀이 ....

....

....

....

답 ....

20 두 각의 크기가 다음과 같은 삼각형은 어떤 삼각형인지 모두 구하려고 합니다. 풀이 과정을 쓰고 답을 구해 보세요.

| 65° | 50° |

풀이 ....

....

....

답 ....

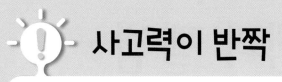

사고력이 반짝

● 곰 3마리가 꿀단지 하나씩을 가지고 있도록 땅을 같은 모양으로 나누는 선을 그려 보세요.

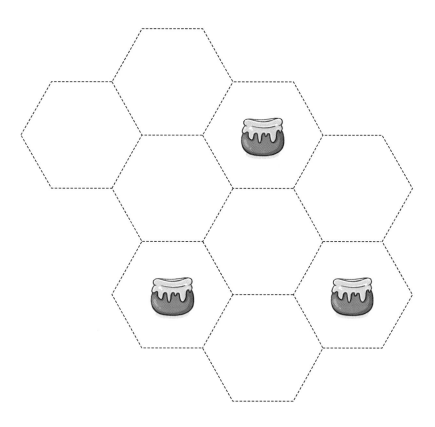

소수의 덧셈과 뺄셈

3

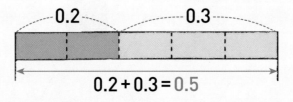

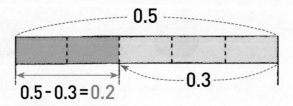

소수의 덧셈과 뺄셈

소수, 일의 자리보다 작은 자릿값을 갖는 수.

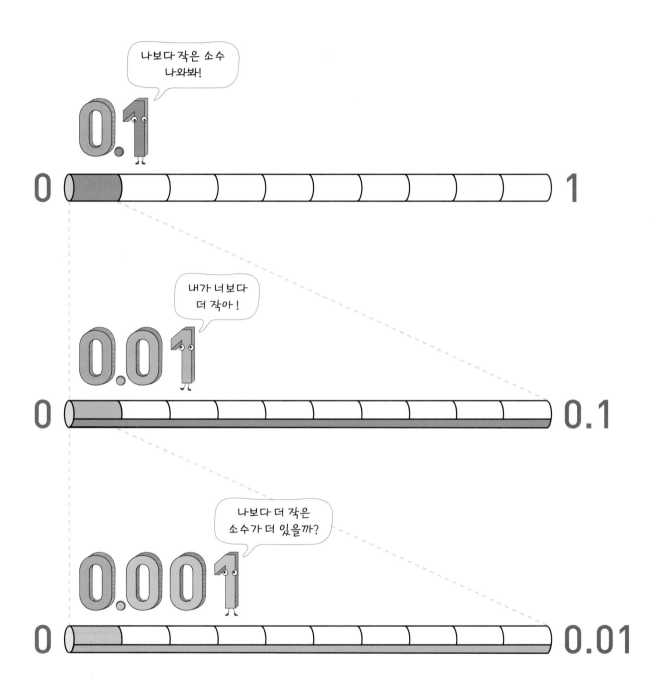

1 소수 두 자리 수

개념 강의

● 0.01 알아보기

분수 $\dfrac{1}{100}$ 은 소수로 **0.01**이라 쓰고, 영 점 영일이라고 읽습니다.

└─전체를 똑같이 100으로
나눈 것 중의 1

$$\dfrac{1}{100} = 0.01$$

소수점 아래는 자릿값을
읽지 않고 숫자만 읽어.
이 점 삼십오(X)

● 2.35 → 읽기 이 점 삼오

	일의 자리		소수 첫째 자리	소수 둘째 자리
숫자	2	.	3	5
나타내는 수	2	.	0.3	0.05

2.35 ➡ 1이 2개, 0.1이 3개, 0.01이 5개인 수

⚡ 주의 개념

소수점 아래의 수에 0이 있는 경우에는 '영'이라고 읽습니다.

0.06   0.06
영 점 육   영 점 영육
(X)   (O)

➕ 보충 개념

• cm와 m 단위 사이의 관계

1 m	=	100 cm
10배↑		↑10배
0.1 m	=	10 cm
10배↑		↑10배
0.01 m	=	1 cm

• 2.35 = 2 + 0.3 + 0.05

---

1 모눈종이의 전체 크기를 1이라고 할 때 다음을 분수와 소수로 각각 나타내어 보세요.

분수	소수

▶ 작은 모눈 1칸은 전체의 $\dfrac{1}{100}$ 입니다.

2 수직선에 표시한 소수를 쓰고 읽어 보세요.

```
    ├──┼──┼──┼──┼──┼──┼──┼──┼──┤
   1.2                  ↑        1.3
```

쓰기 (   )

읽기 (   )

▶ 1.2와 1.3 사이를 똑같이 10칸으로 나누었으므로 작은 눈금 한 칸의 크기는 0.01입니다.

3 ☐ 안에 알맞은 수를 써넣으세요.

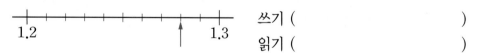

$$2\,m\,83\,cm = 2\,m + 80\,cm + 3\,cm$$

$$= 2\,m + \boxed{}\,m + \boxed{}\,m$$

$$= \boxed{}\,m$$

▶ cm를 m로 나타내기

1 m 42 cm

1 m	⋯	1 m
40 cm	⋯	0.4 m
2 cm	⋯	0.02 m

1 m 42 cm ⋯ 1.42 m

2 소수 세 자리 수

● 0.001 알아보기

분수 $\dfrac{1}{1000}$ 은 소수로 **0.001**이라 쓰고, **영 점 영영일**이라고 읽습니다.

└─전체를 똑같이 1000으로
　 나눈 것 중의 1

$$\dfrac{1}{1000} = 0.001$$

$3\dfrac{549}{1000} = 3.549$

● 3.549 → 읽기 삼 점 오사구

	일의 자리		소수 첫째 자리	소수 둘째 자리	소수 셋째 자리
숫자	3	.	5	4	9
나타내는 수	3	.	0.5	0.04	0.009

3.549 ➡ 1이 3개, 0.1이 5개, 0.01이 4개, 0.001이 9개인 수

보충 개념

• m와 km 단위 사이의 관계

1 km	=	1000 m
10배↑		↑10배
0.1 km	=	100 m
10배↑		↑10배
0.01 km	=	10 m
10배↑		↑10배
0.001 km	=	1 m

• 여러 가지 단위

　1 g = 0.001 kg
　1 mL = 0.001 L

• 3.549 = 3 + 0.5 + 0.04
　　　　　 + 0.009

---

4 4.298을 보고 ☐ 안에 알맞은 수나 말을 써넣으세요.

(1) 4는 ☐ 의 자리 숫자이고 ☐ 를 나타냅니다.

(2) 2는 ☐ 자리 숫자이고 ☐ 를 나타냅니다.

(3) 9는 ☐ 자리 숫자이고 ☐ 를 나타냅니다.

(4) 8은 ☐ 자리 숫자이고 ☐ 을 나타냅니다.

2.752
　ⓐ ⓑ
ⓐ과 ⓑ은 숫자는 같지만 나타내는 수는 다릅니다.

나타내는 수 ┌ ⓐ → 2
　　　　　　 └ ⓑ → 0.002

3

5 빈칸에 알맞은 수를 써넣으세요.

	0.001 작은 수		0.001 큰 수	
	0.01 작은 수	1.476	0.01 큰 수	
	0.1 작은 수		0.1 큰 수	

6 ☐ 안에 알맞은 수를 써넣으세요.

(1) 192 m = ☐ km　　(2) 3 km 208 m = ☐ km

m를 km로 나타내기
1 km 120 m
= 1 km + 100 m + 20 m
= 1 km + 0.1 km + 0.02 km
= 1.12 km

3. 소수의 덧셈과 뺄셈 **61**

3 소수의 크기 비교

● **소수의 크기 비교하는 방법**

높은 자리부터 같은 자리 숫자의 크기를 비교하여 큰 쪽이 더 큰 수입니다.
숫자가 같으면 바로 아래 자리 숫자를 비교합니다.

자연수	소수 첫째 자리	소수 둘째 자리	소수 셋째 자리
1.495<2.421	2.568<2.674	2.495>2.421	4.125<4.129
1<2	5<6	9>2	5<9

● **1.485와 1.487의 크기 비교**

1	.	4	8	5
1	.	4	8	7

5<7 ➡ 1.485<1.487

같은 자리 수끼리 크기를 비교해.

자연수 부분, 소수 첫째 자리 수, 소수 둘째 자리 수가 각각 같으므로 소수 셋째 자리 수의 크기를 비교합니다.

소수점 아래 끝 자리 0

소수는 필요한 경우 오른쪽 끝자리에 0을 붙여서 나타낼 수 있습니다.

$$0.3 = 0.30$$

---

7 그림을 보고 ○ 안에 >, =, <를 알맞게 써넣으세요.

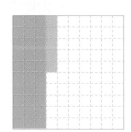

0.35 ◯ 0.42

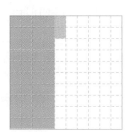

▶ **모눈종이로 크기 비교하기**

색칠한 칸이 많을수록 더 큰 수입니다.

8 수직선에 3.556과 3.563을 화살표(↑)로 각각 나타내고, ○ 안에 >, =, <를 알맞게 써넣으세요.

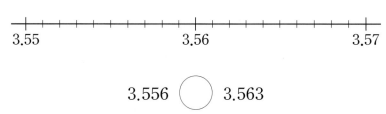

3.556 ◯ 3.563

▶ **수직선으로 크기 비교하기**

오른쪽에 있을수록 더 큰 수입니다.
예 0.22와 0.28의 크기 비교

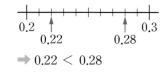

➡ 0.22 < 0.28

9 두 수의 크기를 비교하여 ○ 안에 >, =, <를 알맞게 써넣으세요.

(1) 3.24 ◯ 1.67

(2) 6.295 ◯ 6.318

(3) 0.74 ◯ 0.76

(4) 0.456 ◯ 0.45

▶ 소수 두 자리 수와 소수 세 자리 수의 크기를 비교할 때는 소수 둘째 자리 수의 오른쪽 끝자리에 0을 붙여 나타낸 후 비교합니다.

1.375 > 1.370
5>0

4 소수 사이의 관계

1, 0.1, 0.01, 0.001 사이의 관계

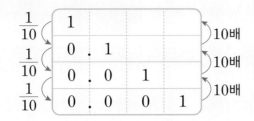

- $\frac{1}{10}$을 하면 소수점을 기준으로 수가 오른쪽으로 한 자리 이동합니다.
- 10배를 하면 소수점을 기준으로 수가 왼쪽으로 한 자리 이동합니다.

+ **보충 개념**

소수의 크기 변화

$\frac{1}{10}$을 할수록 수가 점점 작아지고, 10배를 할수록 수가 점점 커집니다.

수가 커짐

수가 작아짐

- 0.1은 1의 [ ]인 수, 10의 [ ]인 수, 100의 [ ]인 수입니다.
- 1은 0.1의 [ ]배인 수, 0.01의 [ ]배인 수, 0.001의 [ ]배인 수입니다.

---

10 빈칸에 알맞은 수를 써넣으세요.

$\frac{1}{10}$　$\frac{1}{10}$　10배　10배

		1		
		0.7		

1
10배 ↑↓ $\frac{1}{10}$
0.1
10배 ↑↓ $\frac{1}{10}$
0.01
10배 ↑↓ $\frac{1}{10}$
0.001

11 색종이 묶음 1개의 무게는 15.32 kg입니다. 물음에 답하세요.

(1) 색종이 묶음 1개의 $\frac{1}{10}$은 몇 kg일까요?(　　　　　　)

(2) 색종이 묶음 10개는 몇 kg일까요? 　(　　　　　　)

12 설명하는 수가 다른 것을 찾아 기호를 써 보세요.

⊙ 1247의 $\frac{1}{100}$　　ⓒ 12.47의 10배　　ⓒ 1.247의 100배

(　　　　　　　　)

기본에서 응용으로

1 소수 두 자리 수

- $\dfrac{1}{100} = 0.01$ **읽기** 영 점 영일

- $\dfrac{248}{100} \rightarrow \dfrac{1}{100}$이 248개

  $\rightarrow 0.01$이 248개

  $\rightarrow 2.48$

1 빈 곳에 알맞은 수를 써넣으세요.

쓰기	읽기
	육 점 영팔

↓

일의 자리	소수 첫째 자리	소수 둘째 자리
	·	

2 관계있는 것끼리 이어 보세요.

0.37	•	•	0.27
0.45	•	•	$\dfrac{37}{100}$
0.01이 27개인 수	•	•	영 점 사오

3 4가 나타내는 수가 다른 것을 찾아 기호를 써 보세요.

| ㉠ 31.74 ㉡ 1.84 ㉢ 8.41 ㉣ 17.94 |

( )

4 ㉠과 ㉡의 길이는 각각 몇 m인지 써 보세요.

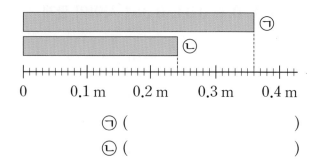

㉠ ( )

㉡ ( )

5 □ 안에 알맞은 수를 써넣으세요.

(1) 0.01이 28개인 수는 □ 입니다.

(2) 0.01이 40개인 수는 □ 입니다.

(3) 0.57은 0.01이 □ 개인 수입니다.

2 소수 세 자리 수

- $\dfrac{1}{1000} = 0.001$ **읽기** 영 점 영영일

- $\dfrac{3267}{1000} \rightarrow \dfrac{1}{1000}$이 3267개

  $\rightarrow 0.001$이 3267개

  $\rightarrow 3.267$

6 6.431에 대한 설명으로 옳지 <u>않은</u> 것을 고르세요. ( )

① 소수 둘째 자리 숫자는 3입니다.

② 3은 0.03을 나타냅니다.

③ 육 점 사백삼십일이라고 읽습니다.

④ 0.001이 6431개 있습니다.

⑤ 6보다 크고 7보다 작습니다.

7 소수를 보기 와 같이 나타내어 보세요.

보기
$$7.249 = 7 + 0.2 + 0.04 + 0.009$$

$2.815 =$ ....

8 설명하는 수를 구해 보세요.

1이 4개, 0.1이 5개, $\dfrac{1}{100}$이 2개,

$\dfrac{1}{1000}$이 8개인 수

(   )

9 ☐ 안에 알맞은 수를 써넣으세요.

4 km 39 m

$= 4 \text{ km} + \boxed{} \text{ m} + \boxed{} \text{ m}$

$= 4 \text{ km} + \boxed{} \text{ km} + \boxed{} \text{ km}$

$= \boxed{} \text{ km}$

10 숫자 7이 나타내는 수가 가장 작은 것은 어느 것일까요? (   )

① 0.79   ② 7.235   ③ 9.074
④ 70.66   ⑤ 99.127

3 소수의 크기 비교

• 자연수 부분을 비교하여 큰 쪽이 더 큰 수입니다.

$$4.59 < 7.41$$
$$4 < 7$$

• 자연수 부분이 같으면 소수 첫째 자리부터 차례로 같은 자리의 숫자끼리 비교합니다.

$$5.129 > 5.124$$
$$9 > 4$$

소수 둘째 자리까지 같으므로
소수 셋째 자리 숫자를 비교합니다.

11 소수에서 생략할 수 있는 0을 찾아 보기 와 같이 나타내어 보세요.

보기
0.4̸0   2.08̸0

(1) 10.820   (2) 0.060
(3) 14.500   (4) 20.070

12 두 수의 크기를 비교하여 ○ 안에 >, =, <를 알맞게 써넣으세요.

(1) 육십일 점 팔구이 ◯ 61.751

(2) 이십 점 영사육 ◯ 20.049

13 큰 수부터 순서대로 써 보세요.

| 2.084 | 2.1 | 2.18 | 2.957 |

(   )

14 수린이의 가방의 무게는 3.472 kg이고, 민성이의 가방의 무게는 3470 g입니다. 누구의 가방이 더 무거울까요?

(   )

개념정리

4 소수 사이의 관계

$$1 \xrightarrow[\frac{1}{10}]{10배} 0.1 \xrightarrow[\frac{1}{10}]{10배} 0.01 \xrightarrow[\frac{1}{10}]{10배} 0.001$$

15 □ 안에 알맞은 수를 써넣으세요.

(1) 3.1은 0.31의 □ 배입니다.

(2) 20은 0.2의 □ 배입니다.

(3) 1.487은 14.87의 □ 입니다.

16 더 큰 수의 기호를 써 보세요.

⊙ 89.02의 $\frac{1}{10}$ ⓛ $8\frac{925}{1000}$

(   )

17 설명하는 수의 $\frac{1}{10}$인 수를 구해 보세요.

0.01이 132개인 수

(   )

18 ⊙이 나타내는 수는 ⓛ이 나타내는 수의 몇 배일까요?

56.4<u>5</u>2   57.36<u>4</u>
   ⊙   ⓛ

(   )

19 ×10 은 주어진 수를 10배로 만듭니다. 빈 곳에 알맞은 수를 써넣으세요.

(1) 0.056 → ×10 → □ → ×10 → □

(2) 7.081 → ×10 → ×10 → □

서술형

20 0.476의 100배인 수에서 숫자 6이 나타내는 수는 얼마인지 풀이 과정을 쓰고 답을 구해 보세요.

풀이 _____

_____

_____

_____

답 _____

조건을 만족하는 소수 구하기

• 10보다 작은 소수인 경우 다음과 같이 놓고 각 자리에 알맞은 숫자를 구합니다.

> 소수 두 자리 수: □.□□
> 소수 세 자리 수: □.□□□

└─10보다 크고 100보다 작은 소수인 경우에는 소수 두 자리 수는 □□.□□, 소수 세 자리 수는 □□.□□□로 놓습니다.

21 수진이가 소수에 관한 수수께끼를 풀고 있습니다. □ 안에 알맞은 수나 말을 써넣으세요.

> 수수께끼
> • 이 수는 소수 세 자리 수야.
> • 6보다 크고 7보다 작아.
> • 소수 첫째 자리 숫자는 5야.
> • 소수 둘째 자리 숫자는 2야.
> • 소수 셋째 자리 숫자는 4야.

이 소수는
[   ]라 쓰고 [   ]
라고 읽어요.

22 조건을 모두 만족하는 소수 세 자리 수를 구해 보세요.

> • 7보다 크고 8보다 작습니다.
> • 소수 첫째 자리 숫자는 9입니다.
> • 일의 자리 숫자와 소수 둘째 자리 숫자의 합은 11입니다.
> • 소수 셋째 자리 숫자는 소수 둘째 자리 숫자보다 2만큼 작습니다.

(   )

어떤 수 구하기

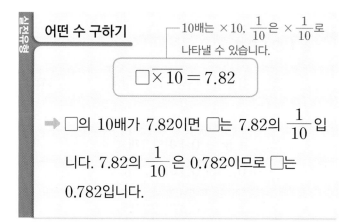

┌─10배는 ×10, $\frac{1}{10}$ 은 × $\frac{1}{10}$ 로 나타낼 수 있습니다.

> □ $\times$ 10 $=$ 7.82

➡ □의 10배가 7.82이면 □는 7.82의 $\frac{1}{10}$ 입니다. 7.82의 $\frac{1}{10}$ 은 0.782이므로 □는 0.782입니다.

23 □ 안에 알맞은 수를 써넣으세요.

(1) [   ] $\times$ 100 $=$ 47.9

(2) [   ] $\times \frac{1}{10} =$ 1.572

24 어떤 수의 $\frac{1}{100}$ 은 0.057입니다. 어떤 수를 구해 보세요.

(   )

25 어떤 수의 10배는 10이 3개, 0.1이 5개, 0.01이 2개인 수와 같습니다. 어떤 수를 구해 보세요.

(   )

5 소수 한 자리 수의 덧셈

개념 강의

● **1.5 + 0.7**

방법 1 0.1의 개수의 합 구하기

$$1.5 → 0.1이 15개$$
$$+0.7 → 0.1이 \ 7개$$
$$2.2 ← 0.1이 22개$$

■.▲ → 0.1이 ■▲개

방법 2 소수점에 맞추어 쓰고,
같은 자리 수끼리 더하기

	1		
	1	.	5
+	0	.	7
	2	.	2

같은 자리 수끼리 더하여 합이 10
이거나 10보다 큰 경우 윗자리로
1을 받아올림합니다.

➕ 보충 개념

자연수의 덧셈처럼 계산하기
자연수의 덧셈과 같은 방법으로
계산한 후, 소수점을 맞추어 찍습
니다.

$$\begin{array}{r} 15 \\ +24 \\ \hline 39 \end{array} \ → \ \begin{array}{r} 1.5 \\ +2.4 \\ \hline 3.9 \end{array}$$

---

1 수직선을 보고 ☐ 안에 알맞은 수를 써넣으세요.

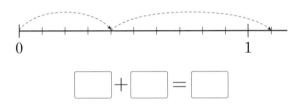

☐ + ☐ = ☐

▶ 수직선에서 오른쪽 방향으로 움
직이는 것은 덧셈을 의미합니다.

2 계산해 보세요.

(1) 0.2 + 0.6

(2) 0.7 + 0.8

(3) $\begin{array}{r} 0.8 \\ +1.2 \\ \hline \end{array}$

(4) $\begin{array}{r} 11.4 \\ + \ 2.3 \\ \hline \end{array}$

▶ 소수 첫째 자리 수끼리의 합이
10인 경우 합의 소수 첫째 자리
숫자 0은 생략합니다.

3 ☐ 안에 알맞은 수를 써넣으세요.

$\begin{array}{r} 5 \ 3 \\ +4 \ 8 \\ \hline \end{array}$ → $\begin{array}{r} 5 \ . \ 3 \\ +4 \ . \ 8 \\ \hline \end{array}$

❓ **자연수 부분의 자릿수가 다른 소
수의 덧셈은 어떻게 하나요?**

소수점을 맞추어 자연수의 덧셈
과 같은 방법으로 계산하고 소수
점을 그대로 내려 찍습니다.

	1		
	17	.	1
+	5	.	8
	22	.	9

6 소수 한 자리 수의 뺄셈

정답과 풀이 23쪽

● **2.1 − 1.5**

방법 1 0.1의 개수의 차 구하기

$$2.1 \rightarrow 0.1이\ 21개$$
$$-1.5 \rightarrow 0.1이\ 15개$$
$$0.6 \leftarrow 0.1이\ \ 6개$$

방법 2 소수점에 맞추어 쓰고, 같은 자리 수끼리 빼기

	1		10
	2	.	1
−	1	.	5
	0	.	6

같은 자리 수끼리 뺄 수 없을 때는 윗자리에서 받아내림하여 계산합니다.

➕ 보충 개념

자연수의 뺄셈과 같은 방법으로 계산한 후, 소수점을 맞추어 찍습니다.

$$\begin{array}{r} 3\,4 \\ -\,2\,1 \\ \hline 1\,3 \end{array} \quad \Rightarrow \quad \begin{array}{r} 3\,.\,4 \\ -\,2\,.\,1 \\ \hline 1\,.\,3 \end{array}$$

---

4 수직선을 보고 ☐ 안에 알맞은 수를 써넣으세요.

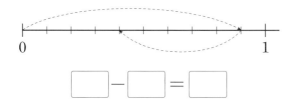

$$\boxed{} - \boxed{} = \boxed{}$$

▶ 수직선에서 왼쪽 방향으로 움직이는 것은 뺄셈을 의미합니다.

5 계산해 보세요.

(1) $0.7 - 0.5$

(2) $3 - 2.8$

(3) $\begin{array}{r} 0\,.\,9 \\ -\,0\,.\,2 \\ \hline \end{array}$

(4) $\begin{array}{r} 4\,.\,2 \\ -\,2\,.\,4 \\ \hline \end{array}$

6 ☐ 안에 알맞은 수를 써넣으세요.

$$7.8 - 1.2 = \boxed{}$$
$$7.8 - 1.4 = \boxed{}$$
$$7.8 - 1.6 = \boxed{}$$
$$7.8 - 1.8 = \boxed{}$$

❓ (자연수) − (소수 한 자리 수)는 어떻게 계산하나요?

자연수의 오른쪽 끝자리에 0을 붙여 소수로 나타내어 계산합니다.

$$\begin{array}{r} {\scriptstyle 3\ \ 10} \\ 4\llap{/}\,.\,0 \\ -\,2\,.\,3 \\ \hline 1\,.\,7 \end{array}$$

3

7 소수 두 자리 수의 덧셈

● **1.48 + 2.75**

방법 1 0.01의 개수의 합 구하기

$$1.48 \rightarrow 0.01이 148개$$
$$+2.75 \rightarrow 0.01이 275개$$
$$\overline{4.23 \leftarrow 0.01이 423개}$$

방법 2 소수점에 맞추어 쓰고, 같은 자리 수끼리 더하기

	1		1	
	1	.	4	8
+	2	.	7	5
	4	.	2	3

⊕ 보충 개념

자연수 부분과 소수 부분을 나누어서 계산하기

$$1.35 = 1 + 0.3 + 0.05$$
$$+3.1 \ = 3 + 0.1$$
$$\overline{4.45 = 4 + 0.4 + 0.05}$$

---

7 모눈종이 전체의 크기가 1이라고 할 때 ☐ 안에 알맞은 수를 써넣으세요.

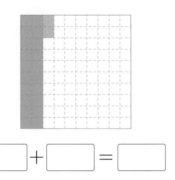

☐ + ☐ = ☐

▶ 모눈 1칸은 전체의 $\frac{1}{100}$ 이므로 0.01을 나타냅니다.

8 계산해 보세요.

(1) 0.02 + 0.35

(2) 3.27 + 6.54

(3) 　　3.65
　　+4.78

(4) 　　11.72
　　+　3.34

▶ 자연수 부분의 자릿수가 다른 경우 소수점을 맞춰서 계산할 수 있도록 주의합니다.

9 ☐ 안에 알맞은 수를 써넣으세요.

$$2.3 \ = 2 + \boxed{}$$
$$+\ 1.56 = \boxed{} + \boxed{} + \boxed{}$$
$$\overline{\boxed{} = \boxed{} + \boxed{} + \boxed{}}$$

❓ (소수 한 자리 수)+(소수 두 자리 수)는 어떻게 계산하나요?

소수 한 자리 수의 끝 자리 뒤에 0이 있는 것으로 생각하여 자릿수를 맞추어 계산합니다.

　　13.10
　+　9.76
　　22.86

8 소수 두 자리 수의 뺄셈

• 5.64 − 1.29

방법 1 0.01의 개수의 차 구하기

$$5.64 \rightarrow 0.01이\ 564개$$
$$-1.29 \rightarrow 0.01이\ 129개$$
$$\overline{}$$
$$4.35 \leftarrow 0.01이\ 435개$$

방법 2 소수점에 맞추어 쓰고, 같은 자리 수끼리 빼기

		5	10
	5 .	6̸	4
−	1 .	2	9
	4 .	3	5

⊕ 보충 개념

세 수의 뺄셈 또는 덧셈과 뺄셈이 섞여있는 식은 앞에서부터 두 수씩 차례로 계산합니다.

$$5.64 - 2.29 - 1.4 = 1.95$$
$$\underline{3.35}$$
$$\underline{\quad 1.95 \quad}$$

$$3.97 - 1.63 + 0.7 = 3.04$$
$$\underline{2.34}$$
$$\underline{\quad 3.04 \quad}$$

---

10 모눈종이 전체의 크기가 1이라고 할 때 ☐ 안에 알맞은 수를 써넣으세요.

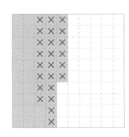

$$\boxed{} - \boxed{} = \boxed{}$$

▶ 색칠되어 있는 모눈 칸 위에 빼는 수만큼 ×로 지우고 남은 부분이 뺄셈 결과가 됩니다.

11 계산해 보세요.

(1) $0.55 - 0.24$

(2) $9.83 - 2.83$

(3) $\begin{array}{r} 0.92 \\ -0.31 \\ \hline \end{array}$

(4) $\begin{array}{r} 6.28 \\ -2.47 \\ \hline \end{array}$

▶ 소수 부분이 같은 두 소수의 뺄셈 결과는 자연수입니다.

12 ☐ 안에 알맞은 수를 써넣으세요.

$3\,m\ 83\,cm$는 $\boxed{}$ m이고, $50\,cm$는 $\boxed{}$ m입니다.

→ $3\,m\ 83\,cm - 50\,cm = \boxed{}$ m

▶ 소수를 이용하여 하나의 단위로 통일합니다.

기본에서 응용으로

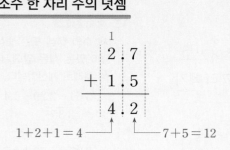

5 소수 한 자리 수의 덧셈

$$
\begin{array}{r}
1 \\
2.7 \\
+\ 1.5 \\
\hline
4.2
\end{array}
$$

$1+2+1=4$ ⟶ ⟵ $7+5=12$

26 ☐ 안에 알맞은 수를 써넣으세요.

0.4는 0.1이 ☐ 개이고 0.8은 0.1이 ☐ 개

이므로 0.4+0.8은 0.1이 ☐ 개입니다.

➡ 0.4+0.8 = ☐

27 ㉠과 ㉡의 합을 구해 보세요.

> ㉠ 0.1이 9개인 수
> ㉡ 일의 자리 숫자가 1, 소수 첫째 자리 숫
> 자가 3인 수

(   )

28 선영이는 시장에서 고구마 7.5 kg과 감자
11.4 kg을 샀습니다. 선영이가 산 고구마와
감자는 모두 몇 kg일까요?

(   )

29 두 수를 골라 합이 1인 덧셈식을 만들려고 합
니다. ☐ 안에 알맞은 수를 써넣으세요.

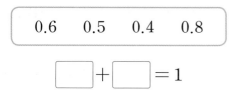

0.6	0.5	0.4	0.8

☐ + ☐ = 1

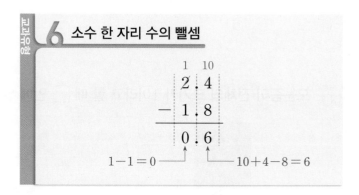

6 소수 한 자리 수의 뺄셈

$$
\begin{array}{r}
1 \quad 10 \\
2.4 \\
-\ 1.8 \\
\hline
0.6
\end{array}
$$

$1-1=0$ ⟶ ⟵ $10+4-8=6$

30 설명하는 수를 구해 보세요.

> 8.5보다 3.2만큼 더 작은 수

(   )

31 계산 결과를 비교하여 ○ 안에 >, =, <를
알맞게 써넣으세요.

(1) 0.9−0.3 ◯ 0.8−0.1

(2) 3−2.6 ◯ 4.4−3.7

32 두 수를 골라 차가 가장 크게 되도록 식을 만
들어 보세요.

9.5	7.4	10.7	8.2

☐ − ☐ = ☐

33 현수는 가게에서 콩 $9.5\,\mathrm{kg}$과 팥 $13.2\,\mathrm{kg}$을 샀습니다. 현수는 콩과 팥 중에서 무엇을 얼마나 더 많이 샀는지 구해 보세요.

(   ), (   )

7 소수 두 자리 수의 덧셈

$$
\begin{array}{r}
{\scriptstyle 1\ \ 1}\\
2.7\,6\\
+\ 2.4\,8\\
\hline
5.2\,4
\end{array}
$$

6+8=14
1+7+4=12
1+2+2=5

34 ☐ 안에 알맞은 수를 써넣으세요.

$3.02+1.12=$ ☐

$3.02+1.14=$ ☐

$3.02+1.16=$ ☐

서술형

35 계산이 <u>잘못된</u> 곳을 찾아 바르게 계산하고 잘못된 이유를 써 보세요.

$$
\begin{array}{r}
0.8\,5\\
+\ 0.1\,6\\
\hline
0.9\,1
\end{array}
$$
➡ ☐

이유 _____

36 가장 큰 수와 가장 작은 수의 합을 구해 보세요.

| 0.44 | 0.81 | 0.46 |

(   )

37 계산 결과가 큰 순서대로 ◯ 안에 번호를 써넣으세요.

$$
\begin{array}{r}
2.0\,6\\
+\,3.8\,5
\end{array}
\qquad
\begin{array}{r}
5.2\,3\\
+\,0.5\,8
\end{array}
\qquad
\begin{array}{r}
1.5\,4\\
+\,4.3\,9
\end{array}
$$

38 정혜는 어제 $6.86\,\mathrm{km}$, 오늘 $10.72\,\mathrm{km}$를 달렸습니다. 정혜가 어제와 오늘 달린 거리는 모두 몇 km일까요?

(   )

39 ☐ 안에 알맞은 수를 써넣으세요.

$$
\begin{array}{r}
2.\,\boxed{}\,8\\
+\ 4.2\,\boxed{}\\
\hline
\boxed{}.1\ 1
\end{array}
$$

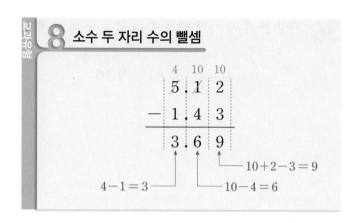

40 2개를 골라 차가 2인 뺄셈식을 만들려고 합니다. ☐ 안에 알맞은 수를 써넣으세요.

| 1.61 | 2.41 | 3.61 |

$$\boxed{} - \boxed{} = 2$$

41 수직선에서 ㉠과 ㉡이 나타내는 수의 차를 구해 보세요.

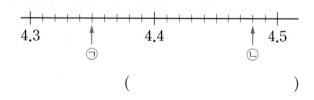

( )

42 물병에 물이 2 L 들어 있었습니다. 준희가 물을 마시고 남은 물이 0.34 L라면 준희가 마신 물은 몇 L일까요?

( )

43 설명하는 수에서 6.83을 뺀 수를 구해 보세요.

| 1이 12개, 0.01이 12개인 수 |

( )

44 ☐ 안에 알맞은 수를 써넣으세요.

$$5.01 + \boxed{} = 11.14 - 4.25$$

45 어떤 수에서 0.57을 빼야 할 것을 잘못하여 더했더니 4.32가 되었습니다. 바르게 계산한 값은 얼마인지 풀이 과정을 쓰고 답을 구해 보세요.

풀이

답

자릿수가 다른 소수의 계산

• 소수점 오른쪽 끝자리 뒤에 0이 있는 것으로 생각하여 자릿수를 맞추어 더하거나 뺍니다.

예 $5.3 + 1.67$

$$
\begin{array}{r}
5.3\;0 \\
+\;1.6\;7 \\
\hline
6.9\;7
\end{array}
$$

예 $3.14 - 2.7$

$$
\begin{array}{r}
\overset{2\;\;\;10}{3.1\;4} \\
-\;2.7\;0 \\
\hline
0.4\;4
\end{array}
$$

46 계산을 바르게 한 사람은 누구일까요?

진영	아정
$\begin{array}{r} 3.6\;7 \\ +\;\;\;0.5 \\ \hline 3.7\;2 \end{array}$	$\begin{array}{r} 3.67 \\ +\,0.5 \\ \hline 4.17 \end{array}$

(   )

47 가장 큰 수와 가장 작은 수의 합에서 나머지 수를 뺀 값은 얼마일까요?

$$8.6 \quad 8.12 \quad 8.2$$

(   )

48 ㉠과 ㉡의 차를 구해 보세요.

㉠ 0.18의 10배인 수

㉡ 1270의 $\dfrac{1}{1000}$인 수

(   )

□ 안에 알맞은 수 구하기

• 0부터 9까지의 수 중 □ 안에 들어갈 수 있는 수 구하기

$$2.7 + 5.8 > 8.\square$$

① 덧셈식 또는 뺄셈식을 계산합니다.

$2.7 + 5.8 = 8.5 \Rightarrow 8.5 > 8.\square$

② 일의 자리 숫자가 같으므로 소수 첫째 자리 숫자를 비교합니다.

$5 > \square \Rightarrow \square = 0, 1, 2, 3, 4$

49 0부터 9까지의 수 중 □ 안에 들어갈 수 있는 수를 모두 구해 보세요.

$$4.65 + 3.88 < 8.\square 3$$

(   )

50 0부터 9까지의 수 중 □ 안에 들어갈 수 있는 가장 큰 수를 구해 보세요.

$$9.4 - 5.62 > 3.\square 8$$

(   )

51 0부터 9까지의 수 중 □ 안에 들어갈 수 있는 수는 모두 몇 개일까요?

$$3.21 + 4.31 < 7.\square 2 < 3.87 + 4.05$$

(   )

3. 소수의 덧셈과 뺄셈 **75**

1 조건에 알맞은 수 구하기

설명하는 수보다 크고 4.01보다 작은 소수 세 자리 수를 모두 써 보세요.

1이 4개, 0.001이 7개인 수

( )

● 핵심 NOTE
• [ ]가 나타내는 소수를 구합니다.
• 주어진 조건에 알맞은 소수 세 자리 수를 모두 찾습니다.

1-1 0.95보다 크고 설명하는 수보다 작은 소수 세 자리 수를 모두 써 보세요.

0.1이 9개, 0.01이 5개인 수, 0.001이 4개인 수

( )

1-2 설명하는 수보다 크고 12.1보다 작은 소수 세 자리 수는 모두 몇 개일까요?

1이 12개, $\dfrac{1}{100}$이 9개인 수, $\dfrac{1}{1000}$이 5개인 수

( )

심화유형

2 단위를 통일하여 계산하기

다솔이가 가지고 있는 끈의 길이는 2.5 m이고, 승현이가 가지고 있는 끈의 길이는 다솔이가 가지고 있는 끈의 길이보다 65 cm 짧다고 합니다. 두 사람이 가지고 있는 끈의 길이는 모두 몇 m일까요?

(   )

● 핵심 NOTE
- 1 cm = 0.01 m
- cm를 m로 바꾼 후 계산합니다.

2-1 영호의 몸무게는 35.25 kg이고, 지수의 몸무게는 영호의 몸무게보다 3750 g 더 가볍습니다. 두 사람의 몸무게의 합은 몇 kg일까요?

(   )

2-2 성진이네 가족은 주말마다 함께 등산을 하는데 이번 주말에는 산 정상까지 올라갔다 오기로 했습니다. 산 입구에서 약수터를 지나 정상까지 올라간 후 올라간 길로 다시 내려올 때, 성진이네 가족이 등산하는 거리는 모두 몇 km일까요?

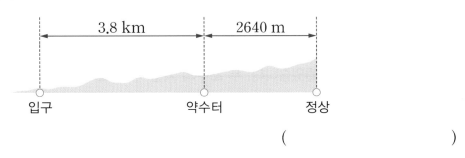

(   )

카드로 소수 만들어 계산하기

6장의 카드를 한 번씩 모두 사용하여 가장 큰 소수 두 자리 수와 가장 작은 소수 두 자리 수를 각각 만들었습니다. 두 소수의 차를 구해 보세요. (단, 소수점 오른쪽 끝자리에는 0이 오지 않습니다.)

| 0 | 7 | 3 | 2 | 8 | . |

( )

● 핵심 NOTE
• 소수 두 자리 수는 자연수 부분이 세 자리 수가 되도록 만들어야 합니다.
• 가장 큰 소수 두 자리 수는 가장 높은 자리부터 큰 숫자를 차례로 쓰고, 가장 작은 소수 두 자리 수는 가장 높은 자리부터 작은 숫자를 차례로 씁니다.
• 0을 제외한 가장 작은 수의 위치를 생각합니다.

3-1 6장의 카드를 한 번씩 모두 사용하여 가장 큰 소수 두 자리 수와 가장 작은 소수 두 자리 수를 각각 만들었습니다. 두 소수의 차를 구해 보세요. (단, 소수점 오른쪽 끝자리에는 0이 오지 않습니다.)

| 0 | 2 | 4 | 6 | 8 | . |

( )

3-2 6장의 카드를 한 번씩 모두 사용하여 가장 큰 소수 두 자리 수와 두 번째로 큰 소수 두 자리 수를 각각 만들었습니다. 두 소수의 차를 구해 보세요. (단, 소수점 오른쪽 끝자리에는 0이 오지 않습니다.)

| 0 | 3 | 5 | 7 | 9 | . |

( )

융합유형 **4**

수학 **+** 기술

평면도에서 가로, 세로 구하기

평면도는 각 층의 배치, 출입구, 창 등의 위치를 나타내기 위해 그립니다. 다음은 어린이 박물관의 구조를 나타낸 평면도입니다. 제1전시실의 가로와 세로는 각각 몇 m일까요?

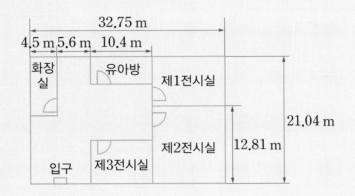

1단계 제1전시실의 가로 구하기

....

2단계 제1전시실의 세로 구하기

....

가로 (   ), 세로 (   )

● **핵심 NOTE**   **1단계** 전체 길이에서 제1전시실 이외 부분의 가로를 뺍니다.
                  2단계 전체 길이에서 제1전시실 이외 부분의 세로를 뺍니다.

4-1   어린이 미술관의 구조를 나타낸 평면도입니다. 체험실의 가로는 몇 m일까요?

(   )

3

기출 단원 평가 Level ❶

1 소수를 읽어 보세요.

$$2.43$$

(   )

2 2가 나타내는 수를 써 보세요.

$$8.527$$

(   )

3 빈칸에 알맞은 수를 써넣으세요.

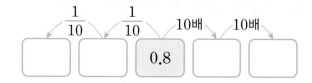

4 두 수의 크기를 비교하여 ○ 안에 >, =, < 를 알맞게 써넣으세요.

(1) 8.63 ○ 8.617

(2) 17.154 ○ 17.152

5 수직선에 표시한 소수를 써 보세요.

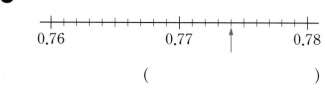

(   )

6 ☐ 안에 알맞은 수를 써넣으세요.

$$9.83 \;=\; 9 \;+\; \boxed{} \;+\; \boxed{}$$

$$-\; 7.5 \;=-\; 7 \;-\; \boxed{}$$

$$\boxed{} \;=\; \boxed{} \;+\; \boxed{} \;+\; \boxed{}$$

7 ☐ 안에 알맞은 수를 써넣으세요.

2 m 45 cm는 ☐ m이고,

75 cm는 ☐ m입니다.

➡ 2 m 45 cm + 75 cm = ☐ m

8 계산해 보세요.

(1) 1.26
  + 2.39
———————

(2) 2.45
  − 1.8
———————

(3) 13.75 + 11.9

(4) 20.83 − 9.54

9 □ 안에 알맞은 수를 써넣으세요.

(1) 0.01이 25개인 수는 [ ] 입니다.

(2) 0.01이 40개인 수는 [ ] 입니다.

(3) 0.97은 0.01이 [ ] 개인 수입니다.

10 상자 안에 무게가 0.87 kg인 물건을 넣고 상자의 무게를 재었더니 1 kg이 되었습니다. 상자의 무게는 몇 kg일까요?

(   )

11 계산에서 <u>잘못된</u> 곳을 찾아 바르게 계산해 보세요.

  4 8.1 6
 − 3.7 8
—————————
  1.0 3 6

➡ [ ]

12 가장 큰 수와 가장 작은 수의 합을 구해 보세요.

| 4.96 | 4.5 | 4.52 |

(   )

13 두 수를 골라 합이 가장 크게 되도록 식을 만들어 보세요.

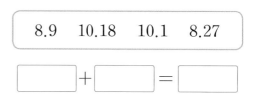

| 8.9 | 10.18 | 10.1 | 8.27 |

[ ] + [ ] = [ ]

14 □ 안에 알맞은 수를 써넣으세요.

[ ] + 2.72 = 1.94 + 4.1

15 어떤 수의 100배는 114.3입니다. 어떤 수를 구해 보세요.

(   )

16 조건을 모두 만족하는 소수 세 자리 수를 구해 보세요.

> • 17보다 크고 18보다 작습니다.
> • 소수 첫째 자리 숫자는 2입니다.
> • 소수 둘째 자리 숫자는 소수 첫째 자리 숫자보다 7 큰 수입니다.
> • 이 소수를 10배 하면 소수 둘째 자리 숫자는 6이 됩니다.

(   )

17 민석이네 집에서 할아버지 댁까지의 거리는 55.42 km입니다. 민석이는 집에서 할아버지 댁까지 가는 데 38250 m는 기차를 타고, 나머지 거리는 버스를 탔습니다. 버스를 타고 간 거리는 몇 km일까요?

(   )

18 6장의 카드를 한 번씩 모두 사용하여 가장 큰 소수 두 자리 수와 가장 작은 소수 두 자리 수를 각각 만들었습니다. 두 소수의 차를 구해 보세요.

| 3 | 5 | 2 | 7 | 6 | . |

(   )

19 0.072와 0.1 중 더 큰 수는 어느 것일까요? 왜 그렇게 생각하는지 이유를 써 보세요.

답 _____

이유 _____

_____

_____

_____

20 어떤 수에서 3.27을 빼야 할 것을 잘못하여 더했더니 7.23이 되었습니다. 바르게 계산한 값은 얼마인지 풀이 과정을 쓰고 답을 구해 보세요.

풀이 _____

_____

_____

_____

답 _____

기출 단원 평가 Level ❷

1 분수를 소수로 나타내고 읽어 보세요.

$$\frac{7251}{1000}$$

소수 (   )

읽기 (   )

2 소수 둘째 자리 숫자가 가장 큰 수는 어느 것일까요? (   )

① 70.932   ② 12.671   ③ 24.152

④ 3.89   ⑤ 100.561

3 숫자 5가 나타내는 수가 다른 것을 찾아 기호를 써 보세요.

㉠ 7.512   ㉡ 13.56

㉢ 1.05   ㉣ 99.503

(   )

4 ☐ 안에 알맞은 수를 써넣으세요.

⑴ 4 m 58 cm = ☐ m

⑵ 391 m = ☐ km

5 두 수의 차를 구해 보세요.

• 0.01이 15개인 수

• 0.01이 9개인 수

(   )

6 21.91에 대한 설명으로 <u>틀린</u> 것은 어느 것일까요? (   )

① 소수 둘째 자리 숫자가 나타내는 수는 0.01입니다.

② $\frac{1}{10}$인 수는 2.191입니다.

③ 100배인 수는 219.1입니다.

④ 이십일 점 구일이라고 읽습니다.

⑤ 21보다 크고 22보다 작습니다.

7 강아지의 무게는 3.55 kg이고, 고양이의 무게는 3.049 kg입니다. 강아지와 고양이 중 더 무거운 동물을 써 보세요.

(   )

8 계산 결과를 비교하여 ○ 안에 >, =, <를 알맞게 써넣으세요.

⑴ 0.7+1.2 ◯ 0.6+1.4

⑵ 1.45+0.19 ◯ 1.63+0.02

9 수직선에서 ㉠과 ㉡이 나타내는 수의 합을 구해 보세요.

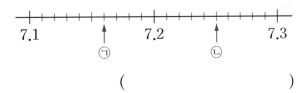

7.1   7.2   7.3

㉠   ㉡

(   )

10 ㉠이 나타내는 수는 ㉡이 나타내는 수의 몇 배일까요?

72.302
㉠ ㉡

(   )

11 가장 큰 수와 가장 작은 수의 합에서 나머지 수를 뺀 값을 구해 보세요.

5.62   5.8   5.3

(   )

12 길이가 2.54 m인 색 테이프 2개를 겹치지 않게 이어 붙이고, 0.78 m만큼 잘라 내었습니다. 남은 색 테이프는 몇 m인지 구해 보세요.

(   )

13 ×10은 주어진 수를 10배, ÷10은 주어진 수를 $\frac{1}{10}$로 만듭니다. 빈 곳에 알맞은 수를 써넣으세요.

2.871 → ×10 → ×10 → ÷10 → ☐

14 ☐ 안에 알맞은 수를 써넣으세요.

$$
\begin{array}{r}
\boxed{\ }\,.\,6\,\boxed{\ } \\
+\ 7\,.\,\boxed{\ }\,5 \\
\hline
1\ 5\,.\,8\ 2
\end{array}
$$

15 어떤 수의 10배는 1이 4개, $\frac{1}{10}$이 1개, $\frac{1}{100}$이 3개인 수입니다. 어떤 수를 구해 보세요.

(   )

16 일주일 동안 혜진이는 우유를 3.2 L 마시고, 진우는 혜진이보다 520 mL 더 적게 마셨습니다. 혜진이와 진우가 일주일 동안 마신 우유는 모두 몇 L일까요?

( )

17 설명하는 수보다 크고 0.7보다 작은 소수 세 자리 수는 모두 몇 개인지 구해 보세요.

> 0.1이 6개, 0.01이 9개,
> 0.001이 4개인 수

( )

18 6장의 카드를 한 번씩 모두 사용하여 만들 수 있는 가장 큰 소수 두 자리 수와 두 번째로 큰 소수 두 자리 수의 차를 구해 보세요. (단, 소수점 오른쪽 끝자리에는 0이 오지 않습니다.)

4 7 9 0 5 .

( )

19 9.147의 100배인 수에서 소수 첫째 자리 숫자가 나타내는 수를 구하려고 합니다. 풀이 과정을 쓰고 답을 구해 보세요.

풀이

답

20 0부터 9까지의 수 중 □ 안에 들어갈 수 있는 수는 모두 몇 개인지 풀이 과정을 쓰고 답을 구해 보세요.

> $4.7 - 1.26 < 3.\square4$

풀이

답

3

사각형

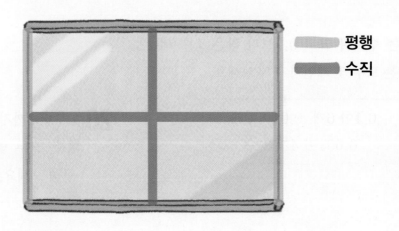

평행
수직

사각형

평행한 변이 있는 사각형들

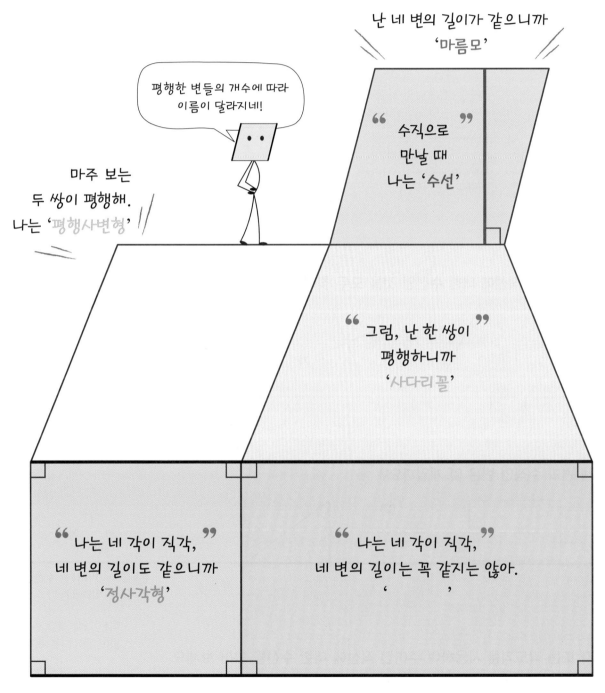

1 수직과 수선

● 두 직선이 만나서 이루는 각이 직각일 때, 두 직선을 서로 **수직**이라고 합니다.
또 두 직선이 서로 수직으로 만나면 한 직선을 다른 직선에 대한 **수선**이라고 합니다.

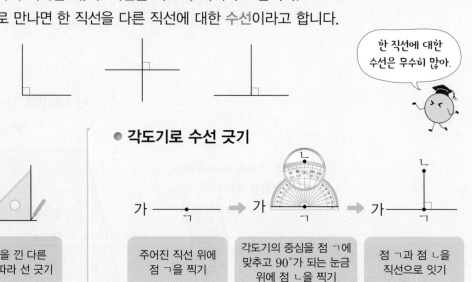

> 한 직선에 대한 수선은 무수히 많아.

● **삼각자로 수선 긋기**

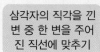

| 삼각자의 직각을 낀 변 중 한 변을 주어진 직선에 맞추기 | 직각을 낀 다른 변을 따라 선 긋기 |

● **각도기로 수선 긋기**

| 주어진 직선 위에 점 ㄱ을 찍기 | 각도기의 중심을 점 ㄱ에 맞추고 90°가 되는 눈금 위에 점 ㄴ을 찍기 | 점 ㄱ과 점 ㄴ을 직선으로 잇기 |

---

1 직선 가가 다른 직선에 대한 수선인 것을 모두 찾아 ○표 하세요.

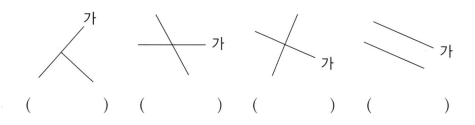

(   )   (   )   (   )   (   )

2 파란색 변과 수직인 변은 몇 개일까요?

(1)   (2)

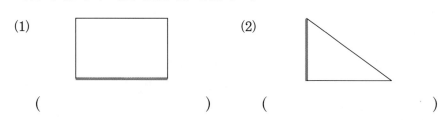

(   )   (   )

3 삼각자 또는 각도기를 사용하여 주어진 직선에 대한 수선을 그어 보세요.

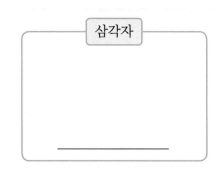
삼각자

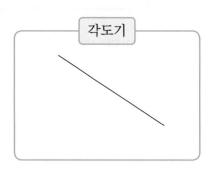
각도기

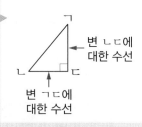

변 ㄴㄷ에 대한 수선

변 ㄱㄷ에 대한 수선

? 한 직선에 대한 수선은 몇 개 그을 수 있나요?

• 직선 가에 대한 수선은 셀 수 없이 많이 그을 수 있습니다.

가

• 한 점을 지나고 직선 가에 대한 수선은 1개밖에 없습니다.

가

2 평행과 평행선

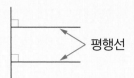

정답과 풀이 30쪽

● 한 직선에 수직인 두 직선을 그었을 때, 그 두 직선은 서로 만나지 않습니다.
이와 같이 서로 만나지 않는 두 직선을 평행하다고 합니다.
이때 평행한 두 직선을 평행선이라고 합니다.

● 평행선 긋기

| 직선 위에 삼각자 2개 놓기 | 한 삼각자를 고정하고 다른 삼각자를 움직여 평행선 긋기 |

● 한 점을 지나는 평행선 긋기

| 직각을 낀 두 변이 각각 주어진 한 직선과 점 ㅇ을 지나도록 놓기 | 다른 삼각자의 직각 부분이 점 ㅇ을 지나도록 놓고 평행한 직선 긋기 |

---

4 서로 평행한 직선을 찾아 써 보세요.

(1)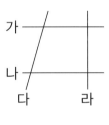

(   )

(2)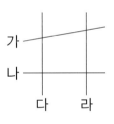

(   )

5 사각형 ㄱㄴㄷㄹ에서 변 ㄴㄷ과 평행한 변은 어느 것일까요?

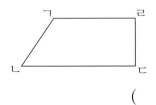

(   )

6 삼각자를 사용하여 평행선을 바르게 그은 것에 ○표 하세요.

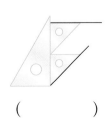      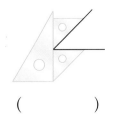

(   )   (   )   (   )

❓ **한 직선에 평행한 직선은 몇 개 그을 수 있나요?**

• 직선 가와 평행한 직선은 셀 수 없이 많이 그을 수 있습니다.

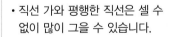

• 한 점을 지나고 직선 가와 평행한 직선은 1개밖에 없습니다.

3 평행선 사이의 거리

● **평행선 사이의 거리**

평행선의 한 직선에서 다른 직선에 수직인 선분을 그었을 때 이 수직인 선분의 길이를 평행선 사이의 거리라고 합니다.

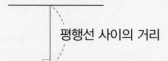

평행선 사이의 거리

● **평행선 사이의 거리 재기**

한 직선에서 다른 직선에 수직인 선분을 긋고 그은 수직인 선분의 길이를 잽니다.

➡ (평행선 사이의 거리) = 3 cm

＋ 보충 개념

평행선 사이의 거리는 길이가 가장 짧은 수직인 선분의 길이입니다.

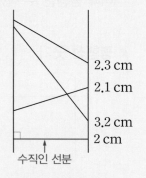

2.3 cm
2.1 cm
3.2 cm
2 cm

수직인 선분

7 직선 가와 직선 나는 서로 평행합니다. 평행선 사이의 거리를 나타내는 선분은 어느 것일까요?　　　　　　　(　　　)

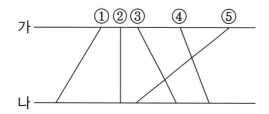

8 도형에서 평행선 사이의 거리를 재어 보세요.

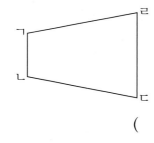

(　　　　　　　)

▶ 도형에서 평행한 두 변을 찾고, 두 변 사이에 수직인 선분을 긋습니다. 이 수직인 선분의 길이가 평행선 사이의 거리입니다.

9 평행선 사이의 거리가 2 cm가 되도록 주어진 직선과 평행한 직선을 그어 보세요.

(1)

(2)

▶ 평행선 사이에 그을 수 있는 수직인 선분의 길이는 모두 같습니다.

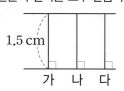

1.5 cm

가 나 다

기본에서 응용으로

① 직선 가와 직선 나는 서로 수직입니다.
② 직선 가에 대한 수선은 직선 나입니다.
③ 직선 나에 대한 수선은 직선 가입니다.

1 서로 수직인 직선을 모두 찾아 써 보세요.

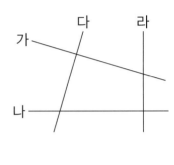

( )

2 서로 수직인 변이 있는 도형을 모두 찾아 기호를 써 보세요.

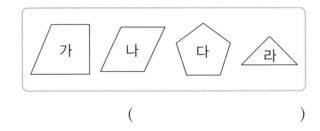

( )

3 직선 가에 대한 수선은 모두 몇 개 그을 수 있을까요?

( )

4 변 ㄴㅁ에 대한 수선을 찾아 써 보세요.

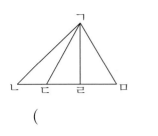

( )

5 변 ㄱㄴ에 수직인 변은 모두 몇 개일까요?

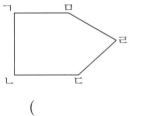

( )

6 점 ㄱ을 지나고 직선 가에 대한 수선을 그어 보세요.

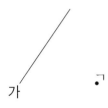

7 점 ㄱ에서 각 변에 수선을 그을 때 그을 수 있는 수선은 모두 몇 개일까요?

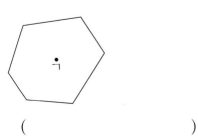

( )

4

4. 사각형 **91**

8 직선 가에 대한 수선이 직선 나일 때 ㉠의 각도를 구하려고 합니다. 풀이 과정을 쓰고 답을 구해 보세요.

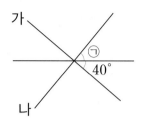

풀이 ....

....

....

답 ....

9 직선 ㄱㄴ은 직선 ㄷㄹ에 대한 수선입니다. 각 ㄷㄹㄴ을 똑같이 5부분으로 나누었을 때 각 ㅁㄹㅂ의 크기는 몇 도일까요?

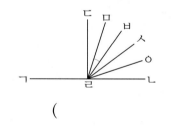

( )

10 직선 가는 직선 나에 대한 수선입니다. ㉠의 크기는 몇 도일까요?

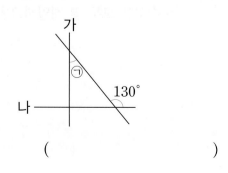

( )

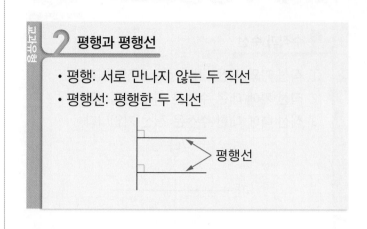

2 평행과 평행선

• 평행: 서로 만나지 않는 두 직선
• 평행선: 평행한 두 직선

11 학생들이 평행선에 대해 말한 것입니다. 잘못 말한 학생은 누구일까요?

평행한 두 직선을 평행선이라고 해.

진영

한 직선에 수직인 두 직선이지.

준하

두 직선은 서로 만나지 않아.

우정

두 직선이 이루는 각은 직각이야.

은진

( )

12 삼각자를 사용하여 점 ㄱ을 지나고 직선 가와 평행한 직선을 그어 보세요.

서술형

13 직선 라와 평행한 직선을 찾아 쓰고 그 이유를 써 보세요.

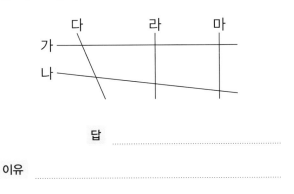

답 _____

이유 _____

_____

_____

14 평행선이 더 많은 도형을 찾아 기호를 써 보세요.

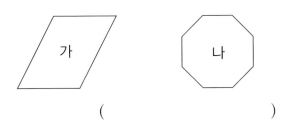

( )

15 점 ㄹ을 지나고 선분 ㄱㄴ에 평행한 선분을 그어 보세요.

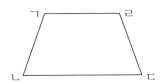

16 주어진 두 선분을 사용하여 평행선이 두 쌍인 사각형을 그려 보세요.

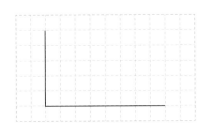

17 도형에서 평행선은 모두 몇 쌍일까요?

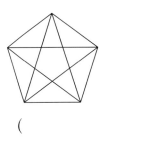

( )

18 변 ㄱㄴ과 평행한 변을 모두 찾아 써 보세요.

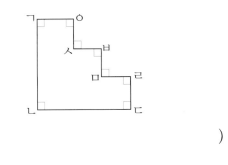

( )

3 평행선 사이의 거리

• 평행선 사이의 거리: 평행선에 그은 수직인 선분의 길이

➡ (평행선 사이의 거리) = 5 cm

19 평행선 사이의 거리를 재어 보세요.

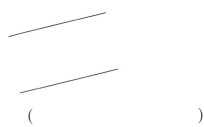

( )

20 평행선 사이의 거리가 1 cm가 되도록 주어진 직선과 평행한 직선을 2개 그어 보세요.

서술형
21 세 직선 가, 나, 다가 서로 평행할 때 직선 가와 직선 다의 평행선 사이의 거리는 몇 cm인지 풀이 과정을 쓰고 답을 구해 보세요.

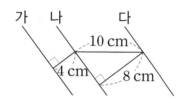

풀이 ....

....

....

답 ....

22 세 직선 가, 나, 다가 서로 평행하고 직선 가와 직선 다의 평행선 사이의 거리가 11 cm일 때 직선 가와 직선 나의 평행선 사이의 거리는 몇 cm일까요?

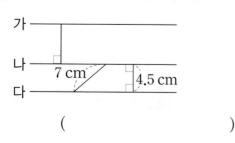

( )

실전유형

도형에서 평행선 사이의 거리 구하기

① 평행한 두 변에 수직인 선분을 찾습니다.
② 수직인 선분의 길이를 구합니다.

23 도형에서 평행선 사이의 거리를 재어 보세요.

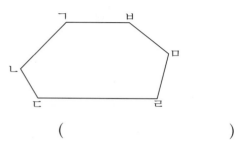

( )

24 도형에서 평행선 사이의 거리를 구해 보세요.

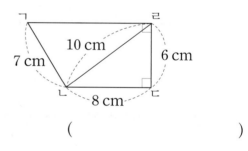

( )

25 도형에서 평행선 사이의 거리를 구해 보세요.

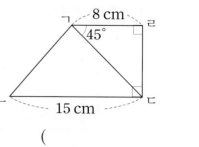

( )

4 사다리꼴

정답과 풀이 33쪽

개념 강의

● **사다리꼴**: 평행한 변이 한 쌍이라도 있는 사각형

➕ **보충 개념**

평행한 변이 있기만 하면 사다리꼴이므로 평행한 변이 두 쌍이 있어도 사다리꼴입니다.

❗ 평행한 변이 한 쌍이라도 있는 사각형은 [   ]입니다.

---

1 사다리꼴을 모두 찾아 기호를 써 보세요.

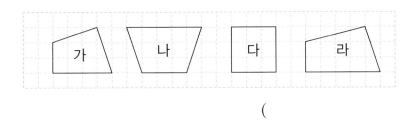

(   )

▶ 직사각형과 정사각형은 평행한 변이 두 쌍 있으므로 사다리꼴이라고 할 수 있습니다.

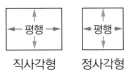

2 도형판에서 한 꼭짓점만 옮겨서 사다리꼴을 만들어 보세요.

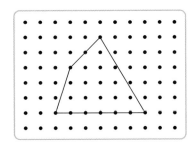

▶ 한 꼭짓점을 옮겨서 마주 보는 두 쌍의 변이 서로 평행한 사각형을 만들 수도 있습니다.

3 사다리꼴을 완성해 보세요.

(1)

(2)

▶ 평행한 변이 한 쌍 또는 두 쌍인 사각형을 그립니다.

5 평행사변형

• **평행사변형**: 마주 보는 두 쌍의 변이 서로 평행한 사각형

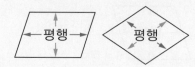

• **평행사변형의 성질**
• 마주 보는 두 변의 길이가 같습니다.
• 마주 보는 두 각의 크기가 같습니다.
• 이웃한 두 각의 크기의 합이 180°입니다.

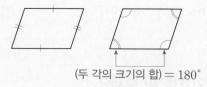

(두 각의 크기의 합) = 180°

➕ **보충 개념**

평행사변형과 사다리꼴
• 평행사변형은 마주 보는 두 쌍의 변이 평행하므로 사다리꼴이라고 할 수 있습니다.
• 사다리꼴은 서로 평행한 변이 한 쌍인 경우도 있으므로 평행사변형이라고 할 수 없습니다.

❗ 평행사변형은 마주 보는 (한 , 두) 쌍의 변이 서로 평행한 사각형입니다.

[4~5] 도형을 보고 물음에 답하세요.

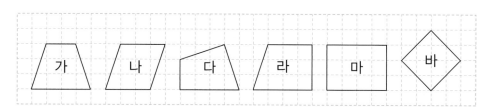

4 마주 보는 두 쌍의 변이 서로 평행한 사각형을 모두 찾아 기호를 써 보세요.

(   )

❓ **평행사각형이라고 부르지는 않나요?**

평행한 것이 각이 아니라 변이기 때문에 평행사각형이 아닌 평행사변형이라고 부릅니다.

5 4에서 찾은 사각형의 이름을 써 보세요.

(   )

❓ **평행사변형에서 이웃한 두 각의 크기의 합은 왜 180°인가요?**

평행사변형을 잘라 직사각형 모양으로 이어 붙이면 ×＋○ ＝180°입니다.
따라서 평행사변형의 이웃한 두 각 ×, ○의 크기의 합은 180°입니다.

6 평행사변형입니다. ☐ 안에 알맞은 수를 써넣으세요.

(1)
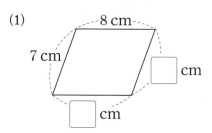

(2)
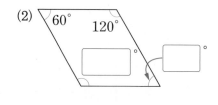

6 마름모

● **마름모**: 네 변의 길이가 모두 같은 사각형

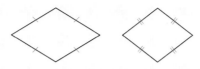

● **마름모의 성질**

• 마주 보는 두 쌍의 변이 서로 평행합니다.

• 마주 보는 두 각의 크기가 같습니다.

• 이웃한 두 각의 크기의 합이 180°입니다.

• 마주 보는 꼭짓점끼리 이은 선분이 서로 수직으로 만나고 이등분합니다.

정사각형도 마름모야.

(두 각의 크기의 합) = 180°

⊕ 보충 개념

마름모와 평행사변형, 사다리꼴

마름모는 두 쌍의 변이 서로 평행하므로 평행사변형, 사다리꼴이라고 할 수 있습니다.

사다리꼴
평행사변형
마름모

---

7 마름모는 모두 몇 개인지 써 보세요.

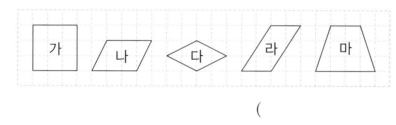

가   나   다   라   마

(   )

▶ 정사각형은 네 변의 길이가 모두 같고, 마주 보는 두 쌍의 변이 서로 평행하므로 마름모라고 할 수 있습니다.

8 마름모를 완성해 보세요.

▶ 평행한 변이 두 쌍이고, 네 변의 길이가 모두 같은 사각형을 그립니다.

4

9 마름모입니다. ▢ 안에 알맞은 수를 써넣으세요.

(1)
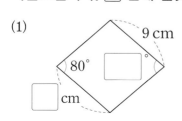
9 cm
80°
▢ cm

(2)
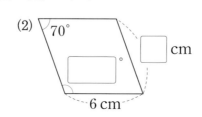
70°
▢ cm
6 cm

7 여러 가지 사각형

● **직사각형과 정사각형의 성질**

직사각형	정사각형
네 각이 모두 직각입니다. 마주 보는 두 쌍의 변이 서로 평행합니다.	
마주 보는 두 변의 길이가 같습니다.	네 변의 길이가 모두 같습니다.

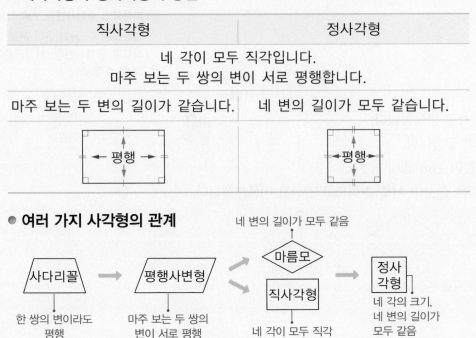

● **여러 가지 사각형의 관계**

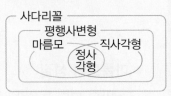
보충 개념

여러 가지 사각형의 관계

- 평행사변형은 사다리꼴입니다.
- 마름모는 사다리꼴, 평행사변형입니다.
- 직사각형은 사다리꼴, 평행사변형입니다.
- 정사각형은 사다리꼴, 평행사변형, 마름모, 직사각형입니다.

[10~12] 직사각형 모양의 종이를 보고 물음에 답하세요.

10 해당되는 사각형을 모두 찾아 기호를 써 보세요.

사다리꼴	평행사변형	마름모	직사각형	정사각형

▶ 직사각형 모양의 종이는 마주 보는 두 변이 서로 평행하기 때문에 가~마는 모두 사다리꼴입니다.

11 사각형 가를 부를 수 있는 이름을 모두 써 보세요.

( )

? **직사각형은 정사각형이라고 할 수 있나요?**

없습니다. 직사각형은 네 변의 길이가 모두 같지 않은 것도 있으므로 정사각형이라고 할 수 없습니다. 그러나 반대로 정사각형은 네 각이 모두 직각이므로 직사각형이라고 할 수 있습니다.

12 사각형 마를 부를 수 있는 이름을 모두 써 보세요.

( )

기본에서 응용으로

4 사다리꼴

• 사다리꼴: 평행한 변이 한 쌍이라도 있는 사각형

26 4개의 점 중에서 한 점과 연결하여 사다리꼴을 완성하려고 합니다. 알맞은 점을 모두 찾아 기호를 써 보세요.

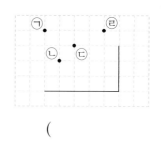

( )

27 직사각형 모양의 종이를 선을 따라 잘랐을 때 사다리꼴은 모두 몇 개 만들어질까요?

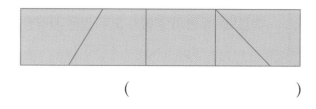

( )

서술형
28 오른쪽 도형은 사다리꼴일까요? 그 이유를 써 보세요.

답 _____

이유 _____

29 직사각형 모양의 종이를 그림과 같이 접고 선을 따라 잘랐습니다. ㉠ 부분을 펼쳤을 때 만들어진 사각형의 이름을 써 보세요.

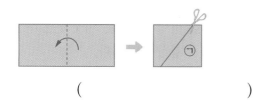

( )

30 평행한 두 직선 가와 직선 나의 평행선 사이의 거리는 12 cm입니다. 사다리꼴 ㄱㄴㄷㄹ의 네 변의 길이의 합은 몇 cm일까요?

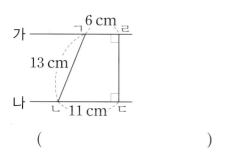

( )

5 평행사변형

• 평행사변형: 마주 보는 두 쌍의 변이 서로 평행한 사각형

• 평행사변형의 성질
  ① 마주 보는 두 변의 길이가 같습니다.
  ② 마주 보는 두 각의 크기가 같습니다.
  ③ 이웃한 두 각의 크기의 합이 180°입니다.

31 평행사변형입니다. ☐ 안에 알맞은 수를 써넣으세요.

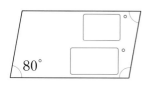

32 평행사변형에 대한 설명 중 옳은 것을 모두 찾아 기호를 써 보세요.

> ㉠ 평행사변형은 사다리꼴입니다.
> ㉡ 평행사변형은 이웃하는 두 변의 길이가 항상 같습니다.
> ㉢ 평행사변형은 마주 보는 변의 길이가 같습니다.

(   )

서술형
33 평행사변형의 네 변의 길이의 합은 몇 cm인지 풀이 과정을 쓰고 답을 구해 보세요.

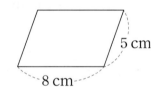

풀이

답

34 평행사변형 ㄱㄴㄷㄹ의 네 변의 길이의 합이 36 cm일 때 변 ㄴㄷ의 길이는 몇 cm일까요?

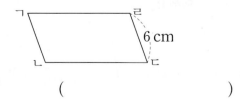

(   )

35 평행사변형 ㄱㄴㄷㄹ과 정삼각형 ㄹㄷㅁ을 이어 붙인 도형입니다. 사각형 ㄱㄴㅁㄹ의 네 변의 길이의 합은 몇 cm일까요?

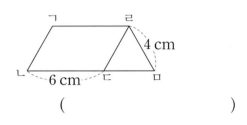

(   )

36 평행사변형 ㄱㄴㄷㄹ에서 각 ㄱㄷㄹ의 크기를 구해 보세요.

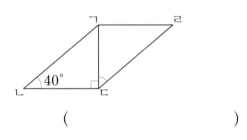

(   )

6 마름모

• 마름모: 네 변의 길이가 모두 같은 사각형

• 마름모의 성질
① 마주 보는 두 쌍의 변이 서로 평행합니다.
② 마주 보는 두 각의 크기가 같습니다.
③ 이웃한 두 각의 크기의 합이 180°입니다.
④ 마주 보는 꼭짓점끼리 이은 선분이 서로 수직으로 만나고 이등분합니다.

37 마름모입니다. ☐ 안에 알맞은 수를 써넣으세요.

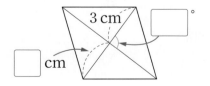

38 오른쪽 도형은 마름모일까요? 그 이유를 써 보세요.

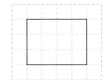

답 _____

이유 _____

_____

39 조건을 모두 만족하는 나는 어떤 도형인지 보기 에서 찾아 써 보세요.

- 나는 4개의 선분으로 둘러싸여 있습니다.
- 나는 마주 보는 두 각의 크기가 같습니다.
- 나는 마주 보는 두 쌍의 변이 서로 평행합니다.
- 나는 네 변의 길이가 모두 같습니다.

보기

평행사변형   마름모   직사각형

( )

40 한 변의 길이가 5 cm인 마름모의 네 변의 길이의 합은 몇 cm일까요?

( )

41 마름모 ㄱㄴㄷㄹ에서 ㉠의 각도를 구해 보세요.

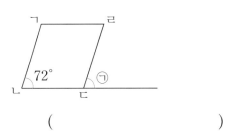

( )

42 정삼각형을 만들었던 철사를 펴서 가장 큰 마름모를 만들었습니다. 마름모의 한 변의 길이는 몇 cm일까요?

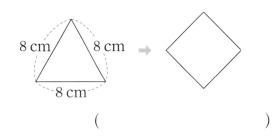

( )

43 마름모 ㄱㄴㄷㄹ에서 각 ㄴㄹㄷ의 크기를 구해 보세요.

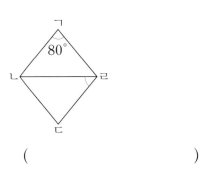

( )

4. 사각형 **101**

7 여러 가지 사각형

• 직사각형과 정사각형의 성질

직사각형	정사각형
마주 보는 두 쌍의 변이 서로 평행합니다. 네 각이 모두 직각입니다. └ 각의 크기가 모두 같습니다.	
마주 보는 두 변의 길이가 같습니다.	네 변의 길이가 모두 같습니다.

• 여러 가지 사각형의 관계

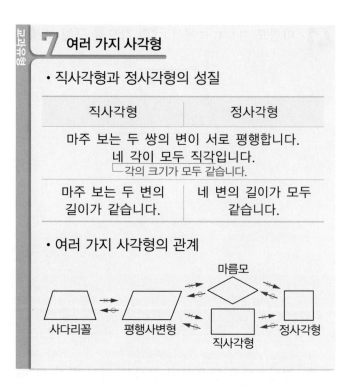

사다리꼴   평행사변형   마름모   직사각형   정사각형

44 정사각형에 대한 설명으로 <u>틀린</u> 것을 찾아 기호를 써 보세요.

> ㉠ 네 변의 길이가 모두 같습니다.
> ㉡ 마주 보는 두 쌍의 변이 서로 평행합니다.
> ㉢ 마름모라고 할 수 없습니다.
> ㉣ 직사각형이라고 할 수 있습니다.

(   )

서술형
45 직사각형은 정사각형일까요? 그 이유를 써 보세요.

답 _____

이유 _____

_____

46 관계있는 것끼리 이어 보세요.

> 마주 보는 두 쌍의 변이 서로 평행한 사각형

평행사변형   마름모   직사각형   정사각형

> 네 변의 길이가 모두 같은 사각형

47 막대 4개를 모두 사용하여 만들 수 있는 사각형을 모두 골라 ○표 하세요.

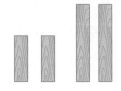

> 사다리꼴   평행사변형   마름모
> 정사각형   직사각형

48 조건을 모두 만족하는 사각형을 모두 써 보세요.

> • 마주 보는 두 쌍의 변이 서로 평행한 사각형입니다.
> • 네 각의 크기가 모두 같은 사각형입니다.

(   )

도형에서 평행선 사이의 거리 구하기

정답과 풀이 35쪽

도형에서 평행한 변 ㄱㅇ과 변 ㅂㅅ의 평행선 사이의 거리는 몇 cm일까요?

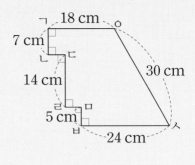

(   )

● 핵심 NOTE
- 평행선 사이의 거리는 평행한 선분 사이의 수직인 선분의 길이입니다.
- 평행한 변 사이의 수직인 변을 찾아 길이의 합을 구합니다.

1-1 도형에서 평행한 변 ㄱㄴ과 변 ㄹㄷ의 평행선 사이의 거리는 몇 cm일까요?

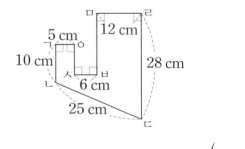

(   )

1-2 직사각형 4개를 겹치지 않게 이어 붙였습니다. 평행한 변 ㄱㄴ과 변 ㅍㅌ의 평행선 사이의 거리가 47 cm일 때 변 ㅇㅋ의 길이는 몇 cm일까요?

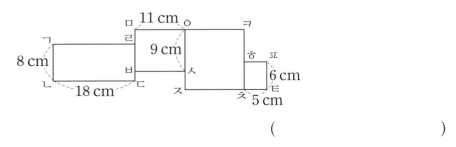

(   )

심화유형 2 크고 작은 사각형의 개수 구하기

그림에서 찾을 수 있는 크고 작은 평행사변형은 모두 몇 개일까요?

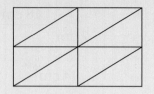

(   )

● **핵심 NOTE**   • 마름모, 직사각형, 정사각형은 평행사변형이라고 할 수 있습니다.

              • 도형 2개짜리, 도형 4개짜리, 도형 8개짜리 평행사변형을 각각 셉니다.

2-1 그림에서 찾을 수 있는 크고 작은 평행사변형은 모두 몇 개일까요?

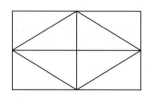

(   )

2-2 그림에서 찾을 수 있는 크고 작은 사다리꼴은 모두 몇 개일까요?

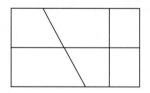

(   )

심화유형 3 사각형을 이어 붙인 도형에서 각도 구하기

직선 위에 평행사변형과 정사각형을 이어 붙인 도형입니다. ㉠의 각도는 몇 도일까요?

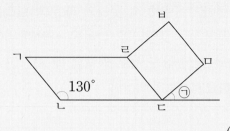

( )

● 핵심 NOTE
• 평행사변형은 이웃한 두 각의 크기의 합이 $180°$입니다.

• 정사각형은 모든 각의 크기가 $90°$로 같습니다.

• 한 직선이 이루는 각도는 $180°$입니다.

3-1 직선 위에 평행사변형과 마름모를 이어 붙인 도형입니다. ㉠의 각도는 몇 도일까요?

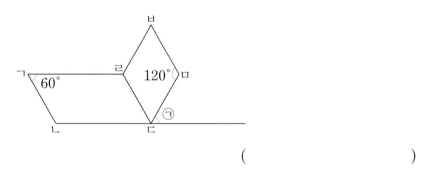

( )

3-2 직선 위에 서로 다른 모양의 평행사변형 2개를 이어 붙인 도형입니다. ㉠의 각도는 몇 도일까요?

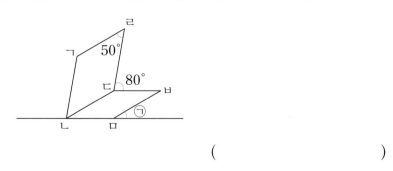

( )

사람이 위아래로 최대한 볼 수 있는 각도 구하기

융합유형 4

수학 ✚ 과학

영화관의 브라운관이나 TV는 사람의 시야각을 고려하여 만들어집니다. 사람의 시야는 각도가 커질수록 뚜렷하게 구분하지 못하기 때문에 브라운관과 사람 사이의 거리, 사람의 눈높이를 고려하여 만들어지는 것입니다. 다음은 사람이 위아래로 최대한 볼 수 있을 때를 그린 그림입니다. 직선 가와 직선 나가 서로 평행할 때 사람이 위아래로 최대한 볼 수 있는 각도인 ㉠의 각도는 몇 도일까요?

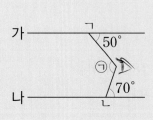

1단계 평행선 사이에 점 ㄱ을 지나는 수선을 긋고, 만들어진 사각형에서 ㉠을 제외한 세 각의 크기 구하기

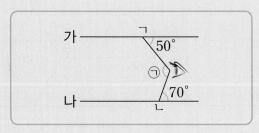

```
_____

_____

_____
```

2단계 ㉠의 각도 구하기

```
_____
```

(   )

● 핵심 NOTE   **1단계** 수선을 그어 사각형을 만들고 ㉠을 제외한 세 각의 크기를 구합니다.
2단계 사각형의 네 각의 크기의 합이 360°임을 이용하여 ㉠의 각도를 구합니다.

기출 단원 평가 Level ❶

1 직선 라와 수직인 직선을 모두 찾아 써 보세요.

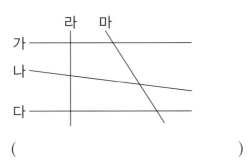

( )

2 변 ㄹㄷ과 수직인 변은 모두 몇 개일까요?

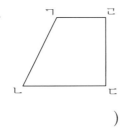

( )

3 삼각자를 사용하여 직선 가에 수직인 직선을 바르게 그은 것에 ○표 하세요.

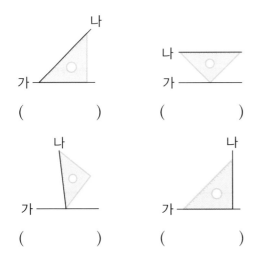

( )　　　　( )

( )　　　　( )

4 두 직선이 평행선인 것을 모두 고르세요.

( )

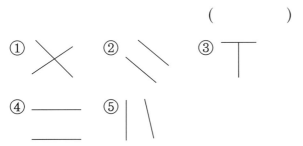

5 도형에서 평행선 사이의 거리를 구해 보세요.

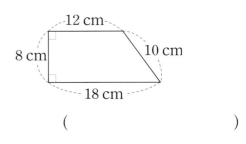

( )

6 마름모입니다. ☐ 안에 알맞은 수를 써넣으세요.

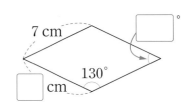

7 그림을 보고 해당되는 사각형을 모두 찾아 기호를 써 보세요.

사다리꼴	
평행사변형	
마름모	

8 도형에서 평행선 사이의 거리는 몇 cm일까요?

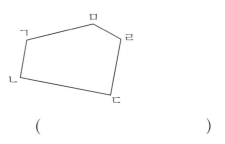

( )

9 평행선 사이의 거리가 1.5 cm가 되도록 주어진 직선과 평행한 직선을 2개 그어 보세요.

10 도형판에서 한 꼭짓점을 옮겨서 평행사변형을 만들어 보세요.

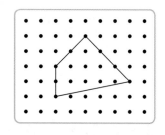

11 평행사변형의 네 변의 길이의 합을 구해 보세요.

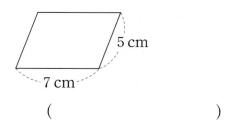

(   )

12 마름모입니다. 각 ㄴㄷㄱ의 크기를 구해 보세요.

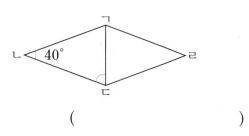

(   )

13 길이가 같은 막대 4개를 모두 사용하여 만들 수 있는 사각형은 다음 중 모두 몇 개일까요? (단, 막대의 두께는 생각하지 않습니다.)

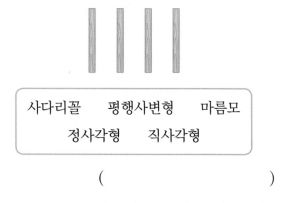

사다리꼴   평행사변형   마름모

정사각형   직사각형

(   )

14 사각형에 대한 설명으로 <u>틀린</u> 것을 찾아 기호를 써 보세요.

ㄱ 마름모는 사다리꼴입니다.

ㄴ 직사각형은 정사각형입니다.

ㄷ 직사각형은 평행사변형입니다.

ㄹ 평행사변형은 사다리꼴입니다.

(   )

15 세 직선 가, 나, 다가 서로 평행할 때 직선 가와 직선 다의 평행선 사이의 거리는 몇 cm인지 구해 보세요.

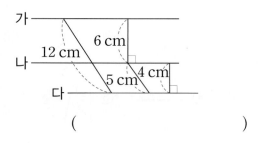

(   )

16 색종이를 그림과 같이 접고 잘랐습니다. ㉠을 펼쳤을 때 만들어진 사각형의 이름을 쓰고, 한 변의 길이는 몇 cm인지 구해 보세요.

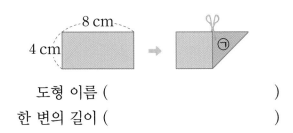

도형 이름 (   )

한 변의 길이 (   )

17 평행사변형 ㄱㄴㄷㄹ과 마름모 ㄹㄷㅁㅂ을 이어 붙인 도형입니다. 사각형 ㄱㄴㅁㅂ의 네 변의 길이의 합은 몇 cm일까요?

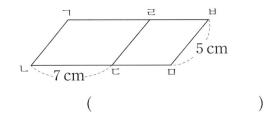

(   )

18 그림에서 찾을 수 있는 크고 작은 마름모는 모두 몇 개인지 구해 보세요.

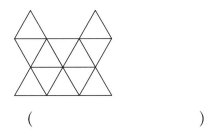

(   )

19 직선 ㄷㄹ은 직선 ㄱㄴ에 대한 수선입니다. ㉠의 각도는 몇 도인지 풀이 과정을 쓰고 답을 구해 보세요.

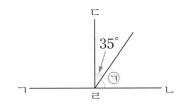

풀이 _____

_____

_____

답 _____

20 정사각형은 마름모라고 할 수 있지만 마름모는 정사각형이라고 할 수 없습니다. 그 이유를 써 보세요.

이유 _____

_____

_____

_____

기출 단원 평가 Level ❷

1 그림을 보고 <u>잘못</u> 말한 사람을 찾아 써 보세요.

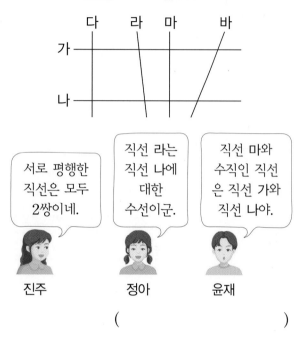

서로 평행한 직선은 모두 2쌍이네.

진주

직선 라는 직선 나에 대한 수선이군.

정아

직선 마와 수직인 직선 은 직선 가와 직선 나야.

윤재

( )

2 변 ㄱㄷ에 대한 수선을 찾아 써 보세요.

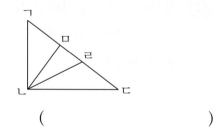

( )

3 평행선이 가장 많은 도형을 찾아 기호를 써 보세요.

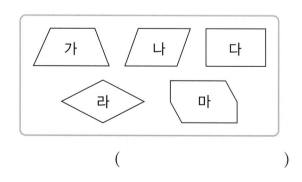

( )

4 점 ㄱ에서 각 변에 수선을 그을 때 그을 수 있는 수선은 모두 몇 개일까요?

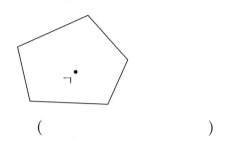

( )

5 주어진 선분에 수직인 직선과 평행선을 그어 정사각형을 그려 보세요.

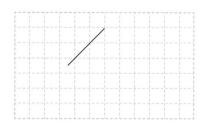

6 <u>틀린</u> 설명을 찾아 기호를 써 보세요.

> ㉠ 한 직선에 수직인 직선은 셀 수 없이 많습니다.
> ㉡ 평행선 사이의 선분 중에서 수직인 선분의 길이는 모두 같습니다.
> ㉢ 한 직선에 평행한 선분은 한 개입니다.

( )

7 도형에서 평행선 사이의 거리는 몇 cm일까요?

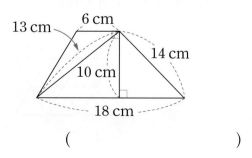

( )

8 직사각형 모양의 종이띠를 선을 따라 잘랐습니다. 찾을 수 <u>없는</u> 도형의 기호를 써 보세요.

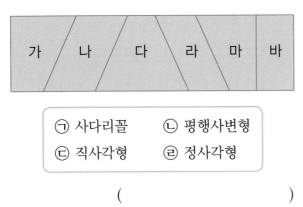

| ㉠ 사다리꼴 | ㉡ 평행사변형 |
| ㉢ 직사각형 | ㉣ 정사각형 |

( )

9 그림과 같이 직사각형 모양의 종이를 접은 후 잘랐을 때 만들어지는 도형은 어떤 도형인지 찾아 써 보세요.

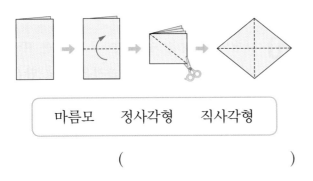

| 마름모   정사각형   직사각형 |

( )

10 평행사변형입니다. ㉠의 각도는 몇 도일까요?

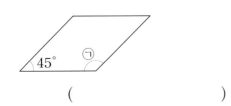

( )

11 마름모입니다. ☐ 안에 알맞은 수를 써넣으세요.

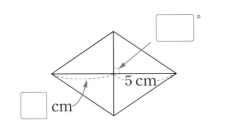

12 오른쪽 도형의 이름으로 알맞은 것을 모두 고르세요.

( )

① 평행사변형   ② 사다리꼴
③ 마름모   ④ 정사각형
⑤ 직사각형

13 마름모의 네 변의 길이의 합이 44 cm일 때 한 변의 길이는 몇 cm일까요?

( )

14 조건을 모두 만족하는 사각형을 모두 써 보세요.

- 마주 보는 두 각의 크기가 같습니다.
- 네 변의 길이가 모두 같습니다.

( )

15 도형에서 평행선은 모두 몇 쌍일까요?

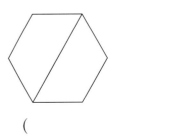

( )

16 평행사변형 가와 정사각형 나의 네 변의 길이 의 합이 같을 때 정사각형 나의 한 변의 길이 를 구해 보세요.

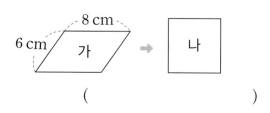

( )

17 직선 위에 평행사변형과 직사각형을 이어 붙 인 도형입니다. ㉠의 각도는 몇 도일까요?

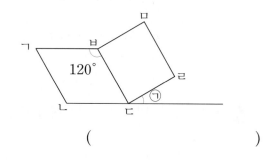

( )

18 직선 가와 직선 나는 서로 평행합니다. ㉠의 각도는 몇 도일까요?

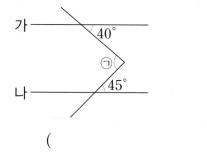

( )

19 도형에서 평행한 변 ㄱㅂ과 변 ㄹㅁ의 평행선 사이의 거리는 몇 cm인지 풀이 과정을 쓰고 답을 구해 보세요.

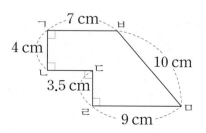

풀이 ....

....

....

....

답 ....

20 그림에서 찾을 수 있는 크고 작은 마름모는 모두 몇 개인지 풀이 과정을 쓰고 답을 구해 보세요.

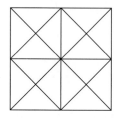

풀이 ....

....

....

....

....

답 ....

사고력이 반짝

● 화살이 직선으로 날아간다고 할 때 화살의 수만큼 직선을 그어서 풍선 9개
를 모두 터트려 보세요.

꺾은선그래프

5

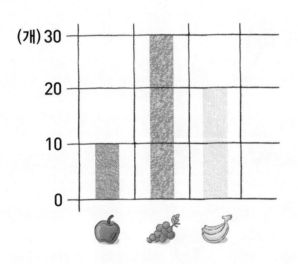

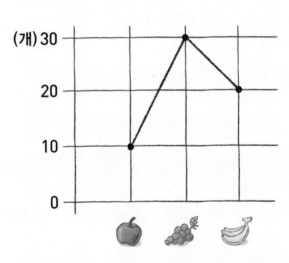

분류한 것을 꺾은선그래프로 나타낼 수 있어!

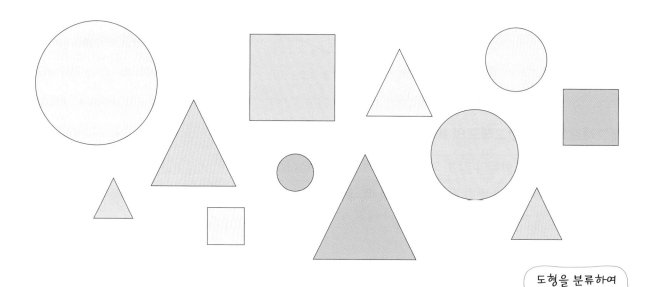

도형을 분류하여 표로 나타냈어.

● 표로 나타내기

도형	삼각형	사각형	원	합계
개수(개)	5	3	4	12

● 꺾은선그래프로 나타내기

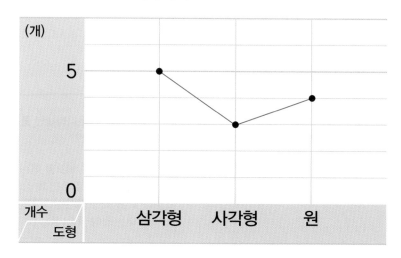

꺾은선그래프의 가로에는 도형, 세로에는 개수를 나타냈어.

1 꺾은선그래프 알아보기

개념 강의

● 꺾은선그래프: 연속적으로 변화하는 양을 점으로 표시하고, 그 점들을 선분으로 이어 그린 그래프

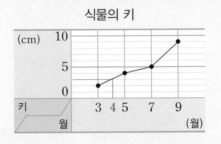

> 두 그래프의 같은 점
> • 식물의 키를 나타냅니다.
> • 가로는 월, 세로는 키를 나타냅니다.
> • 눈금 한 칸의 크기가 1 cm입니다.

● 막대그래프와 꺾은선그래프의 비교

막대그래프	각 항목의 많고 적음을 한눈에 알 수 있습니다.
꺾은선그래프	자료의 변화 정도를 알아볼 때 좋습니다. 조사하지 않은 중간값을 추측할 수 있습니다.

식물이 가장 많이 자란 때는 선이 가장 많이 기울어진 7월과 9월 사이입니다.

4월에 식물의 키는 3월과 5월의 중간인 3 cm 정도입니다.

[1~3] 교실의 온도를 조사하여 두 그래프로 나타내었습니다. 물음에 답하세요.

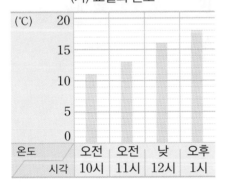

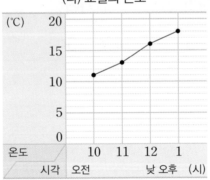

1 두 그래프의 가로와 세로는 각각 무엇을 나타낼까요?

가로 ( )

세로 ( )

2 두 그래프의 세로 눈금 한 칸은 몇 ℃를 나타낼까요?

( )

3 (가)와 (나) 그래프 중에서 온도의 변화를 한눈에 알아보기 쉬운 그래프는 어느 것일까요?

( )

> ▶ 막대그래프와 꺾은선그래프의 다른 점
> • 자료 값을 막대그래프는 막대로, 꺾은선그래프는 선으로 나타냅니다.
> • 가장 큰 자료 값은 막대그래프는 막대의 길이가 가장 긴 것, 꺾은선그래프는 점이 가장 높이 찍힌 곳을 찾으면 됩니다.

> ❓ 자료에 따라 나타내면 좋은 그래프가 있나요?
>
> 자료의 양을 비교할 때는 막대그래프로, 자료의 변화 정도를 알아볼 때는 꺾은선그래프로 나타내는 것이 좋습니다.
>
> | 막대그래프 | 꺾은선그래프 |
> |---|---|
> | 학생별 달리기 기록, 국가별 인구 | 요일별 달리기 기록의 변화, 연도별 인구의 변화 |

2 꺾은선그래프 내용 알아보기

● **꺾은선그래프 해석하기**

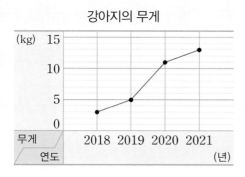

강아지의 무게

① 무게가 점점 늘고 있습니다.

② 무게가 가장 많이 무거운 때는 2021년입니다.

③ 전년에 비해 무게가 가장 많이 늘어난 때는 2020년입니다.
2019년과 2020년 사이의 선이 가장 많이 기울어져 있습니다.

④ 2020년에 비해 2021년에 2 kg 늘었습니다.
2020년에는 11 kg, 2021에는 13 kg입니다.

⑤ 2022년에도 무게가 늘 것 같습니다.

● **물결선을 사용한 꺾은선그래프**

(가) 운동장의 온도

(나) 운동장의 온도

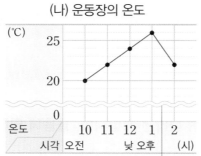

가장 작은 값이 20 ℃이므로 0 ℃부터
20 ℃까지는 물결선으로 생략합니다.

> **두 그래프의 같은 점**
> • 시간별 운동장의 온도를 나타냅니다.
> • 가로는 시각, 세로는 온도를 나타냅니다.
>
> **두 그래프의 다른 점**
> • (가) 그래프는 세로 눈금이 0부터 시작합니다.
> • (나) 그래프는 물결선이 있고 물결선 위로 20부터 시작합니다.
> • 세로 눈금 한 칸의 크기는 (가) 그래프는 2 ℃, (나) 그래프는 1 ℃입니다.

➡ (나) 그래프는 (가) 그래프보다 운동장의 온도가 변화하는 모양을 뚜렷하게 알 수 있습니다.

[4~5] 희정이의 키를 조사하여 나타낸 꺾은선그래프입니다. 물음에 답하세요.

(가) 희정이의 키

(나) 희정이의 키

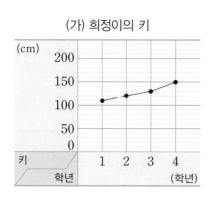

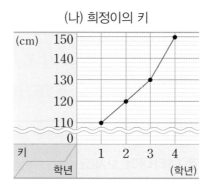

? **그래프에서 자료의 변화를 어떻게 관찰할 수 있나요?**

선의 기울어진 정도로 자료의 변화를 알 수 있습니다.

• 변화하는 모양

| 값이 늘어남 | 변화가 없음 | 값이 줄어듦 |

• 변화하는 정도

| 변화가 큼 | 변화가 작음 |

4 (가)와 (나) 그래프 중에서 희정이의 키의 변화를 더 뚜렷하게 알아볼 수 있는 것은 어느 것일까요?

( )

5 키의 변화가 가장 큰 때는 몇 학년과 몇 학년 사이일까요?

( )

3 꺾은선그래프로 나타내기

● **꺾은선그래프로 나타내는 방법**

① 가로와 세로 중 어느 쪽에 조사한 수를 나타낼지 정합니다.

② 눈금 한 칸의 크기를 정합니다.
조사한 수 중에서 가장 큰 수를 나타낼 수 있도록 눈금의 수를 정합니다.

③ 필요 없는 부분을 물결선으로 나타냅니다.
가장 작은 값이 3100명이므로 0명부터 3000명까지는 물결선으로 생략합니다.

④ 가로 눈금과 세로 눈금이 만나는 자리에 점을 찍습니다.

⑤ 점들을 선분으로 잇습니다.

⑥ 꺾은선그래프에 알맞은 제목을 붙입니다.

초등학교 학생 수

연도(년)	2018	2019	2020	2021
학생 수(명)	4500	4100	3400	3100

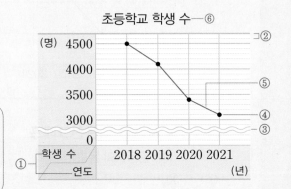

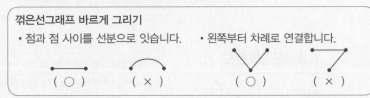

꺾은선그래프 바르게 그리기
• 점과 점 사이를 선분으로 잇습니다.
• 왼쪽부터 차례로 연결합니다.

(○)   (×)   (○)   (×)

[6~8] 정현이의 몸무게를 조사하여 나타낸 표입니다. 물음에 답하세요.

정현이의 몸무게

월(월)	7	8	9	10	11	12
몸무게(kg)	40.1	40.5	40.7	41.3	41.8	41.9

6 세로 눈금의 시작은 얼마에서 하면 좋을까요?

(   )

7 세로 눈금 한 칸은 몇 kg으로 하는 것이 좋을까요?

(   )

8 물결선을 사용한 꺾은선그래프로 나타내어 보세요.

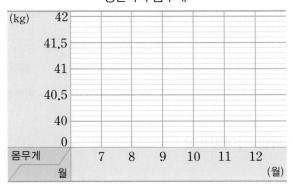

❓ 물결선의 위치는 어떻게 정하면 되나요?

자료에서 가장 작은 값을 찾아 그 아래 부분을 물결선으로 나타내면 됩니다.

민설이의 키

월(월)	3	4	5
키 (cm)	113	113.4	114

➡ 물결선 위치: 세로 눈금 0 cm와 113 cm 사이

4 꺾은선그래프의 활용

정답과 풀이 **40**쪽

(가) 연극의 관객 수

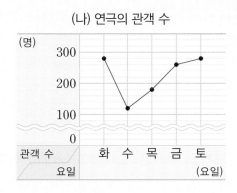

(나) 연극의 관객 수

- (가) 연극의 관객 수는 50명과 250명 사이, (나) 연극의 관객 수는 100명과 300명 사이에 있습니다.
- (가) 연극의 관객 수는 점점 늘어납니다.
- (나) 연극의 관객 수는 줄어들다가 수요일부터 점점 늘어납니다.
- 목요일과 금요일 사이에 (가) 연극의 관객 수의 변화가 (나) 연극의 관객 수의 변화보다 더 심합니다.
- (가) 연극을 본 관객 수와 (나) 연극을 본 관객 수의 합이 가장 큰 때는 토요일입니다.

[9~11] 동주의 영어 점수와 수학 점수를 조사하여 나타낸 꺾은선그래프입니다. 물음에 답하세요.

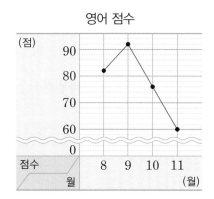

영어 점수

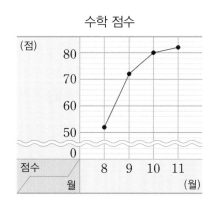

수학 점수

9 점수가 높아지다가 낮아진 과목은 무엇일까요?

( )

10 수학 점수의 변화가 가장 심한 때는 몇 월과 몇 월 사이일까요?

( )

▶ 선의 기울기가 가장 심한 때를 찾습니다.

11 영어 점수가 가장 높은 때의 수학 점수는 몇 점일까요?

( )

▶ 영어 점수가 가장 높은 때는 점이 가장 높이 있을 때입니다.

기본에서 응용으로

개념+문제 풀이

1 꺾은선그래프 알아보기

- **꺾은선그래프**
  연속적으로 변화하는 양을 점으로 표시하고, 그 점들을 선분으로 이어 그린 그래프

[1~2] 강아지의 무게를 조사하여 나타낸 막대그래프와 꺾은선그래프입니다. 물음에 답하세요.

(가) 강아지의 무게

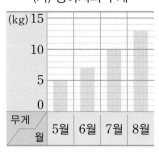

(나) 강아지의 무게

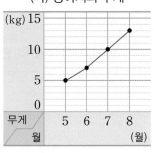

1 강아지의 무게의 변화 정도를 알아보기 좋은 것은 (가)와 (나) 그래프 중 어느 것일까요?

( )

2 (가)와 (나) 그래프의 같은 점과 다른 점을 한 가지씩 써 보세요.

같은 점 _____

_____

다른 점 _____

_____

[3~6] 민경이네 교실의 온도를 조사하여 나타낸 꺾은선그래프입니다. 물음에 답하세요.

교실의 온도

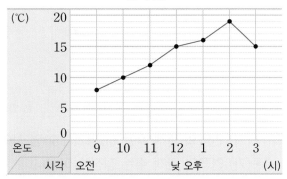

3 그래프에서 가로와 세로는 각각 무엇을 나타낼까요?

가로 ( )

세로 ( )

4 세로 눈금 한 칸은 몇 °C를 나타낼까요?

( )

5 꺾은선은 무엇을 나타낼까요?

( )

6 오후 2시 30분의 교실의 온도는 몇 °C였을까요?

( )

7 조사 내용을 나타내기에 알맞은 그래프를 찾아 기호를 써 보세요.

> ㉠ 반별 안경을 쓴 학생 수
> ㉡ 일 년 동안의 몸무게의 변화
> ㉢ 연도별 쓰레기 배출량의 변화
> ㉣ 마을별 인구 수
> ㉤ 연도별 국민 소득액의 변화
> ㉥ 각 나라의 휴대전화 사용자 수

막대그래프 (   )
꺾은선그래프 (   )

서술형
8 꺾은선그래프로 나타내기 더 좋은 것을 찾아 기호를 쓰고 이유를 써 보세요.

(가) 유진이네 모둠 학생들의 키

이름	유진	동민	설희	기용
키(cm)	140.3	151.2	155	147.6

(나) 유진이의 키

연도(년)	2018	2019	2020	2021
키(cm)	142.7	144.3	147	151.1

답 _____

이유 _____

_____

_____

핵심유형
2 꺾은선그래프 내용 알아보기

- 꺾은선그래프로 자료의 변화 정도와 앞으로 변화될 모습을 예상할 수 있습니다.
- 필요 없는 부분을 물결선으로 나타내면 세로 눈금 칸이 넓어져서 자료 값이 변화하는 모양을 뚜렷하게 알 수 있습니다.

[9~11] 어느 대리점의 휴대전화 판매량을 조사하여 나타낸 꺾은선그래프입니다. 물음에 답하세요.

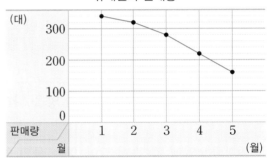

휴대선화 판매량

9 휴대전화 판매량은 어떻게 변하였을까요?

(   )

10 5월의 휴대전화 판매량은 1월의 휴대전화 판매량보다 몇 대 줄어들었을까요?

(   )

11 3월 이후 휴대전화 판매량이 매월 똑같이 줄어들었다면 6월의 휴대전화 판매량은 몇 대가 될지 구해 보세요.

(   )

[12~14] 지석이가 컵 속에 남아 있는 물의 양을 조사하여 나타낸 꺾은선그래프입니다. 물음에 답하세요.

컵 속에 남아 있는 물의 양

12 위 그래프에 대한 설명으로 옳지 <u>않은</u> 것을 찾아 기호를 써 보세요.

⊙ 가로는 요일, 세로는 물의 양을 나타냅니다.
ⓒ 금요일에 컵 속에 남아 있는 물의 양은 110 mL입니다.
ⓒ 물이 220 mL만큼 남아 있는 때는 수요일입니다.

( )

13 남아 있는 물의 양의 변화가 가장 큰 때는 무슨 요일과 무슨 요일 사이일까요?

( )

14 월요일에 지석이가 컵에 물을 400 mL만큼 담았다면 토요일까지 줄어든 물의 양은 모두 몇 mL일까요?

( )

[15~16] 국민 1인당 쌀 소비량을 조사하여 나타낸 꺾은선그래프입니다. 물음에 답하세요.

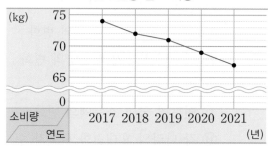

국민 1인당 쌀 소비량

15 위 그래프에 대한 설명으로 옳지 <u>않은</u> 것을 찾아 기호를 써 보세요.

⊙ 2018년의 1인당 쌀 소비량은 72 kg입니다.
ⓒ 2019년과 2020년 쌀 소비량의 차는 1 kg입니다.
ⓒ 쌀 소비량이 계속 줄어들 것이라고 예상할 수 있습니다.

( )

16 쌀 소비량이 가장 많은 때와 가장 적은 때의 쌀 소비량의 차는 몇 kg인지 구하려고 합니다. 풀이 과정을 쓰고 답을 구해 보세요.

풀이

답

3 꺾은선그래프로 나타내기

• 꺾은선그래프로 나타내는 방법
① 가로와 세로에 각각 무엇을 나타낼지 정하기
② 세로 눈금 한 칸의 크기 정하기
③ 필요 없는 부분을 물결선으로 나타내기
④ 가로 눈금과 세로 눈금이 만나는 자리에 점 찍기
⑤ 점들을 선분으로 잇기
⑥ 알맞은 제목 붙이기

[17~19] 어느 아파트의 쓰레기양을 조사하여 나타낸 표를 보고 꺾은선그래프로 나타내려고 합니다. 물음에 답하세요.

쓰레기양

요일(요일)	월	화	수	목	금
쓰레기양(kg)	42	30	14	22	30

17 세로 눈금 한 칸은 몇 kg으로 하는 것이 좋을지 찾아 기호를 써 보세요.

⊙ 2 kg   ⓒ 5 kg   ⓒ 10 kg

(   )

18 꺾은선그래프로 나타내어 보세요.

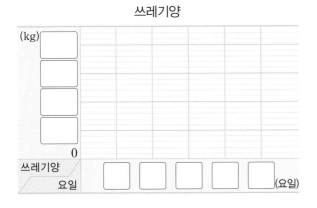

19 쓰레기양의 변화가 가장 큰 때는 무슨 요일과 무슨 요일 사이일까요?

(   )

[20~22] 승범이네 집의 전기 사용량을 조사하여 나타낸 표입니다. 물음에 답하세요.

전기 사용량

월(월)	3	4	5	6	7
사용량(kWh)	336	340	338	349	350

20 세로 눈금은 몇 kWh에서 시작하면 좋을까요?

(   )

21 물결선을 사용한 꺾은선그래프로 나타내어 보세요.

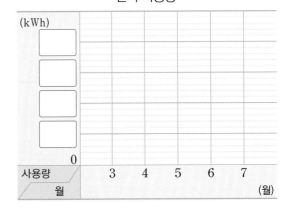

22 전기 사용량이 가장 많은 때는 몇 월일까요?

(   )

[23~25] 동연이가 마신 우유의 양을 조사한 것입니다. 물음에 답하세요.

> 월요일: 420 mL　　화요일: 530 mL
>
> 수요일: 450 mL　　목요일: 470 mL
>
> 금요일: 500 mL

23 조사한 내용을 표로 나타내어 보세요.

마신 우유의 양

요일(요일)	월	화	수	목	금
우유의 양(mL)					

24 23의 표를 보고 꺾은선그래프로 나타내어 보세요.

마신 우유의 양

25 전날에 비해 우유를 가장 많이 마신 요일은 언제일까요?

(　　　　　　　　　　)

[26~28] 막대의 그림자 길이를 조사하여 나타낸 표입니다. 물음에 답하세요.

막대의 그림자 길이

시각	오전 10시	오전 11시	낮 12시	오후 1시	오후 2시
길이(cm)	28	22	8	12	20

26 시각에 따른 막대의 그림자 길이의 변화를 그래프로 나타내려면 막대그래프와 꺾은선그래프 중에서 어떤 그래프로 나타내는 것이 좋을까요?

(　　　　　　　　　　)

27 막대의 그림자 길이를 그래프로 나타내어 보세요.

막대의 그림자 길이

28 오후 3시에 막대의 그림자 길이는 어떻게 변할까요?

(　　　　　　　　　　)

4 꺾은선그래프의 활용

• 수집한 자료를 꺾은선그래프로 나타낼 수 있습니다.
• 두 꺾은선그래프를 비교할 수 있습니다.

[29~30] 지윤이가 식물의 키를 관찰하며 쓴 일기입니다. 물음에 답하세요.

나는 식물의 키를 5일마다 재서 기록했다. 표로 만들어서 보니까 식물이 얼마나 자랐는지 한눈에 알 수 있었다. 잘 자라지 못할까 봐 걱정했는데 무럭무럭 자라줘서 기분이 좋다.

식물의 키

날짜(일)	15	20	25	30
키(cm)	16	18	22	27

29 지윤이가 쓴 일기를 보고 꺾은선그래프를 나타내어 보세요.

식물의 키

30 식물의 키를 기록한 표를 꺾은선그래프로 나타내면 어떤 점이 좋은지 써 보세요.

[31~33] 8월 한 달 동안의 기온과 아이스크림 판매량을 조사하여 나타낸 꺾은선그래프입니다. 물음에 답하세요.

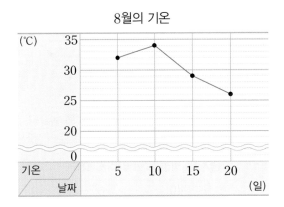

8월의 기온

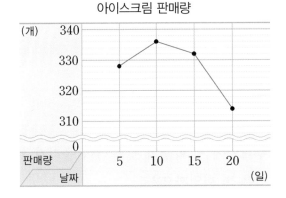

아이스크림 판매량

31 알맞은 말에 ○표 하세요.

기온이 올라갈 때 아이스크림 판매량은
(늘어났습니다. , 줄어들었습니다.)

32 기온이 가장 높은 때 아이스크림 판매량은 몇 개일까요?

(   )

33 8월 한 달 동안 아이스크림 판매량의 변화가 가장 큰 때의 기온의 차는 몇 °C일까요?

(   )

[34~36] 세 학생의 윗몸 말아 올리기 횟수를 조사하여 나타낸 꺾은선그래프입니다. 물음에 답하세요.

미주의 윗몸 말아 올리기 횟수   재훈이의 윗몸 말아 올리기 횟수

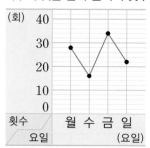 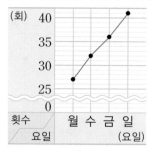

승지의 윗몸 말아 올리기 횟수

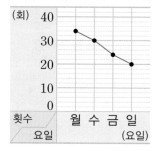

34 수요일에 세 학생의 윗몸 말아 올리기 횟수의 합은 몇 회일까요?

(   )

35 월요일에 비해 일요일에 윗몸 말아 올리기 횟수가 많아진 사람은 누구일까요?

(   )

36 윗몸 말아 올리기 대회에 나갈 반 대표를 뽑아야 합니다. 누구를 뽑으면 우승할 가능성이 클까요?

(   )

[37~39] 어느 카페의 커피 판매량을 조사하여 나타낸 꺾은선그래프입니다. 물음에 답하세요.

커피 판매량

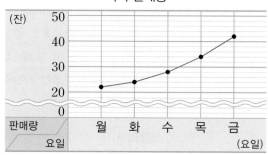

37 빈칸에 알맞은 수를 써넣으세요.

커피 판매량

요일(요일)	월	화	수	목	금
판매량(잔)					

38 월요일부터 금요일까지의 커피 판매량은 모두 몇 잔일까요?

(   )

39 커피 한 잔의 가격이 1000원이라면 5일 동안 판매된 금액은 모두 얼마일까요?

(   )

두 개의 꺾은선그래프 해석하기

두 그래프를 하나의 그래프로 나타내면 비교하기 쉽습니다.

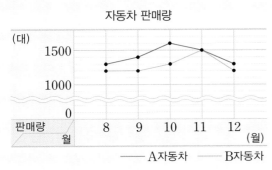

자동차 판매량

• 두 자동차 회사의 판매량의 차가 가장 클 때
  ➡ 10월
• 두 자동차 회사의 판매량이 같을 때 ➡ 11월

[40~41] 재호와 동희의 주별 타수를 조사하여 나타낸 꺾은선그래프입니다. 물음에 답하세요.

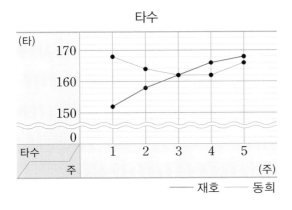

타수

40 재호와 동희의 타수가 같을 때는 연습한 지 몇 주 차 때일까요?

( )

41 재호의 타수가 동희의 타수보다 4타만큼 더 많을 때 재호와 동희의 타수의 합은 몇 타일까요?

( )

[42~45] 두 학교의 4학년 학생 수를 조사하여 나타낸 표입니다. 물음에 답하세요.

4학년 학생 수

연도(년)	2018	2019	2020	2021
A 학교(명)	131	117	115	97
B 학교(명)	107	117	123	129

42 표를 보고 꺾은선그래프를 완성해 보세요.

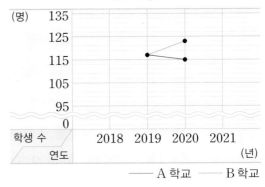

4학년 학생 수

43 학생 수가 계속 줄어든 학교는 어느 학교일까요?

( )

44 B 학교의 학생 수가 A 학교의 학생 수보다 많을 때는 몇 년과 몇 년 사이일까요?

( )

45 A 학교와 B 학교의 4학년 학생 수의 차가 가장 클 때는 언제일까요?

( )

1 표와 꺾은선그래프 완성하기

소영이의 줄넘기 횟수를 조사하여 나타낸 표와 꺾은선그래프입니다. 줄넘기를 금요일에는 목요일보다 6회 더 많이 했을 때 표와 꺾은선그래프를 각각 완성해 보세요.

줄넘기 횟수

요일(요일)	월	화	수	목	금
횟수(회)	103	105			

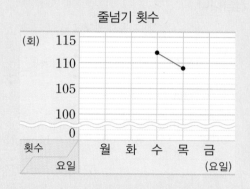

● 핵심 NOTE
• 표와 꺾은선그래프의 자료를 비교하며 비어 있는 부분을 완성합니다.
• (금요일의 줄넘기 횟수)=(목요일의 줄넘기 횟수)+6

1-1 준성이의 국어 점수를 조사하여 나타낸 표와 꺾은선그래프입니다. 국어 점수가 5월에는 4월보다 2점 더 올랐을 때 표와 꺾은선그래프를 각각 완성해 보세요.

국어 점수

월(월)	3	4	5	6	7
점수(점)				88	96

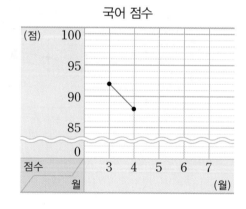

1-2 송이의 키를 조사하여 나타낸 꺾은선그래프입니다. 송이의 키가 9월은 6월보다 1 cm 더 자랐고, 12월은 9월보다 2 cm 더 자랐을 때 꺾은선그래프를 완성해 보세요.

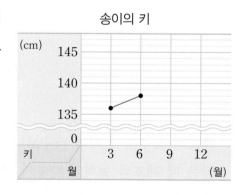

심화유형 **2** 일부분이 찢어진 꺾은선그래프의 값 구하기

어느 가게의 5월부터 8월까지 음료수 판매량을 조사하여 나타낸 꺾은선그래프의 일부분이 찢어졌습니다. 판매량의 변화가 일정하다고 할 때 7월의 음료수 판매량은 몇 개일까요?

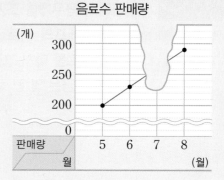

음료수 판매량

(   )

● **핵심 NOTE** • 변화가 일정하다는 것은 늘어나는 양이나 줄어드는 양이 같다는 것입니다.
  • 5월부터 6월까지 늘어난 양을 구하면 일정하게 늘어나는 양을 알 수 있습니다.

2-1 어느 회사의 8월부터 11월까지 자동차 판매량을 조사하여 나타낸 꺾은선그래프의 일부분이 찢어졌습니다. 판매량의 변화가 일정하다고 할 때 9월의 자동차 판매량은 몇 대일까요?

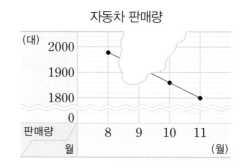

자동차 판매량

(   )

2-2 유진이네 삼촌이 자전거를 타고 달린 거리를 조사하여 나타낸 꺾은선그래프의 일부분이 찢어졌습니다. 일정한 규칙으로 달렸다면 6시간 후에 달린 거리는 몇 km일까요?

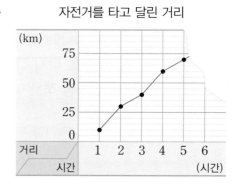

자전거를 타고 달린 거리

(   )

3 세로 눈금 한 칸의 크기를 바꾸어 나타내기

심화유형

지민이의 몸무게를 조사하여 나타낸 꺾은선그래프입니다. 이 그래프의 세로 눈금 한 칸의 크기를 $1\,\text{kg}$으로 하여 그래프를 다시 그린다면 3학년일 때와 4학년일 때의 세로 눈금은 몇 칸 차이가 날까요?

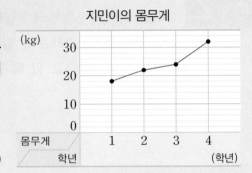

지민이의 몸무게

(   )

● 핵심 NOTE
 • (세로 눈금 한 칸의 크기)=(세로 눈금 5칸의 크기)÷5
 • (세로 눈금 칸 수의 차)=(자료 값의 차)÷(세로 눈금 한 칸의 크기)

3-1
용민이의 오래 매달리기 기록을 조사하여 나타낸 꺾은선그래프입니다. 세로 눈금 한 칸의 크기를 2초로 하여 그래프를 다시 그린다면 목요일과 금요일의 세로 눈금은 몇 칸 차이가 날까요?

오래 매달리기 기록

(   )

3-2
어느 과수원의 옥수수 생산량을 조사하여 나타낸 꺾은선그래프입니다. 세로 눈금 한 칸의 크기를 10개로 하여 그래프를 다시 그린다면 옥수수 생산량이 가장 많은 때와 가장 적은 때의 세로 눈금은 몇 칸 차이가 날까요?

옥수수 생산량

(   )

평균 기온의 차가 가장 큰 때의 차 구하기

겨울이 되면 서울은 북서쪽의 찬 바람을 직접 맞는 위치에 있어 춥지만 강릉은 태백산맥에 가로 놓여 있어서 상대적으로 따뜻한 편입니다. 소민이는 12월에 일주일 동안 서울과 강릉의 평균 기온을 조사하여 꺾은선그래프로 나타내었습니다. 서울과 강릉의 평균 기온의 차가 가장 큰 때는 몇 도 차이가 날까요?

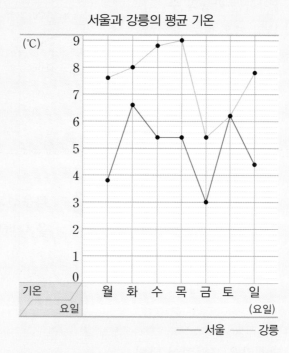

서울과 강릉의 평균 기온

—— 서울 —— 강릉

1단계 요일별 서울과 강릉의 평균 기온의 차 구하기

요일(요일)	월	화	수	목	금	토	일
서울 (℃)							
강릉 (℃)							
차 (℃)							

2단계 서울과 강릉의 평균 기온의 차가 가장 큰 때의 차 찾기

( )

● **핵심 NOTE** **1단계** 꺾은선그래프에서 서울과 강릉의 평균 기온을 알아본 후 차를 구합니다.

2단계 평균 기온의 차가 가장 큰 때의 차를 찾습니다.

기출 단원 평가 Level ①

점수

확인

1 조사 내용을 나타내기에 알맞은 그래프를 찾아 기호를 써 보세요.

> ㉠ 반별 축구를 좋아하는 학생의 수
> ㉡ 한 달 동안의 낮의 기온 변화
> ㉢ 연도별 초등학생 수의 변화
> ㉣ 어느 빵집의 종류별 빵의 수
> ㉤ 일 년 동안의 저금한 돈의 변화
> ㉥ 각 나라별 외국인 관광객 수

막대그래프 ( )

꺾은선그래프 ( )

2 어느 피자 집의 피자 판매량을 조사하여 나타낸 그래프입니다. <u>틀린</u> 것을 찾아 기호를 써 보세요.

피자 판매량

(판)

150

120

90

60

0

판매량

월 화 수 목 금

요일 (요일)

> ㉠ 꺾은선그래프입니다.
> ㉡ 가로는 요일, 세로는 판매량을 나타냅니다.
> ㉢ 세로 눈금 한 칸은 5판을 나타냅니다.
> ㉣ 꺾은선은 판매량의 변화를 나타냅니다.

( )

[3~6] 유미네 마을의 인구를 나타낸 꺾은선그래프입니다. 물음에 답하세요.

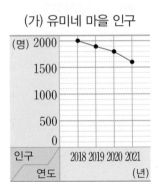

(가) 유미네 마을 인구

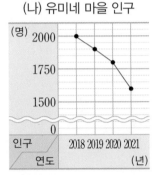

(나) 유미네 마을 인구

3 꺾은선그래프에서 가로와 세로는 각각 무엇을 나타낼까요?

가로 ( )

세로 ( )

4 (가)와 (나) 그래프 중에서 인구의 변화를 더 뚜렷하게 알 수 있는 것은 어느 것일까요?

( )

5 (나) 그래프의 세로 눈금 한 칸의 크기는 몇 명일까요?

( )

6 2018년부터 2021년까지 줄어든 인구는 모두 몇 명일까요?

( )

[7~11] 어느 박물관의 입장객 수를 10년마다 조사하여 나타낸 표입니다. 물음에 답하세요.

입장객 수

연도(년)	1980	1990	2000	2010	2020
입장객 수(명)	1000	1400	2000	2400	3600

7 표를 보고 꺾은선그래프로 나타내어 보세요.

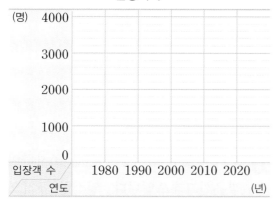

8 입장객 수의 변화가 가장 큰 때는 몇 년과 몇 년 사이일까요?

( )

9 입장객 수가 가장 많은 해는 언제이고, 몇 명일까요?

( ), ( )

10 2015년의 박물관의 입장객 수는 몇 명이었을까요?

( )

11 2030년에 박물관의 입장객 수는 어떻게 변화할까요?

( )

[12~15] 제주도의 6월 평균 기온을 조사한 것입니다. 물음에 답하세요.

- 6월 1일: 17 ℃
- 6월 10일: 22 ℃
- 6월 20일: 29 ℃
- 6월 30일: 25 ℃

12 조사한 내용을 표로 나타내어 보세요.

제주도의 6월 평균 기온

날짜(일)	1	10	20	30
기온(℃)				

13 12의 표를 보고 물결선을 사용한 꺾은선그래프로 나타내려고 합니다. 세로 눈금의 시작은 몇 ℃에서 하면 좋을까요?

( )

14 물결선을 사용한 꺾은선그래프로 나타내어 보세요.

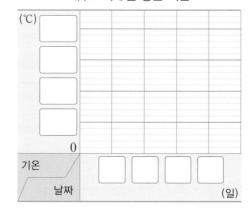

15 기온이 가장 높은 때와 가장 낮을 때의 기온의 차는 몇 ℃일까요?

( )

[16~18] 소망이와 수진이의 키를 조사하여 나타낸 꺾은선그래프입니다. 물음에 답하세요.

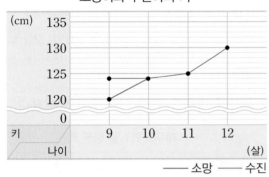

소망이와 수진이의 키

16 소망이의 키의 변화가 일정할 때 꺾은선그래프를 완성해 보세요.

17 소망이의 키가 가장 클 때 수진이의 키는 전년도보다 몇 cm만큼 자랐을까요?

( )

18 두 사람의 키 차이가 가장 큰 때는 언제이고, 몇 cm만큼 차이 나는지 써 보세요.

( ), ( )

19 연도별 졸업생 수의 변화는 막대그래프와 꺾은선그래프 중에서 어떤 그래프로 나타내는 것이 더 좋은지 쓰고 그 이유를 써 보세요.

답 _____

이유 _____

_____

_____

20 보미의 컴퓨터 사용 시간을 조사하여 나타낸 꺾은선그래프입니다. 일정한 규칙으로 사용했다면 일요일의 컴퓨터 사용 시간은 몇 분인지 구하고 그 이유를 써 보세요.

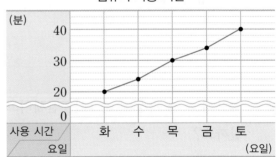

컴퓨터 사용 시간

답 _____

이유 _____

_____

_____

기출 단원 평가 Level ❷

1 꺾은선그래프로 나타내기 더 좋은 것을 찾아 기호를 써 보세요.

(가) 생일이 있는 계절별 학생 수

계절	봄	여름	가을	겨울
학생 수(명)	11	6	9	4

(나) 폐휴지의 양

월(월)	3	4	5	6
폐휴지의 양(kg)	2317	2342	2389	2469

(   )

[2~4] 유진이네 과수원의 사과 생산량을 매년 12월에 조사하여 나타낸 꺾은선그래프입니다. 물음에 답하세요.

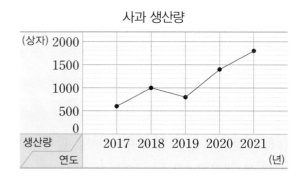

2 세로 눈금 한 칸은 몇 상자일까요?

(   )

3 2020년의 사과 생산량은 몇 상자였을까요?

(   )

4 사과 생산량이 가장 적은 연도는 언제일까요?

(   )

[5~8] 연서의 체온 변화를 조사하여 나타낸 꺾은선그래프입니다. 물음에 답하세요.

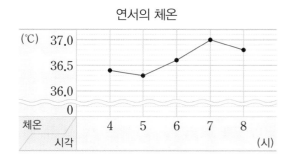

5 위의 그래프를 바르게 설명한 학생은 누구일까요?

> 영지: 6시에 체온은 36.5 ℃야.
>
> 효민: 필요 없는 부분을 물결선으로 줄여서 변화하는 모양이 뚜렷하게 보여.

(   )

6 체온이 높아지기 시작한 때는 몇 시일까요?

(   )

7 체온이 가장 높은 때와 가장 낮은 때의 체온의 차를 구해 보세요.

(   )

8 6시에는 5시보다 체온이 몇 ℃ 올랐을까요?

(   )

[9~12] 어느 갯벌의 물 들어오는 시각과 물 빠지는 시각을 조사하여 나타낸 꺾은선그래프입니다. 물음에 답하세요.

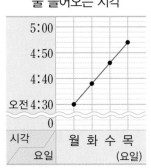
물 들어오는 시각

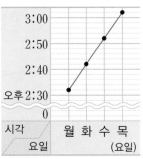
물 빠지는 시각

9 물 들어오는 시각이 오전 4시 38분인 날의 물 빠지는 시각은 몇 시 몇 분일까요?

( )

10 물이 가장 늦게 빠진 날은 언제일까요?

( )

11 수요일에 물 들어오는 시각은 화요일보다 몇 분 늦어졌을까요?

( )

12 금요일에 물 들어오는 시각과 물 빠지는 시각은 각각 몇 시 몇 분으로 예상할 수 있을까요?

( ), ( )

[13~15] 어느 편의점의 사탕 판매량을 조사하여 나타낸 꺾은선그래프입니다. 물음에 답하세요.

13 표와 꺾은선그래프를 완성해 보세요.

사탕 판매량

요일(요일)	월	화	수	목	금
판매량(개)	11	12			

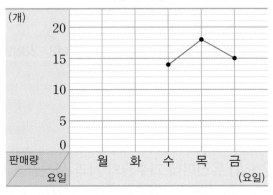
사탕 판매량

14 월요일부터 금요일까지의 사탕 판매량은 모두 몇 개일까요?

( )

15 사탕 한 개의 가격이 300원이라면 월요일부터 금요일까지 판매된 금액은 모두 얼마일까요?

( )

[16~18] 어느 도시의 기온을 조사하여 나타낸 꺾은선그래프의 일부분이 찢어졌습니다. 오전 10시는 오전 7시보다 6 ℃ 더 높고, 오후 1시는 오전 10시보다 8 ℃ 더 높습니다. 물음에 답하세요.

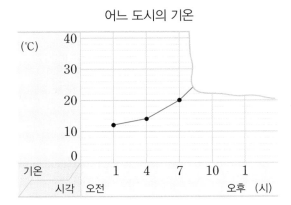

16 오전 10시와 오후 1시의 기온은 몇 ℃인지 차례로 써 보세요.

(   ), (   )

17 꺾은선그래프를 완성해 보세요.

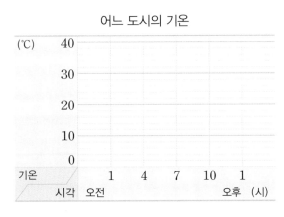

18 위 그래프의 세로 눈금 한 칸의 크기를 1 ℃로 하여 그래프를 다시 그린다면 오전 4시와 오전 7시의 세로 눈금은 몇 칸 차이가 날까요?

(   )

19 일정한 빠르기로 움직이는 배가 간 거리를 조사하여 나타낸 꺾은선그래프입니다. 6분일 때 간 거리를 구하는 풀이 과정을 쓰고 답을 구해 보세요.

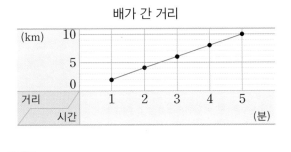

풀이

답

20 미국과 러시아의 위성발사 횟수를 조사하여 나타낸 꺾은선그래프입니다. 두 나라의 위성발사 횟수의 차가 가장 클 때의 횟수의 차를 구하는 풀이 과정을 쓰고 답을 구해 보세요.

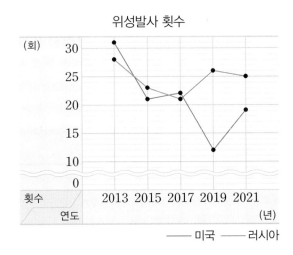

풀이

답

다각형

6

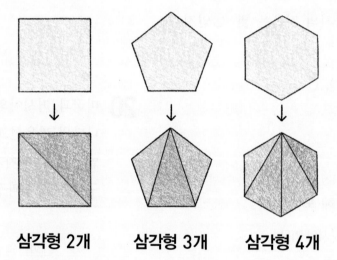

삼각형 2개   삼각형 3개   삼각형 4개

다각형, 많은(多^다) 각이 있는 도형

도형	변의 수	각의 수	이름
	3	3	삼각형
	4	4	사각형
	5	5	오각형
	6	6	육각형
	7	7	칠각형
	8	8	팔각형

다각형, 많은(多^다) 각이 있는 도형

1 다각형

● **다각형**: ┌두 점을 곧게 이은 선
선분으로만 둘러싸인 도형

● **다각형의 이름**: ┌도형의 가장자리에 있는 선분
변의 수에 따라 변이 6개이면 육각형, 변이 7개이면
칠각형, 변이 8개이면 팔각형 등으로 부릅니다.

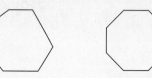

육각형   칠각형   팔각형

<table>
<tr><td colspan="4">➕ 보충 개념</td></tr>
</table>

다각형의 변의 수와 꼭짓점의 수는 같습니다.

	육각형	칠각형	팔각형
변의 수	6개	7개	8개
꼭짓점의 수	6개	7개	8개

❗ 육각형은 변이 (6 , 7 , 8)개, 꼭짓점이 (6 , 7 , 8)개인 다각형입니다.

1 다각형을 모두 찾아 ○표 하세요.

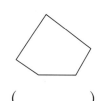

(   ) (   ) (   ) (   )

▶ 선분으로 완전히 둘러싸여 있지 않거나, 곡선으로 둘러싸인 도형은 다각형이 아닙니다.

2 다각형의 이름을 써 보세요.

(1) 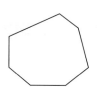   (2)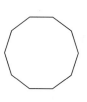

(   )   (   )

3 다각형을 완성해 보세요.

(1) 육각형   (2) 팔각형

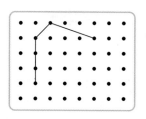   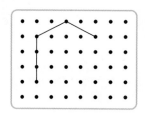

❓ **다각형의 변의 수가 많아질수록 어떤 모양이 되나요?**

다각형의 변의 수가 많아질수록 점차 원에 가까워집니다.

 ······ ······ ○

2 정다각형

- **정다각형**: 변의 길이가 모두 같고 각의 크기가 모두 같은 다각형

- **정다각형의 이름**: 변의 수에 따라 변이 3개이면 정삼각형, 변이 4개이면 정사각형, 변이 5개이면 정오각형 등으로 부릅니다.

정삼각형　　　정사각형　　　정오각형　　　정육각형

⊕ **보충 개념**

각의 크기는 모두 같지만 변의 길이가 같지 않은 다각형은 정다각형이 아닙니다.

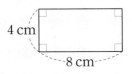

➡ 직사각형은 정다각형이 아닙니다.

❗ 변의 길이와 각의 크기가 모두 같은 다각형은 [　　] 입니다.

[4~5] 도형을 보고 물음에 답하세요.

4 정다각형을 모두 찾아 기호를 써 보세요.

(　　　　　　　　　　　)

5 4에서 찾은 정다각형의 이름을 차례로 써 보세요.

(　　　　　　), (　　　　　　)

6 정다각형입니다. □ 안에 알맞은 수를 써넣으세요.

(1)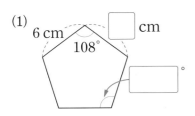

(2)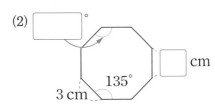

❓ **정다각형의 모든 각의 크기의 합은 어떻게 구하나요?**

다각형을 삼각형 또는 사각형으로 나누어 각의 크기의 합을 구할 수 있습니다.

방법 ①

 $180° \times 3 = 540°$

방법 ②

 $180° + 360° = 540°$

3 대각선

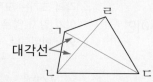

- **대각선**: 다각형에서 서로 이웃하지 않는 두 꼭짓점을 이은 선분
  └하나의 변을 이루고 있는 두 꼭짓점이 아닌 꼭짓점

➡ **대각선**: 선분 ㄱㄷ, 선분 ㄴㄹ

- **사각형에서 대각선의 성질**

대각선의 길이가 같은 사각형	직사각형, 정사각형
두 대각선이 수직으로 만나는 사각형	마름모, 정사각형
한 대각선이 다른 대각선을 똑같이 반으로 나누는 사각형	평행사변형, 직사각형, 마름모, 정사각형

➕ **보충 개념**

- □각형의 한 꼭짓점에서 그을 수 있는 대각선의 수는 (□ − 3)개입니다.

사각형   오각형
4 − 3 = 1(개)   5 − 3 = 2(개)

- 정오각형에서 그을 수 있는 대각선은 모두 길이가 같습니다.

❗ 다각형에서 서로 이웃하지 않은 두 꼭짓점을 이은 선분을 [   ]이라고 합니다.

---

7 세 도형에 그을 수 있는 대각선의 수의 합을 구해 보세요.

(   )

▶ **꼭짓점의 수와 대각선의 수**
꼭짓점의 수가 많은 다각형일수록 더 많은 대각선을 그을 수 있습니다.

	꼭짓점의 수	대각선의 수
사각형	4개	2개
오각형	5개	5개
육각형	6개	9개

8 대각선의 길이가 같은 다각형을 모두 찾아 기호를 써 보세요.

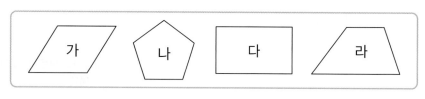

(   )

❓ **삼각형은 왜 대각선을 그을 수 없나요?**

대각선은 서로 이웃하지 않은 두 꼭짓점을 이은 선분입니다.
삼각형은 모든 꼭짓점이 서로 이웃하고 있기 때문에 대각선을 그을 수 없습니다.

9 정사각형입니다. □ 안에 알맞은 수를 써넣으세요.

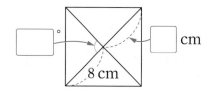

4 모양 만들기

● **모양 조각**

평행사변형이라고 할 수도 있습니다.

| 정육각형 | 사다리꼴 | 정삼각형 | 정사각형 | 마름모 |

긴 변의 길이는 짧은 변의 길이의 2배입니다.

● **다각형 만들기**

삼각형　　사각형　　오각형　　육각형

＋ 보충 개념

여러 가지 모양 만들기

배　　사탕

물고기

다른 모양 조각으로도 같은 모양을 만들 수 있어.

[10～12] 모양 조각을 보고 물음에 답하세요.

가　나　다　라　마　바

10 가 모양 조각과 마 모양 조각의 이름을 쓰고, 특징을 한 가지 써 보세요.

조각	이름	특징
가		
마		

11 라 모양 조각으로 나 모양 조각을 만들려고 합니다. 라 모양 조각이 몇 개 필요할까요?

(　　　　　　　　　　　)

12 나 모양 조각과 다 모양 조각을 사용하여 사다리꼴을 만들어 보세요.

▶ **모양 만드는 방법**
• 길이가 같은 변끼리 이어 붙입니다.
• 서로 겹치지 않게 이어 붙입니다.
• 빈틈없게 이어 붙입니다.
• 같은 모양 조각을 여러 번 사용할 수 있습니다.

6

? 똑같은 모양을 만들 수 있는 방법은 한 가지인가요?

아닙니다. 사용하는 조각의 종류와 개수에 따라 똑같은 모양을 만들 수 있는 방법은 여러 가지입니다.

예 정삼각형 만들기

5 모양 채우기

하나의 모양은 여러 가지 방법으로 채울 수 있습니다.
● **모양 채우기**

 을 모두 사용하여 모양 채우기

예
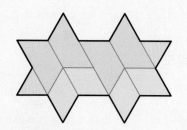 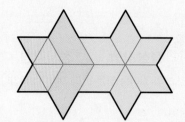

● **다각형 채우기**
예 사각형

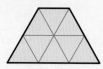   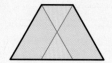

● **연결 개념**

정삼각형, 정사각형, 정육각형으로 평면을 빈틈없이 채울 수 있습니다.

한 점에 정삼각형은 6개, 정사각형은 4개, 정육각형은 3개가 모이면 360°가 되기 때문입니다.

[13~14] 모양 조각을 보고 물음에 답하세요.

13 한 가지 모양 조각을 여러 개 사용하여 정육각형을 채워 보세요.

14 다음 모양을 다 모양 조각으로 채우려고 합니다. 다 모양 조각이 몇 개 필요할까요?

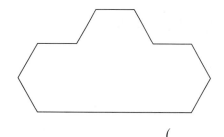

(   )

? **정오각형으로 평면을 채울 수 있나요?**

없습니다. 정오각형은 한 각이 108°이므로 꼭짓점을 중심으로 360°를 만들 수 없습니다. 3개를 모으면 빈틈이 생기고, 4개를 모으면 겹치는 부분이 생깁니다.

기본에서 응용으로

1 다각형

• 다각형: 선분으로만 둘러싸인 도형

육각형   칠각형   팔각형

2 정다각형

• 정다각형: 변의 길이가 모두 같고 각의 크기가 모두 같은 다각형

정삼각형   정사각형   정오각형

1 다각형이 <u>아닌</u> 것을 모두 찾아 기호를 써 보세요.

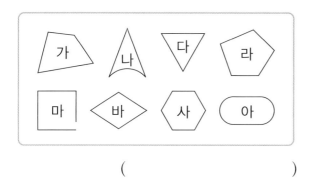

(   )

2 빈칸에 알맞은 이름 또는 수를 써넣으세요.

다각형	칠각형	
변의 수(개)		10
꼭짓점의 수(개)	9	10

3 이름이 다른 다각형을 찾아 기호를 써 보세요.

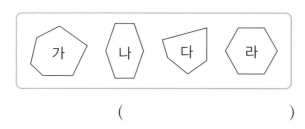

(   )

4 정다각형을 모두 고르세요.   (   )

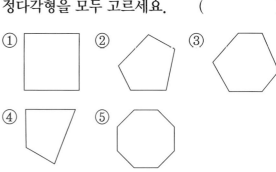

①   ②   ③

④   ⑤

5 정다각형에 대해 <u>잘못</u> 말한 사람은 누구일까요?

 변의 길이가 모두 같아.

민진

각의 크기가 모두 같지 않아도 돼.

영주

 변의 수가 가장 적은 정다각형은 정삼각형이야.

준희

(   )

6 조건을 모두 만족하는 도형의 이름을 써 보세요.

> • 6개의 선분으로 둘러싸인 다각형입니다.
> • 변의 길이가 모두 같습니다.
> • 각의 크기가 모두 같습니다.

(   )

7 정팔각형의 모든 변의 길이의 합을 구해 보세요.

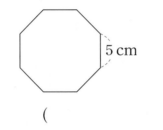

5 cm

(   )

8 한 변의 길이가 3 cm이고, 모든 변의 길이의 합이 21 cm인 정다각형의 이름을 써 보세요.

(   )

9 정육각형과 정오각형의 한 변을 이어 붙여 만든 모양입니다. 굵은 선의 길이는 몇 cm인지 구해 보세요.

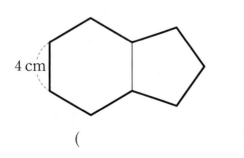

4 cm

(   )

---

3 대각선

• 대각선: 다각형에서 이웃하지 않는 두 꼭짓점을 이은 선분

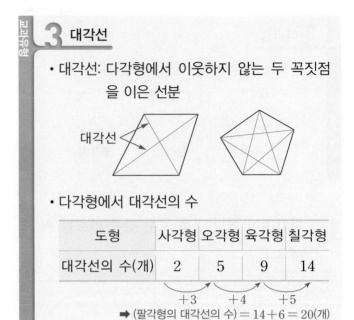

대각선

• 다각형에서 대각선의 수

도형	사각형	오각형	육각형	칠각형
대각선의 수(개)	2	5	9	14

+3   +4   +5

➡ (팔각형의 대각선의 수) = 14+6 = 20(개)

10 대각선을 그을 수 <u>없는</u> 도형은 어느 것일까요?

(   )

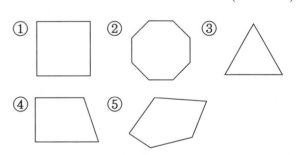

①   ②   ③

④   ⑤

11 평행사변형입니다. ☐ 안에 알맞은 수를 써넣으세요.

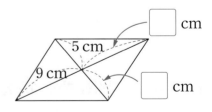

5 cm

9 cm

☐ cm

☐ cm

12 대각선의 수가 많은 다각형부터 차례대로 기호를 써 보세요.

> ㉠ 사각형　　㉡ 칠각형
> ㉢ 정오각형　　㉣ 육각형

(　　　　　　　)

13 두 대각선의 길이가 같고 서로 수직으로 만나는 사각형은 어느 것일까요? (　　)

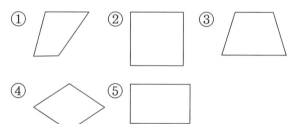

14 정사각형 모양의 색종이를 다음과 같이 접었다 폈습니다. 접힌 부분이 이루는 각의 크기는 몇 도인지 구해 보세요.

(　　　　　　　)

15 도형에서 선분 ㄱㅁ의 길이는 몇 cm일까요?

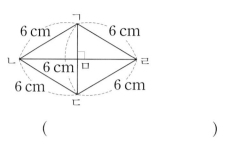

(　　　　　　　)

16 정오각형입니다. 그을 수 있는 모든 대각선의 길이의 합은 몇 cm일까요?

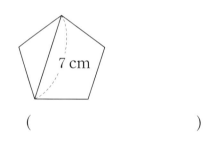

(　　　　　　　)

17 평행사변형 ㄱㄴㄷㄹ에서 두 대각선의 길이의 합이 28 cm일 때 선분 ㄴㄹ의 길이는 몇 cm일까요?

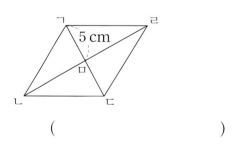

(　　　　　　　)

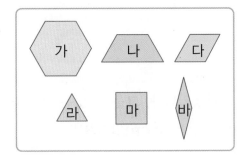

4 모양 만들기

- 모양 만드는 방법
  - 길이가 같은 변끼리 이어 붙입니다.
  - 빈틈없이 이어 붙입니다.
  - 서로 겹치지 않게 이어 붙입니다.
  - 같은 모양 조각을 여러 번 사용할 수 있습니다.

[18~21] 모양 조각을 보고 물음에 답하세요.

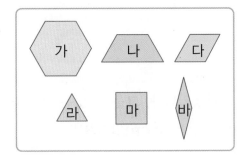

18 라 모양 조각을 사용하여 다 모양 조각 3개를 만들려고 합니다. 라 모양 조각은 모두 몇 개 필요할까요?

( )

19 가, 나, 다, 라 모양 조각을 한 번씩만 사용하여 평행사변형을 만들어 보세요.

20 모양 조각 여러 개를 사용하여 다음 모양을 만들어 보세요.

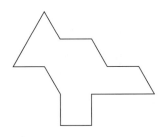

21 3가지 모양 조각을 여러 번 사용하여 다음 모양을 만들어 보세요.

5 모양 채우기

예 정육각형 채우기

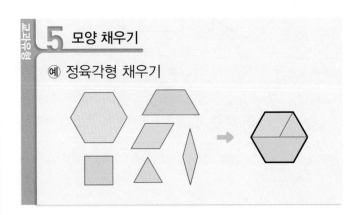

22 모양 조각을 주어진 개수만큼 사용하여 사각형을 채워 보세요.

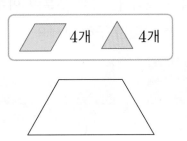

4개   4개

23 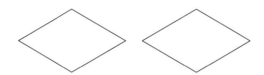, 모양 조각 중 2가지를 골라 마름모를 채우려고 합니다. 서로 다른 방법으로 마름모를 채워 보세요.

24 다각형 모양으로 된 타일로 바닥을 채우려고 합니다. 바닥을 빈틈없이 채울 수 <u>없는</u> 타일 모양은 어느 것일까요? ( )

① 마름모   ② 정삼각형
③ 직사각형   ④ 정오각형
⑤ 정육각형

정다각형에서 한 각의 크기 구하기

• 정다각형의 한 각의 크기 구하는 방법

> ① 정다각형을 삼각형 또는 사각형으로 나누어 모든 각의 크기의 합을 구합니다.
> ② 모든 각의 크기의 합을 각의 수로 나눕니다.

예   (모든 각의 크기의 합) $= 180° \times 3$
                       $= 540°$
   (한 각의 크기) $= 540° \div 5 = 108°$
    └삼각형 3개로 나누어집니다.

25 정팔각형의 한 각의 크기는 몇 도일까요?

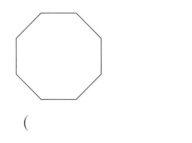

( )

26 정오각형 ㄱㄴㄷㄹㅁ에서 ㉠의 각도는 몇 도일까요?

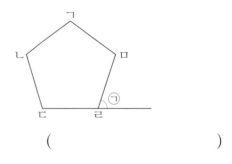

( )

27 정육각형입니다. 각 ㄴㄱㄷ의 크기는 몇 도일까요?

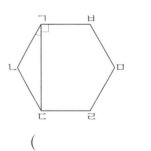

( )

28 정오각형입니다. ㉠의 각도는 몇 도일까요?

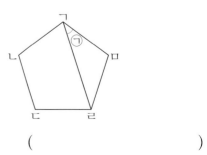

( )

다각형에서 대각선의 수 구하기

• 대각선을 직접 그어 개수를 셉니다.

• (■각형의 대각선의 수)
= (한 꼭짓점에서 그을 수 있는 대각선의 수) ┌(■−3)개
× (꼭짓점의 수) ÷ 2
└■개

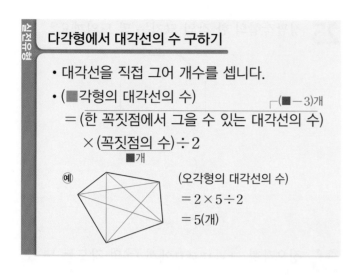

(오각형의 대각선의 수)
= 2 × 5 ÷ 2
= 5(개)

29 육각형에 대각선을 모두 긋고, 대각선의 수를 구해 보세요.

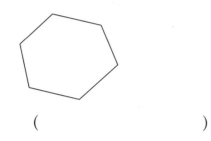

( )

30 변의 수가 9개, 꼭짓점의 수가 9개인 다각형의 대각선의 수를 구해 보세요.

( )

31 칠각형과 십각형의 대각선의 수의 차는 몇 개인지 구해 보세요.

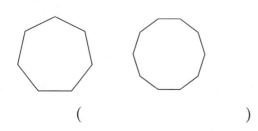

( )

한 가지 모양 조각만 사용하기

한 가지 모양 조각만 사용하여 여러 가지 모양을 만들 수 있습니다.

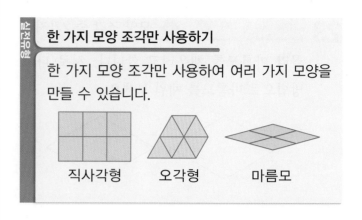

직사각형   오각형   마름모

32 △ 모양 조각을 주어진 개수만큼 사용하여 평행사변형을 만들어 보세요.

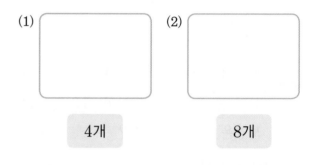

(1)   (2)

4개   8개

33 한 가지 모양 조각을 여러 번 사용하여 정육각형을 만들 수 <u>없는</u> 것을 찾아 기호를 써 보세요.

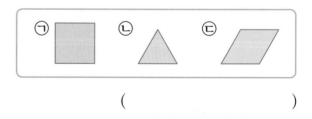

㉠   ㉡   ㉢

( )

34 정삼각형 모양 조각을 여러 개 사용하여 오른쪽 정삼각형을 채우려고 합니다. 정삼각형 모양 조각이 모두 몇 개 필요할까요?

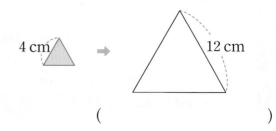

4 cm   12 cm

( )

정답과 풀이 51쪽

도형 2개를 이어 붙였을 때 표시된 각의 크기 구하기

정오각형과 평행사변형의 한 변을 겹치지 않게 이어 붙였습니다. ㉠의 각도는 몇 도일까요?

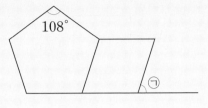

(   )

● 핵심 NOTE
• 정오각형은 각의 크기가 모두 같습니다.
• 평행사변형은 이웃한 두 각의 크기의 합이 180°입니다.

1-1 정육각형과 평행사변형의 한 변을 겹치지 않게 이어 붙였습니다. ㉠의 각도는 몇 도일까요?

(   )

1-2 정팔각형과 직사각형의 한 변을 겹치지 않게 이어 붙였습니다. ㉠의 각도는 몇 도일까요?

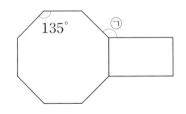

(   )

심화유형 2 변의 길이의 합이 같을 때 한 변의 길이 구하기

두 정다각형의 모든 변의 길이의 합이 같을 때 나의 한 변의 길이는 몇 cm일까요?

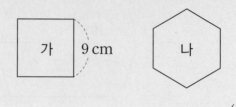

(   )

● 핵심 NOTE
• 정다각형은 변의 길이가 모두 같습니다.
• (한 변의 길이)＝(모든 변의 길이의 합)÷(변의 수)

2-1 두 정다각형의 모든 변의 길이의 합이 같을 때 나의 한 변의 길이는 몇 cm일까요?

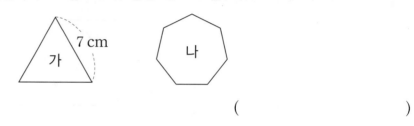

(   )

2-2 철사를 이용하여 한 변의 길이가 11 cm인 정팔각형을 만들었습니다. 이 철사를 펴서 정사각형을 만들려고 할 때 만들 수 있는 가장 큰 정사각형의 한 변의 길이는 몇 cm일까요?

(   )

응용에서 최상위로

심화유형 3 대각선의 수로 정다각형의 이름 알아보기

대각선이 27개인 정다각형의 이름을 써 보세요.

(   )

● 핵심 NOTE 정사각형, 정오각형, 정육각형 ……의 대각선의 수를 구하여 대각선의 수가 몇씩 커지는지 규칙을 찾아 정다각형의 이름을 구할 수 있습니다.

3-1 대각선이 44개인 정다각형의 이름을 써 보세요.

(   )

3-2 대각선이 35개인 정다각형의 모든 각의 크기의 합을 구해 보세요.

(   )

6

교통표지판에서 표시한 각의 크기 구하기

융합유형 4

수학 + 사회

도로교통법에 의해 교통안전 표지는 주의 표지, 규제 표지, 지시 표지로 나뉘며 도로의 크기와 종류에 따라 표지판의 크기가 달라집니다. 다음과 같은 일시 정지를 나타내는 정팔각형 모양의 표지판에서 표시한 각의 크기를 구해 보세요.

1단계 주어진 도형을 삼각형 또는 사각형으로 나누어 도형의 모든 각의 크기의 합 구하기

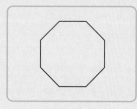

....

....

....

2단계 표시한 각의 크기 구하기

....

(   )

● 핵심 NOTE   **1단계** 주어진 도형을 삼각형 또는 사각형으로 나눈 후 삼각형의 세 각의 크기의 합, 사각형의 네 각의 크기의 합을 이용하여 도형의 모든 각의 크기의 합을 구합니다.

                   2단계 (모든 각의 크기의 합)÷(각의 수)로 표시한 각의 크기를 구합니다.

4-1   오른쪽 그림은 어린이들을 보호해야 하는 곳을 나타내는 교통안전 표지입니다. 표시한 각의 크기를 구해 보세요.

(   )

기출 단원 평가 Level ❶

1 다각형을 모두 찾아 기호를 써 보세요.

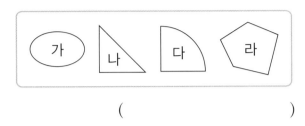

( )

2 변이 10개인 다각형의 이름을 써 보세요.

( )

3 대각선이 <u>아닌</u> 것을 찾아 기호를 써 보세요.

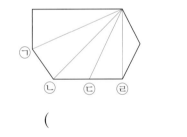

( )

4 팔각형을 완성해 보세요.

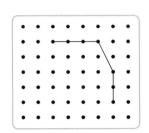

5 정다각형입니다. ☐ 안에 알맞은 수를 써넣으세요.

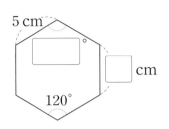

6 조건을 모두 만족하는 도형의 이름을 써 보세요.

- 변이 12개인 다각형입니다.
- 변의 길이가 모두 같습니다.
- 각의 크기가 모두 같습니다.

( )

7 정다각형입니다. 모든 변의 길이의 합을 구해 보세요.

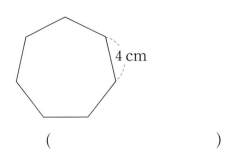

( )

8 오른쪽 다각형에서 대각선은 모두 몇 개일까요?

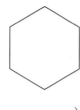

(   )

[9~10] 다음을 보고 물음에 답하세요.

직사각형   사다리꼴   평행사변형
마름모   정사각형

9 두 대각선의 길이가 같은 사각형을 찾아 모두 써 보세요.

(   )

10 두 대각선이 수직으로 만나는 사각형을 찾아 모두 써 보세요.

(   )

11 직사각형에서 두 대각선의 길이의 합은 몇 cm일까요?

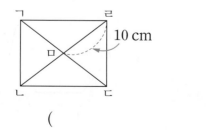

(   )

[12~14] 모양 조각을 보고 물음에 답하세요.

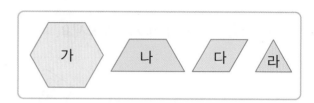

12 한 가지 모양 조각으로 가 조각을 만들려고 합니다. 각각의 모양 조각은 몇 개씩 필요할까요?

나 (   ), 다 (   ), 라 (   )

13 가, 다, 라 모양 조각 중 2가지를 골라 평행사변형을 채우려고 합니다. 서로 다른 방법으로 평행사변형을 채워 보세요.

14 가, 나, 다, 라 모양 조각을 모두 사용하여 모양을 채워 보세요.

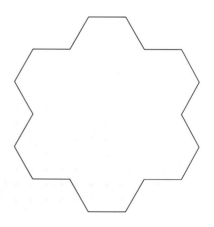

15 정오각형의 한 각의 크기는 몇 도일까요?

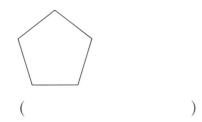

( )

16 정오각형과 마름모의 한 변을 겹치지 않게 이어 붙여 만든 모양입니다. 굵은 선의 길이는 몇 cm인지 구해 보세요.

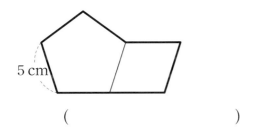

5 cm

( )

17 철사를 이용하여 한 변의 길이가 6 cm인 정칠각형을 만들었습니다. 이 철사를 펴서 정삼각형을 만들려고 할 때 만들 수 있는 가장 큰 정삼각형의 한 변의 길이는 몇 cm일까요?

( )

18 대각선이 20개인 다각형의 이름을 써 보세요.

( )

19 두 도형이 정다각형이 아닌 이유를 써 보세요.

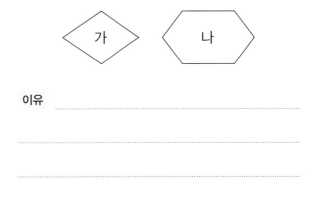

이유 _____

_____

_____

20 도형에서 그을 수 있는 대각선의 수가 가장 많은 것을 찾아 기호를 쓰려고 합니다. 풀이 과정을 쓰고 답을 구해 보세요.

> ㉠ 십일각형　　㉡ 정오각형
> ㉢ 십각형　　㉣ 팔각형

풀이 _____

_____

_____

_____

답 _____

기출 단원 평가 Level ❷

점수

확인

1 정다각형은 어느 것일까요? ( )

 ① ② 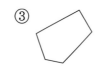 ③

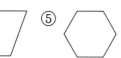 ④ ⑤

2 설명하는 도형의 이름을 써 보세요.

> • 선분으로 둘러싸여 있습니다.
> • 변이 9개입니다.

( )

3 십각형의 ㉠과 ㉡의 합은 몇 개인지 구해 보세요.

> ㉠ 변의 수
> ㉡ 꼭짓점의 수

( )

4 정다각형에 대한 설명입니다. 맞으면 ○표, 틀리면 ✕표 하세요.

(1) 직사각형은 정다각형입니다.
( )

(2) 네 변의 길이가 모두 4 cm이고, 네 각이 80°, 80°, 100°, 100°인 도형은 정다각형입니다. ( )

5 한 변의 길이가 4 cm이고, 모든 변의 길이의 합이 32 cm인 정다각형의 이름을 써 보세요.

( )

6 대각선의 수가 가장 많은 다각형은 어느 것일까요? ( )

 ① ② ③

 ④ ⑤

7 두 다각형에 그을 수 있는 대각선의 수의 차를 구해 보세요.

> 오각형   팔각형

( )

8 ㉠의 각도를 구해 보세요.

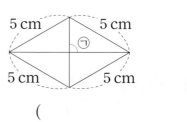

( )

[9~11] 모양 조각을 보고 물음에 답하세요.

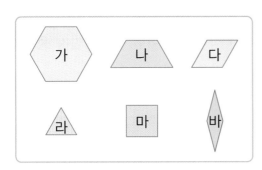

9 조건을 모두 만족하는 모양 조각을 찾아 기호를 써 보세요.

> • 변의 길이가 모두 같습니다.
> • 각의 크기가 모두 같습니다.

(   )

10 라, 마, 바 모양 조각을 모두 사용하여 서로 다른 방법으로 육각형을 만들어 보세요.

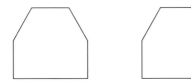

11 다와 라 모양 조각으로 모양을 채우려고 합니다. 다 모양 조각을 2개 사용한다면 라 모양 조각은 몇 개 필요할까요?

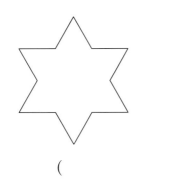

(   )

12 한 가지 모양의 타일로 바닥을 빈틈없이 채우려고 합니다. 바닥을 빈틈없이 채울 수 <u>없는</u> 타일 모양에 ×표 하세요.

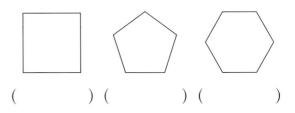

(   ) (   ) (   )

13 정오각형 2개를 겹치지 않게 이어 붙여 만든 모양입니다. 굵은 선의 길이가 24 cm일 때 정오각형의 한 변의 길이를 구해 보세요.

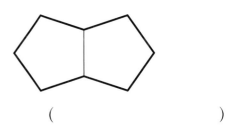

(   )

14 직사각형 ㄱㄴㄷㄹ에서 삼각형 ㅁㄴㄷ의 세 변의 길이의 합을 구해 보세요.

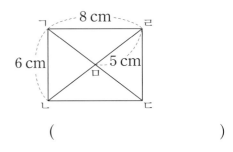

(   )

15 정오각형과 정삼각형의 한 변을 겹치지 않게 이어 붙여 만든 도형입니다. 정삼각형의 세 변의 길이의 합이 9 cm일 때 정오각형의 모든 변의 길이의 합은 몇 cm인지 구해 보세요.

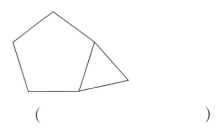

(   )

16 정팔각형과 정사각형의 한 변을 겹치지 않게 이어 붙였습니다. ㉠의 각도는 몇 도일까요?

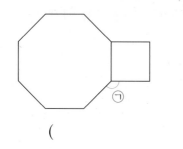

( )

17 정육각형에서 ㉠과 ㉡의 각도의 합을 구해 보세요.

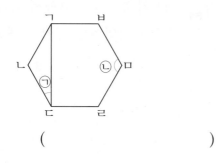

( )

18 대각선이 14개인 정다각형의 모든 각의 크기의 합을 구해 보세요.

( )

19 직사각형 모양의 색종이를 점선을 따라 자르면 4개의 삼각형이 만들어집니다. 이때 만들어진 삼각형은 어떤 삼각형인지 풀이 과정을 쓰고 답을 구해 보세요.

풀이

답

20 마름모 가와 정십각형 나의 모든 변의 길이의 합이 같을 때 정십각형 나의 한 변의 길이는 몇 cm인지 풀이 과정을 쓰고 답을 구해 보세요.

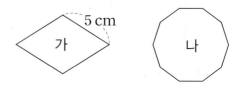

풀이

답

계산이 아닌

개념을 깨우치는

수학을 품은 연산

디딤돌
연산
수학

은

이다.

1~6학년(학기용)

수학 공부의 새로운 패러다임

독해 원리부터 실전 훈련까지!
수능까지 연결되는

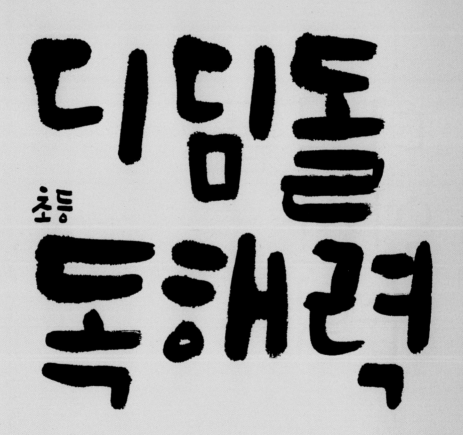

디딤돌
초등
독해력

❶~❻단계

초등 교과서별 학년별 성취 기준에 맞춰 구성

Ⅰ~Ⅳ단계(고학년용)

다양한 영역의 비문학 제재로만 구성

수학 좀 한다면

응용탄탄북

4
2

차례

수학 좀 한다면

초등수학

응용탄탄북

4
2

- **서술형 문제** | 서술형 문제를 집중 연습해 보세요.

- **기출 단원 평가** | 시험에 잘 나오는 문제를 한 번 더 풀어 단원을 확실하게 마무리해요.

서술형 문제

1 잘못 계산한 것입니다. 그 이유를 쓰고, 바르게 계산해 보세요.

$$5\frac{7}{10} - 2\frac{3}{10} = (5-2) - (\frac{7}{10} - \frac{3}{10}) = 3 - \frac{4}{10} = 2\frac{6}{10}$$

이유 _____

_____

_____

바른 계산 _____

_____

▶ 잘못 계산한 부분을 먼저 찾습니다.

2 계산 결과가 더 큰 것의 기호를 쓰려고 합니다. 풀이 과정을 쓰고 답을 구해 보세요.

$$\text{㉠ } 1\frac{4}{7} + 3\frac{5}{7} \qquad \text{㉡ } 6\frac{2}{7} - 1\frac{3}{7}$$

풀이 _____

_____

_____

_____

_____

답 _____

▶ 분수의 덧셈과 뺄셈을 각각 계산한 후 크기를 비교합니다.

3 규칙을 찾아 빈 곳에 알맞은 수를 구하려고 합니다. 풀이 과정을 쓰고 답을 구해 보세요.

$$\frac{2}{9} \,-\, 1\frac{1}{9} \,-\, \boxed{} \,-\, 2\frac{8}{9} \,-\, 3\frac{7}{9}$$

풀이 ....

....

....

....

답 ....

▶ 이웃한 두 수의 차를 알아 봅니다.

1

4 □ 안에 들어갈 수 있는 수는 모두 몇 개인지 풀이 과정을 쓰고 답을 구해 보세요.

$$3 < 1\frac{5}{9} + 1\frac{\square}{9}$$

풀이 ....

....

....

....

답 ....

▶ $1\frac{5}{9} + 1\frac{\square}{9}$의 값이 3이 되는 □를 먼저 찾습니다.

5 수 카드 중에서 2장을 뽑아 만들 수 있는 분모가 9인 가장 큰 대분수와 가장 작은 대분수의 차를 구하려고 합니다. 풀이 과정을 쓰고 답을 구해 보세요.

$$\boxed{3} \quad \boxed{5} \quad \boxed{6} \quad \boxed{8}$$

▶ 자연수 부분이 클수록 더 큰 분수이고, 작을수록 더 작은 분수입니다.

풀이 ···

···

···

···

···

답 ···

6 길이가 6 cm인 테이프 3장을 $\frac{2}{5}$ cm씩 겹쳐 이어 붙였습니다. 이어 붙인 테이프의 전체 길이는 몇 cm인지 풀이 과정을 쓰고 답을 구해 보세요.

▶ 테이프 3장을 겹쳐 이었을 때 겹쳐진 부분은 2군데입니다.

```
  ⌒6 cm⌒   ⌒6 cm⌒   ⌒6 cm⌒
┌──────┬──┬──────┬──┬──────┐
└──────┴──┴──────┴──┴──────┘
         ⌄         ⌄
        2/5 cm    2/5 cm
```

풀이 ···

···

···

···

답 ···

7

진수는 서점을 가려고 합니다. 학교에서 약국을 지나 서점에 가는 길과 시장을 지나 서점에 가는 길 중 어디를 지나 가는 것이 몇 km 더 가까운지 풀이 과정을 쓰고 답을 구해 보세요.

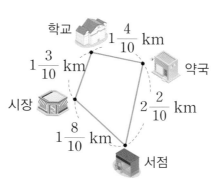

▶ 학교에서 서점까지 약국을 지나 가는 길과 학교에서 시장을 지나 서점까지 가는 길의 거리를 각각 구한 후 두 거리의 차를 구합니다.

풀이

답

1

8

㉠♥㉡=㉠-㉡+$\frac{3}{7}$이라고 약속할 때 다음을 계산하려고 합니다. 풀이 과정을 쓰고 답을 구해 보세요.

▶ 먼저 약속에 맞게 식을 세워 봅니다.

$$3\frac{5}{7} ♥ \frac{6}{7}$$

풀이

답

다시 점검하는 **기출 단원 평가** Level ❶

점수 | 확인

1 ☐ 안에 알맞은 수를 써넣으세요.

$\dfrac{4}{9}$는 $\dfrac{1}{9}$이 ☐ 개, $\dfrac{7}{9}$은 $\dfrac{1}{9}$이 ☐ 개이

므로 $\dfrac{4}{9}+\dfrac{7}{9}$은 $\dfrac{1}{9}$이 ☐ 개입니다.

➡ $\dfrac{4}{9}+\dfrac{7}{9}=\dfrac{\boxed{}}{9}=\boxed{}\dfrac{\boxed{}}{9}$

2 계산해 보세요.

(1) $1\dfrac{3}{7}+2\dfrac{2}{7}$ (2) $1-\dfrac{3}{8}$

(3)

	자연수	분수
	2	$\dfrac{4}{5}$
+	3	$\dfrac{3}{5}$

(4)

	자연수	분수
	3	$\dfrac{2}{9}$
−	1	$\dfrac{7}{9}$

3 계산 결과가 가장 큰 것을 찾아 기호를 써 보세요.

㉠ $\dfrac{3}{11}+\dfrac{4}{11}$ ㉡ $\dfrac{2}{11}+\dfrac{9}{11}$

㉢ $\dfrac{5}{11}+\dfrac{5}{11}$ ㉣ $\dfrac{6}{11}+\dfrac{2}{11}$

(   )

4 설명하는 수를 구해 보세요.

$6\dfrac{3}{15}$보다 $4\dfrac{7}{15}$만큼 더 작은 수

(   )

5 어림한 결과가 5와 6 사이인 식에 ◯표 하세요.

$7-1\dfrac{1}{4}$	$3\dfrac{2}{5}+2\dfrac{4}{5}$	$6\dfrac{1}{7}-1\dfrac{4}{7}$

(   ) (   ) (   )

6 빈칸에 알맞은 수를 써넣으세요.

3	
$1\dfrac{2}{5}$	$1\dfrac{3}{5}$
$1\dfrac{2}{8}$	
$\dfrac{5}{11}$	$1\dfrac{2}{11}$

7 집에서 은행을 지나 학교까지 가는 거리는 몇 km일까요?

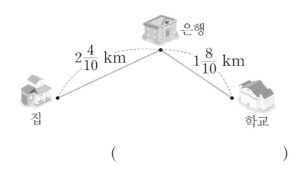

$2\dfrac{4}{10}$ km $1\dfrac{8}{10}$ km

은행

집   학교

(   )

8 직사각형의 가로는 세로보다 몇 cm 더 길까요?

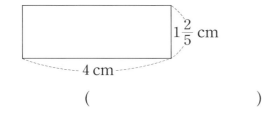

$1\dfrac{2}{5}$ cm

4 cm

(   )

9 계산 결과를 비교하여 ○ 안에 >, =, <를 알맞게 써넣으세요.

$$6\dfrac{2}{7}-2\dfrac{4}{7} \bigcirc 2\dfrac{2}{7}+1\dfrac{6}{7}$$

10 무게가 $1\dfrac{2}{6}$ kg인 가방에 무게가 $2\dfrac{5}{6}$ kg인 책을 넣었습니다. 책을 넣은 가방의 무게는 몇 kg일까요?

(   )

11 가장 큰 수와 가장 작은 수의 차를 구해 보세요.

$4\dfrac{7}{13}$ 8 $3\dfrac{4}{13}$ 6 $2\dfrac{5}{13}$

(   )

12 쌀에 4 kg의 잡곡을 섞어 밥을 하려고 할 때 무엇과 무엇을 섞어야 할까요?

현미	콩	팥	수수
$2\dfrac{3}{5}$ kg	$1\dfrac{3}{5}$ kg	$3\dfrac{3}{5}$ kg	$1\dfrac{2}{5}$ kg

(,   )

13 □ 안에 알맞은 수를 써넣으세요.

$$4\dfrac{3}{20}-\boxed{}=2\dfrac{7}{20}$$

14 현우의 몸무게는 $42\dfrac{5}{10}$ kg입니다. 강아지를 안고 무게를 재니 $45\dfrac{3}{10}$ kg이 되었습니다. 강아지의 무게는 몇 kg일까요?

(   )

15 계산 결과가 0이 <u>아닌</u> 가장 작은 값이 되기 위해 ☐ 안에 알맞은 수를 써넣고 그 계산 결과를 구해 보세요.

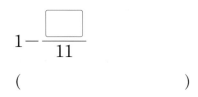

$$1 - \frac{\boxed{}}{11}$$

(   )

16 ㉠과 ㉡이 나타내는 분수의 합을 구해 보세요.

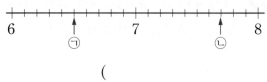

(   )

17 자연수를 보기 와 같이 두 대분수의 합으로 나타내려고 합니다. 4를 분모가 8인 두 대분수의 합으로 나타내는 식을 2가지 써 보세요. (단, $1\frac{1}{6}+1\frac{5}{6}$와 $1\frac{5}{6}+1\frac{1}{6}$과 같이 두 수를 바꾸어 더한 식은 같은 식으로 생각합니다.)

보기

$$3 = 1\frac{1}{6} + 1\frac{5}{6}, \ 3 = 1\frac{2}{6} + 1\frac{4}{6}$$

.... , ...

18 색칠한 부분의 길이는 몇 m일까요?

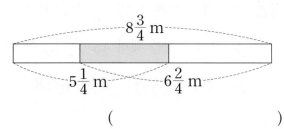

(   )

19 ● ▣ ▲ $= ● - ▲ + \dfrac{8}{7}$ 이라고 약속할 때 다음을 계산하려고 합니다. 풀이 과정을 쓰고 답을 구해 보세요.

$$4\frac{4}{7} \ \boxed{} \ 2\frac{6}{7}$$

풀이 ....

....

....

답 ....

20 두 분수를 골라 합이 가장 큰 덧셈식을 만들어 계산하려고 합니다. 풀이 과정을 쓰고 답을 구해 보세요.

$$8\frac{4}{7} \quad 1\frac{6}{7} \quad 3\frac{2}{7} \quad 5\frac{5}{7} \quad 4\frac{1}{7} \quad 2\frac{5}{7}$$

풀이 ....

....

....

답 ....

점수 │ 확인 │

1 ㉠에 알맞은 수를 구해 보세요.

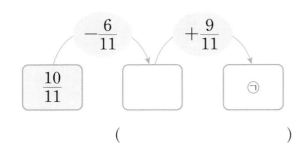

( )

2 ☐ 안에 알맞은 수를 써넣으세요.

$$4\frac{5}{9} - 1\frac{7}{9} = \boxed{}\frac{\boxed{}}{9} - 1\frac{7}{9}$$

$$= \boxed{} + \frac{\boxed{}}{9} = \boxed{}\frac{\boxed{}}{9}$$

3 설명하는 수보다 $2\frac{6}{17}$만큼 더 큰 수를 구해 보세요.

$$\boxed{\frac{1}{17}\text{이 18개인 수}}$$

( )

4 $3\frac{2}{6} - \frac{3}{6}$을 두 가지 방법으로 계산해 보세요.

방법 1 ....

....

방법 2 ....

....

5 계산 결과가 큰 것부터 차례로 기호를 써 보세요.

$$\boxed{\begin{array}{l} ㉠\ 2\frac{14}{17} + 5\frac{9}{17} \\[2mm] ㉡\ 6\frac{12}{17} + 1\frac{8}{17} \\[2mm] ㉢\ 3\frac{15}{17} + 4\frac{6}{17} \end{array}}$$

( )

6 ☐ 안에 알맞은 수를 써넣으세요.

$$3\frac{9}{14} - \boxed{} = 2\frac{6}{14}$$

7 정연이와 나정이가 블록 쌓기를 하였습니다. 정연이는 $20\frac{3}{5}$ cm, 나정이는 $23\frac{2}{5}$ cm를 쌓았습니다. 나정이는 정연이보다 몇 cm 더 높게 쌓았을까요?

( )

8 덧셈의 계산 결과가 진분수일 때 □ 안에 들어갈 수 있는 수를 모두 구해 보세요.

$$\frac{8}{12} + \frac{\square}{12}$$

(   )

9 분모가 7인 진분수가 2개 있습니다. 합이 $\frac{6}{7}$ 이고 차가 $\frac{4}{7}$인 두 진분수를 구해 보세요.

(   )

10 직사각형의 네 변의 길이의 합은 몇 cm일까요?

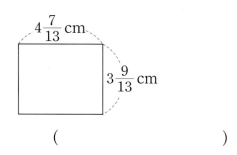

(   )

11 ㉠에 알맞은 수를 구해 보세요.

$$10\frac{2}{12} - 1\frac{11}{12} = 4\frac{8}{12} + ㉠$$

(   )

12 계산한 값이 7에 가장 가까운 식을 찾아 기호를 써 보세요.

㉠ $10 - 2\frac{5}{8}$ ㉡ $13 - 6\frac{1}{8}$

㉢ $9 - 1\frac{6}{8}$ ㉣ $11 - 3\frac{2}{8}$

(   )

13 민주는 4 m 길이의 리본을 갖고 있습니다. 상자 1개를 포장하는 데 $1\frac{5}{13}$ m씩 사용한다면 포장할 수 있는 상자는 몇 개이고, 남는 리본의 길이는 몇 m일까요? (이때, 상자 1개를 포장하는 데 사용하는 리본의 길이는 모두 같습니다.)

(,   )

14 대분수로 이루어진 뺄셈식에서 ㉠＋㉡이 가장 클 때의 값을 구해 보세요.

$$6\frac{㉠}{15} - 4\frac{㉡}{15} = 2\frac{7}{15}$$

(   )

15 두 수를 골라 ☐ 안에 써넣어 계산 결과가 가장 작은 뺄셈식을 만들고 계산해 보세요.

$$7 - \square \dfrac{\square}{11}$$

(   )

16 어떤 수에서 $1\dfrac{4}{23}$ 를 빼야 할 것을 잘못하여 더했더니 $4\dfrac{3}{23}$ 이 되었습니다. 바르게 계산하면 얼마일까요?

(   )

17 길이가 $5\dfrac{3}{7}$ m인 끈과 $4\dfrac{6}{7}$ m인 끈을 묶었더니 전체 길이가 8 m가 되었습니다. 묶인 부분의 길이는 몇 m일까요?

(   )

18 ③, ④, ⑤, ⑥, ⑧ 의 수 카드 중에서 4장을 뽑아 만들 수 있는 분모가 7인 가장 큰 대분수와 가장 작은 대분수의 차를 구하려고 합니다. ☐ 안에 알맞은 수를 써넣으세요.

$$\square\dfrac{\square}{7} - \square\dfrac{\square}{7} = \square$$

19 수직선에서 ㉠이 나타내는 수보다 $1\dfrac{9}{10}$ 만큼 더 큰 수를 구하려고 합니다. 풀이 과정을 쓰고 답을 구해 보세요.

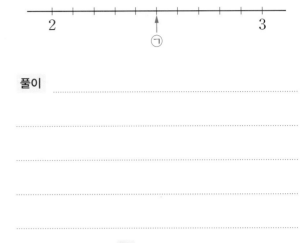

풀이 _____

_____

_____

_____

답 _____

20 아버지는 운동을 $2\dfrac{3}{8}$ 시간 동안 하였고, 어머니는 아버지보다 $1\dfrac{5}{8}$ 시간 적게 하였습니다. 영우는 어머니보다 $\dfrac{7}{8}$ 시간 더 많이 하였다면, 영우가 운동을 한 시간은 몇 시간인지 풀이 과정을 쓰고 답을 구해 보세요.

풀이 _____

_____

_____

_____

답 _____

서술형 문제

1 색종이를 점선을 따라 잘랐을 때 예각삼각형은 모두 몇 개인지 풀이 과정을 쓰고 답을 구해 보세요.

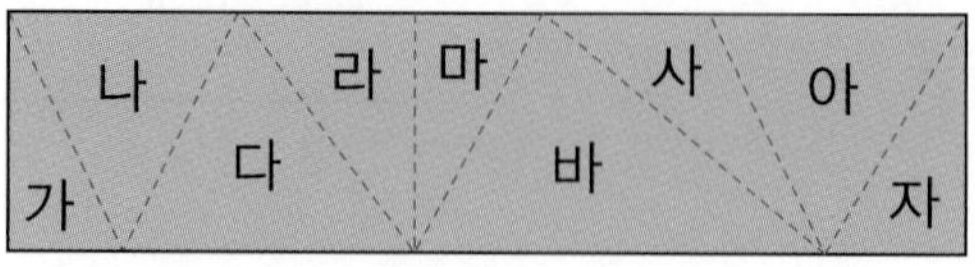

▶ 예각삼각형은 세 각이 모두 예각인 삼각형입니다.

가 나 다 라 마 바 사 아 자

풀이

답

2 이등변삼각형입니다. 세 변의 길이의 합이 30 cm일 때 변 ㄱㄷ의 길이는 몇 cm인지 풀이 과정을 쓰고 답을 구해 보세요.

▶ 이등변삼각형은 두 변의 길이가 같습니다.

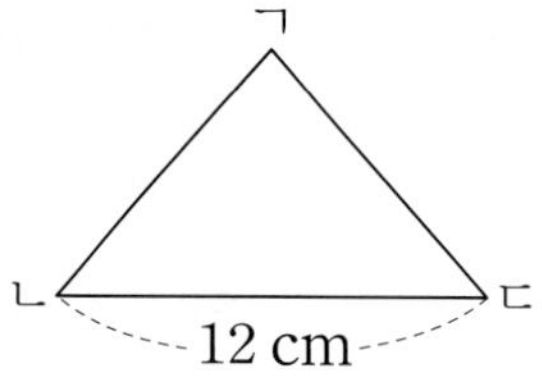

ㄱ
ㄴ ㄷ
12 cm

풀이

답

3 두 각의 크기가 각각 45°, 30°인 삼각형은 무슨 삼각형인지 풀이 과정을 쓰고 답을 구해 보세요.

> 삼각형의 세 각의 크기의 합이 180°임을 이용하여 나머지 각의 크기를 구합니다.

풀이

답

2

4 이등변삼각형과 정삼각형의 세 변의 길이의 합은 같습니다. 정삼각형의 한 변의 길이는 몇 cm인지 풀이 과정을 쓰고 답을 구해 보세요.

> 정삼각형의 한 변의 길이는 (이등변삼각형의 세 변의 길이의 합)÷3과 같습니다.

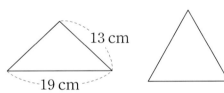

13 cm
19 cm

풀이

답

5
삼각형의 세 각 중에서 두 각의 크기를 나타낸 것입니다. 이등변삼각형이 될 수 있는 것을 찾아 풀이 과정을 쓰고 답을 구해 보세요.

▶ 나머지 한 각의 크기를 구해봅니다.

| 40°, 60° | 35°, 110° | 55°, 110° |

풀이 ....

....

....

....

....

답 ....

6
삼각형 ㄱㄴㄷ의 이름으로 알맞은 것을 모두 찾아 ○표 하고, 이유를 설명해 보세요.

▶ 일직선은 180°임을 이용해 각 ㄱㄷㄴ의 크기를 구합니다.

12 cm   12 cm   140°

예각삼각형	직각삼각형
둔각삼각형	이등변삼각형
정삼각형	

이유 ....

....

....

....

....

7 삼각형 ㄱㄴㄷ은 정삼각형이고, 삼각형 ㄱㄷㄹ은 이등변삼각형입니다. 각 ㄷㄹㄱ의 크기를 구하는 풀이 과정을 쓰고 답을 구해 보세요.

▶ 일직선은 180°입니다.

풀이

답

8 소연이는 크기가 같은 정삼각형의 타일을 겹치지 않게 이어 붙였습니다. 굵은 선의 길이가 120 cm라면 작은 정삼각형의 세 변의 길이의 합은 몇 cm인지 풀이 과정을 쓰고 답을 구해 보세요.

▶ 굵은 선은 작은 정삼각형의 한 변의 길이의 12배입니다.

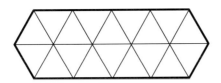

풀이

답

점수 | 확인 |

1 둔각삼각형은 모두 몇 개일까요?

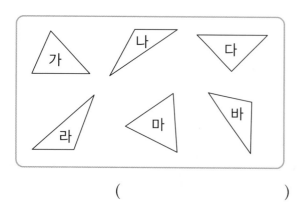

( )

2 정삼각형입니다. ☐ 안에 알맞은 수를 써넣으세요.

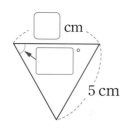

3 예각의 수가 가장 많은 삼각형을 찾아 기호를 써 보세요.

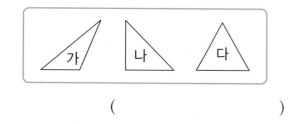

( )

4 사각형 안에 선분 한 개만 그어 예각삼각형을 2개 만들어 보세요.

5 도형에서 선분 ㄱㄴ과 한 점을 이어 둔각삼각형을 그리려고 합니다. 어느 점을 이어야 하는지 찾아 기호를 써 보세요.

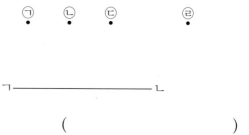

( )

6 이등변삼각형입니다. 세 변의 길이의 합은 몇 cm일까요?

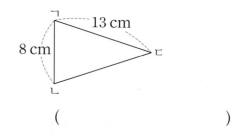

( )

7 오른쪽 삼각형에서 ㉠의 각도를 구해 보세요.

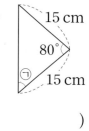

( )

8 두 삼각형의 세 변의 길이의 합의 차는 몇 cm일까요?

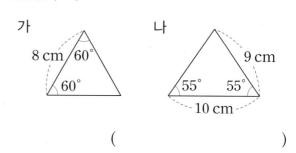

( )

9 삼각형 ㄱㄴㄷ은 이등변삼각형입니다. ㉠의 각도를 구해 보세요.

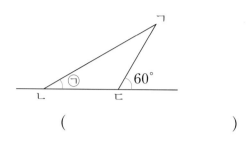

(   )

10 한 각의 크기가 45°인 이등변삼각형을 그려 보세요.

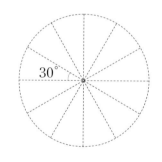

11 삼각형 ㄱㄴㄷ은 무슨 삼각형이라고 할 수 있는지 이름을 모두 써 보세요.

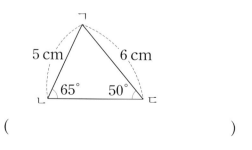

(   )

12 조건에 맞는 삼각형을 그려 보세요.

- 40°인 각이 있습니다.
- 이등변삼각형입니다.
- 둔각삼각형입니다.

13 어떤 정삼각형의 세 변의 길이의 합은 한 변의 길이가 15 cm인 정사각형의 네 변의 길이의 합과 같습니다. 이 정삼각형의 한 변의 길이는 몇 cm일까요?

(   )

14 세 변의 길이가 다음과 같은 이등변삼각형이 있습니다. ●가 될 수 있는 수를 모두 구해 보세요.

| 7 cm | 10 cm | ● cm |

(   )

15 도형에서 찾을 수 있는 크고 작은 이등변삼각형은 모두 몇 개일까요?

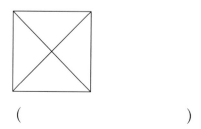

(   )

16 이등변삼각형을 그림과 같이 접었을 때 ㉠의 각도를 구해 보세요.

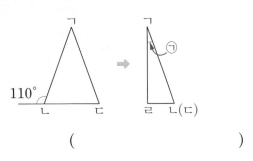

(   )

17 세 변의 길이의 합이 30 cm인 이등변삼각형 3개를 겹치지 않게 만든 도형입니다. 만든 도형의 굵은 선의 길이를 구해 보세요.

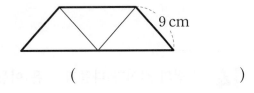

(   )

18 삼각형 ㄱㄴㄷ과 삼각형 ㄱㄷㄹ은 이등변삼각형입니다. 각 ㄴㄱㄹ의 크기를 구해 보세요.

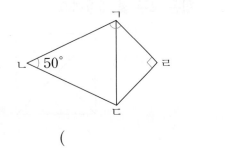

(   )

19 삼각형의 세 각 중 두 각의 크기를 보고 어떤 삼각형이라고 할 수 있는지 모두 구하려고 합니다. 풀이 과정을 쓰고 답을 구해 보세요.

$$40°, 100°$$

풀이

답

20 이등변삼각형 2개를 겹쳐서 만든 모양입니다. 각 ㄴㄷㄹ의 크기는 몇 도인지 풀이 과정을 쓰고 답을 구해 보세요.

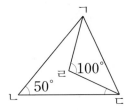

풀이

답

다시 점검하는 **기출 단원 평가** Level **2**

점수 | 확인

1 ☐ 안에 알맞은 수를 써넣으세요.

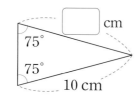

2 정삼각형에서 ㉠과 ㉡의 각도의 합은 몇 도일까요?

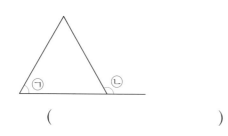

( )

3 정삼각형입니다. ☐ 안에 알맞은 수를 써넣으세요.

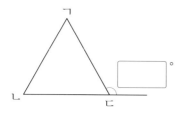

4 세 변의 길이의 합이 62 cm인 이등변삼각형입니다. ☐ 안에 알맞은 수를 써넣으세요.

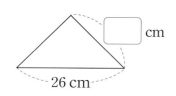

5 이등변삼각형입니다. ☐ 안에 알맞은 수를 써넣으세요.

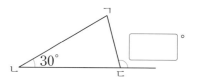

6 예각삼각형을 모두 찾아 기호를 써 보세요.

㉠ 한 변의 길이가 8 cm인 정삼각형

㉡ 두 각의 크기가 30°인 이등변삼각형

㉢ 두 각의 크기가 50°, 60°인 삼각형

( )

7 삼각형 ㄱㄴㄷ은 어떤 삼각형인지 모두 써 보세요.

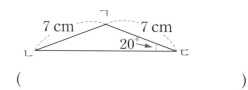

( )

8 삼각형 ㄱㄴㄷ에서 변 ㄱㄷ의 길이를 구해 보세요.

( )

9 삼각형 ㄱㄴㄷ은 선분 ㄱㄹ을 따라 접으면 완전히 겹쳐집니다. ㉠의 각도를 구해 보세요.

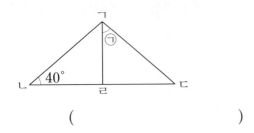

( )

10 삼각형의 세 각 중 두 각의 크기를 나타낸 것입니다. 둔각삼각형을 찾아 기호를 써 보세요.

㉠ 80°, 40° ㉡ 70°, 50° ㉢ 55°, 30°

( )

11 오른쪽 그림과 같은 이등변삼각형을 만들었던 끈으로 가장 큰 정삼각형을 만들려면 한 변의 길이를 몇 cm로 해야 할까요?

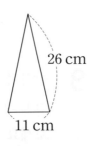

26 cm
11 cm

( )

[12~13] 삼각형의 일부가 지워졌습니다. 물음에 답하세요.

60°
60°

12 나머지 한 각의 크기를 구해 보세요.

( )

13 이 삼각형은 어떤 삼각형인지 모두 써 보세요.

( )

14 도형에서 찾을 수 있는 크고 작은 정삼각형은 모두 몇 개일까요?

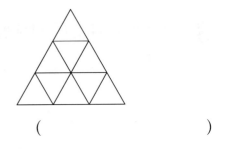

( )

15 직각삼각형 ㄱㄴㄷ을 접어서 오른쪽과 같이 만들었습니다. 삼각형 ㄱㅁㄷ의 세 변의 길이의 합은 몇 cm일까요?

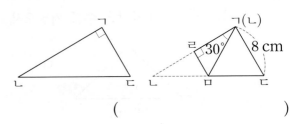

ㄱ(ㄴ)
30° 8 cm

( )

16 ㉠의 각도를 구해 보세요.

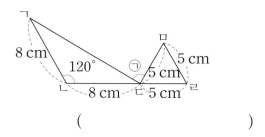

(   )

17 원 위의 세 점을 연결하여 만들 수 있는 예각삼각형과 둔각삼각형은 각각 몇 개일까요?

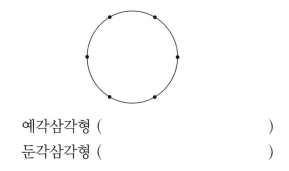

예각삼각형 (   )

둔각삼각형 (   )

18 사각형 ㄱㄴㄷㄹ은 정사각형이고 삼각형 ㄹㅁㄷ은 정삼각형입니다. 각 ㄴㅁㄱ의 크기를 구해 보세요.

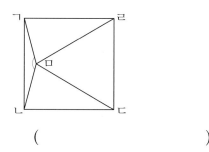

(   )

19 길이가 87 cm인 끈을 남김없이 겹치지 않게 사용하여 두 각이 60°, 60°인 삼각형을 만들었습니다. 이 삼각형의 한 변의 길이는 몇 cm인지 풀이 과정을 쓰고 답을 구해 보세요.

풀이 _____

_____

_____

_____

답 _____

20 두 변의 길이가 5 cm, 8 cm인 이등변삼각형이 있습니다. 이 삼각형의 세 변의 길이의 합이 될 수 있는 경우를 모두 구하려고 합니다. 풀이 과정을 쓰고 답을 구해 보세요.

풀이 _____

_____

_____

_____

답 _____

서술형 문제

1

5.992보다 크고 6보다 작은 소수 세 자리 수는 모두 몇 개인지 풀이 과정을 쓰고 답을 구해 보세요.

▶ 자연수 6을 소수 세 자리 수 6.000으로 나타냅니다.

풀이 _____

_____

_____

답 _____

2

㉠이 나타내는 수는 ㉡이 나타내는 수의 몇 배인지 풀이 과정을 쓰고 답을 구해 보세요.

▶ ㉠은 일의 자리 숫자를, ㉡은 소수 셋째 자리 숫자를 나타냅니다.

$$84.\underset{㉠}{7}0\underset{㉡}{4}$$

풀이 _____

_____

_____

답 _____

3

8.026의 100배인 수에서 소수 첫째 자리 숫자가 나타내는 수를 구하는 풀이 과정을 쓰고 답을 구해 보세요.

▶ 소수를 100배하면 소수점을 기준으로 수가 왼쪽으로 두 자리 이동합니다.

풀이 _____

_____

_____

답 _____

4 설명하는 수보다 0.34만큼 더 큰 수는 얼마인지 풀이 과정을 쓰고 답을 구해 보세요.

> 어떤 수보다 0.34만큼 더 큰 수는 어떤 수에 0.34를 더한 수입니다.

| 0.1이 5개, 0.01이 17개인 수 |

풀이

답

5 두 수를 골라 합이 가장 큰 식을 만들려고 합니다. 풀이 과정을 쓰고 답을 구해 보세요.

> 합이 가장 클 때는 가장 큰 수와 두 번째로 큰 수를 더할 경우입니다.

| 2.45   3.9   3.77   5.71 |

풀이

답

6 0부터 9까지의 수 중 □ 안에 들어갈 수 있는 수는 모두 몇 개인지 풀이 과정을 쓰고 답을 구해 보세요.

> $3.7 - 1.29$를 먼저 계산합니다.

| $3.7 - 1.29 < 2.\square 1 < 2.91$ |

풀이

답

7

6장의 카드를 한 번씩 모두 사용하여 만들 수 있는 가장 큰 소수 두 자리 수와 가장 작은 소수 두 자리 수의 차를 구하려고 합니다. 풀이 과정을 쓰고 답을 구해 보세요. (단, 소수점 오른쪽 끝자리에는 0이 오지 않습니다.)

| 9 | 0 | 7 | 5 | 8 | . |

▶ 카드 6장을 모두 사용하여 소수 두 자리 수를 만들 때는 자연수 부분이 세 자리 수가 되도록 만들어야 합니다.

풀이

답

8

예서네 집과 승하네 집 중 도서관에서 더 먼 곳은 어디이고 몇 km 더 먼지 풀이 과정을 쓰고 답을 구해 보세요.

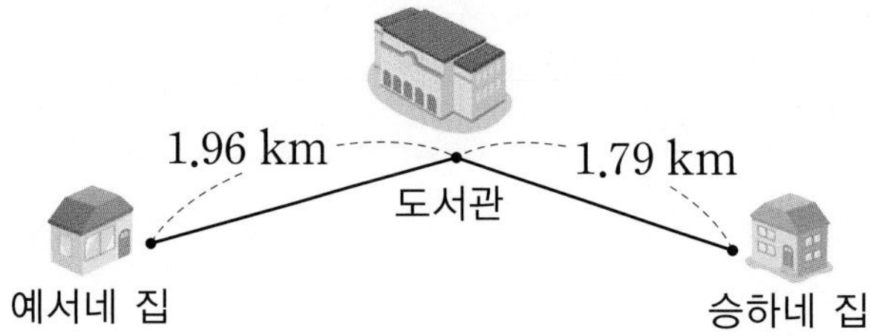

1.96 km ⋯⋯ 1.79 km

도서관

예서네 집   승하네 집

▶ 먼저 1.96과 1.79의 크기를 비교합니다.

풀이

답

9 어떤 수에서 2.69를 빼야 할 것을 잘못하여 더했더니 8.03이 되었습니다. 바르게 계산하면 얼마인지 풀이 과정을 쓰고 답을 구해 보세요.

▶ 어떤 수를 □라 하여 잘못 계산한 식을 먼저 세웁니다.

풀이

답

10 길이가 25.3 cm인 색 테이프 2장을 2.54 cm가 겹치도록 이어 붙였습니다. 이어 붙인 색 테이프의 전체 길이는 몇 cm 인지 풀이 과정을 쓰고 답을 구해 보세요.

▶ (색 테이프의 전체 길이)
= (색 테이프 2장의 길이)
− (겹쳐진 길이)

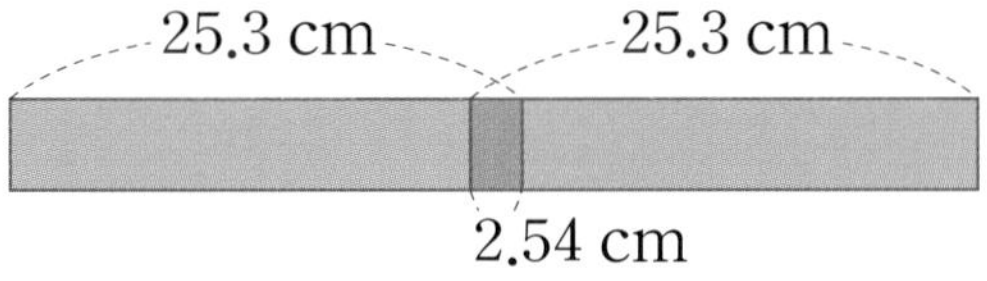

25.3 cm   25.3 cm

2.54 cm

풀이

답

점수 | 확인

1 ☐ 안에 알맞은 수를 써넣으세요.

(1) 0.01이 8개인 수는 ☐ 입니다.

(2) 0.01이 10개인 수는 ☐ 입니다.

(3) 0.63은 0.01이 ☐ 개인 수입니다.

2 1이 4개, 0.1이 2개, 0.01이 8개, 0.001이 5개인 수를 쓰고 읽어 보세요.

수 (   )

읽기 (   )

3 두 소수의 크기를 비교하여 ○ 안에 >, =, <를 알맞게 써넣으세요.

(1) 5.89 ◯ 5.98

(2) 0.721 ◯ 0.71

4 소수 첫째 자리 숫자가 가장 큰 소수는 어느 것일까요? (   )

① 0.51   ② 7.29   ③ 10.09

④ 38.82   ⑤ 17.64

5 계산해 보세요.

$$\begin{array}{r} 0.59 \\ +\,0.74 \\ \hline \end{array}$$

(2)
$$\begin{array}{r} 0.54 \\ -\,0.38 \\ \hline \end{array}$$

6 빈칸에 알맞은 수를 써넣으세요.

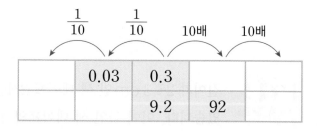

	$\frac{1}{10}$	$\frac{1}{10}$	10배	10배
	0.03	0.3		
		9.2	92	

7 ☐ 안에 알맞은 소수를 써넣으세요.

유선이는 감자 2500 g과 180 mL짜리 우유 한 개를 샀습니다.

⬇

유선이는 감자 ☐ kg과 ☐ L짜리 우유 한 개를 샀습니다.

8 두 색 테이프의 길이의 차는 몇 m일까요?

7.03 m

5.86 m

( )

9 가장 큰 수와 가장 작은 수의 차를 구해 보세요.

| 5.2 | 3.37 | 4.78 | 8.8 | 6.54 |

( )

10 계산이 <u>잘못된</u> 곳을 찾아 바르게 계산해 보세요.

$$
\begin{array}{r}
6.4\ 7 \\
+\ \ \ 6.8 \\
\hline
7.1\ 5
\end{array}
$$

11 채영이는 어제 2.15 km를 달렸고, 오늘은 어제보다 0.86 km를 더 많이 달렸습니다. 채영이는 오늘 몇 km를 달렸을까요?

( )

12 51.8의 $\frac{1}{100}$인 수에서 소수 첫째 자리 숫자는 무엇일까요?

( )

13 □ 안에 알맞은 수를 써넣으세요.

$$\boxed{}+5.73 = 10.4$$

14 □ 안에 알맞은 수를 써넣으세요.

$$
\begin{array}{r}
8\ .\ \boxed{\ }\ 8 \\
-\ \ 6\ .\ 8\ \boxed{\ } \\
\hline
\boxed{\ }\ .\ 3\ 9
\end{array}
$$

15 어떤 수의 10배가 1570이면 어떤 수의 $\frac{1}{100}$은 얼마일까요?

( )

16 0부터 9까지의 수 중 □ 안에 들어갈 수 있는 수를 모두 써 보세요.

$$3.4\square3 < 3.44$$

( )

17 색 테이프 2장을 1.29 cm만큼 겹쳐서 이어 붙이려고 합니다. 이어 붙인 색 테이프의 전체 길이는 몇 cm일까요?

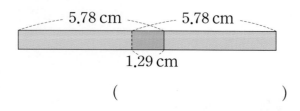

5.78 cm   5.78 cm

1.29 cm

( )

18 카드 6장을 한 번씩 모두 사용하여 가장 큰 소수 두 자리 수와 두 번째로 큰 소수 두 자리 수를 각각 만들었을 때 두 소수의 차를 구해 보세요.

5   7   3   2   4   .

( )

19 수지는 길이가 4.6 m인 끈의 $\frac{1}{10}$만큼, 지우는 길이가 405 m인 끈의 $\frac{1}{1000}$만큼 잘라 사용하였습니다. 사용한 끈의 길이가 더 긴 사람은 누구인지 풀이 과정을 쓰고 답을 구해 보세요.

풀이

답

20 정후와 아버지는 농장에서 고구마를 캤습니다. 정후는 어제 0.53 kg, 오늘 0.89 kg을 캤고, 아버지는 어제와 오늘 각각 1.76 kg씩 캤습니다. 정후와 아버지가 어제와 오늘 캔 고구마는 모두 몇 kg인지 풀이 과정을 쓰고 답을 구해 보세요.

풀이

답

점수 | 확인

1 ☐ 안에 알맞은 소수를 써넣으세요.

2 <u>잘못</u> 말한 사람의 이름을 써 보세요.

- 현수: 9.747은 0.001이 9747개인 수야.
- 상훈: 0.001이 3015개인 수는 3.015야.
- 민정: 12.04는 0.01이 124개인 수야.

(   )

3 보기 와 같이 크기에 맞게 숫자 사이에 소수점을 찍어 보세요.

보기
3255 > 7594 ➡ 32.55 > 7.594

2 8 0 4 < 2 9 1

4 틀린 것을 찾아 기호를 써 보세요.

- ㉠ 3.27보다 0.01 큰 수는 3.28입니다.
- ㉡ 3.452보다 0.01 작은 수는 3.442입니다.
- ㉢ 3.528보다 0.001이 작은 수는 3.518 입니다.

(   )

5 더 큰 수의 기호를 써 보세요.

㉠ 25.54의 $\frac{1}{10}$인 수

㉡ 0.255의 10배인 수

(   )

6 유진이의 키는 1.36 m이고 승준이의 키는 118 cm입니다. 누구의 키가 몇 m 더 클까요?

(   ), (   )

7 세진이가 설명하고 있는 소수를 쓰고 읽어 보세요.

- 소수 두 자리 수야.
- 1보다 크고 2보다 작아.
- 소수 첫째 자리 숫자는 일의 자리 숫자보다 1만큼 더 크지.
- 각 자리의 숫자를 더하면 7이 돼.

수 (   )
읽기 (   )

8 계산 결과를 비교하여 ○ 안에 >, =, <를 알맞게 써넣으세요.

$$1.1+2.08 \bigcirc 5.34-2.16$$

9 □ 안에 알맞은 수를 써넣으세요.

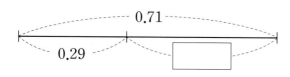

10 가장 큰 수와 가장 작은 수의 합에서 나머지 수를 뺀 값은 얼마일까요?

| 2.47 | 5.78 | 3.56 |

(   )

11 ㉠과 ㉡의 차를 구해 보세요.

$$13.65+\boxed{㉠}=19.24$$
$$9.13-\boxed{㉡}=2.97$$

(   )

12 색 테이프가 10 m 있습니다. 그중에서 8.96 m 를 사용했고 5.58 m를 다시 구입했습니다. 지금 가지고 있는 색 테이프는 모두 몇 m일까요?

(   )

13 □ 안에 알맞은 수를 구해 보세요.

$$31.49-5.6=\square+9.76$$

(   )

14 ⓧ₁₀은 주어진 수를 10배, ÷₁₀은 주어진 수를 $\frac{1}{10}$로 만듭니다. 빈칸에 알맞은 수를 써넣으세요.

| 3.765 | ÷10 | ×10 | ×10 | → |

15 어떤 수의 100배는 10이 3개, $\frac{1}{10}$이 6개인 수와 같습니다. 어떤 수를 구해 보세요.

(   )

16 집에서 버스정류장까지의 거리는 $1.45\,km$ 이고, 버스정류장에서 은행까지의 거리는 $650\,m$입니다. 집에서 버스정류장을 지나 은행까지 가는 거리는 몇 km일까요?

( )

17 소라는 $9\,m$의 끈을 두 도막으로 잘라 언니와 동생에게 한 도막씩 나누어 주었습니다. 언니가 동생보다 $2.34\,m$ 더 긴 끈을 가졌다면 동생이 가진 끈의 길이는 몇 m일까요?

( )

18 제과점에서 빵을 한 개 만드는 데 밀가루 $0.34\,kg$과 설탕 $0.19\,kg$이 필요합니다. 똑같은 빵 3개를 만드는 데 필요한 밀가루와 설탕의 무게의 합은 몇 kg일까요?

( )

19 3이 나타내는 수가 가장 작은 소수를 찾으려고 합니다. 풀이 과정을 쓰고 답을 구해 보세요.

| 3.2 | 2.903 | 0.131 | 7.38 |

풀이

답

20 똑같은 동화책 12권이 들어 있는 상자의 무게를 재어 보니 $14.39\,kg$이었습니다. 상자에서 책 4권을 뺀 다음 다시 무게를 재었더니 $10.03\,kg$이 되었습니다. 빈 상자의 무게는 몇 kg인지 풀이 과정을 쓰고 답을 구해 보세요.

풀이

답

3

서술형 문제

1 직선 가에 대한 수선이 직선 나일 때 ㉠과 ㉡의 각도의 차는 몇 도인지 풀이 과정을 쓰고 답을 구해 보세요.

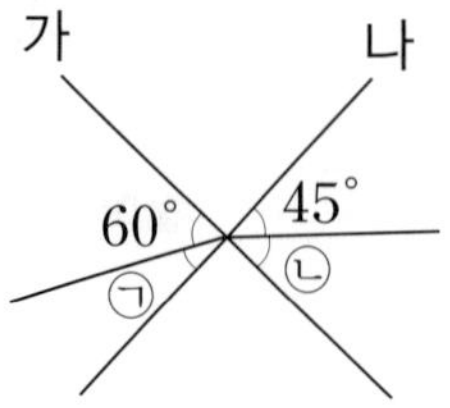

> ▶ 직선 가와 직선 나가 만나서 이루는 각은 직각(90°)입니다.

가　나
60°　45°
㉠　㉡

풀이 _____

_____

_____

_____

_____

답 _____

2 평행사변형이라고 할 수 있는 사각형을 모두 골라 기호를 쓰고 그 이유를 설명해 보세요.

> ▶ 평행사변형은 마주 보는 두 쌍의 변이 서로 평행합니다.

㉠ 사다리꼴　　㉡ 마름모

㉢ 직사각형　　㉣ 정사각형

답 _____

이유 _____

_____

_____

_____

_____

3 수선도 있고 평행선도 있는 글자는 모두 몇 개인지 풀이 과정을 쓰고 답을 구해 보세요.

> 90°인 각이 있고 만나지 않는 두 선이 있는 글자를 찾습니다.

$$
\begin{array}{ccc}
ㄱ & ㄹ & ㅅ \\
ㅍ & ㅇ & ㅁ
\end{array}
$$

풀이 ....

....

....

....

답 ....

4 평행사변형의 네 변의 길이의 합은 28 cm입니다. 변 ㄱㄴ의 길이는 몇 cm인지 풀이 과정을 쓰고 답을 구해 보세요.

> 평행사변형은 마주 보는 두 변의 길이가 같습니다.

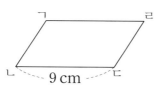

풀이 ....

....

....

....

답 ....

5 사각형 ㄱㄴㄷㄹ의 꼭짓점 ㄱ에서 변 ㄴㄷ과 수직이 되도록 선분을 그었을 때 생기는 ㉠의 각도를 구하려고 합니다. 풀이 과정을 쓰고 답을 구해 보세요.

▶ 사각형의 네 각의 크기의 합은 360°임을 이용합니다.

ㄱ
㉠
ㄹ
140°
60°
ㄴ   ㄷ

풀이 ....

....

....

....

....

답 ....

6 직선 가, 직선 나, 직선 다는 서로 평행합니다. 직선 가와 직선 다의 평행선 사이의 거리가 21 cm일 때 직선 나와 직선 다의 평행선 사이의 거리는 몇 cm인지 풀이 과정을 쓰고 답을 구해 보세요.

▶ 평행선 사이의 거리는 두 평행선 사이에 그은 수직인 선분의 길이입니다.

가
15 cm   9 cm
나

다 ───────

풀이 ....

....

....

....

답 ....

7 그림에서 찾을 수 있는 크고 작은 평행사변형은 모두 몇 개인지 풀이 과정을 쓰고 답을 구해 보세요.

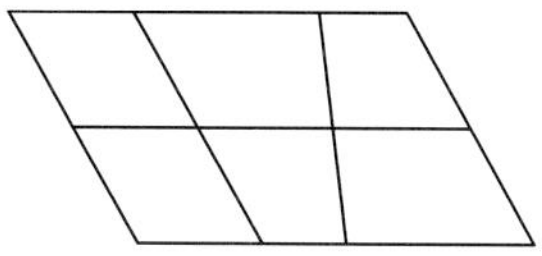

▶ 사각형 1개짜리, 2개짜리, 3개짜리, ...로 이루어진 평행사변형을 각각 찾습니다.

풀이

답

8 마름모와 정사각형을 이어 붙였습니다. ㉠의 각도는 몇 도인지 풀이 과정을 쓰고 답을 구해 보세요.

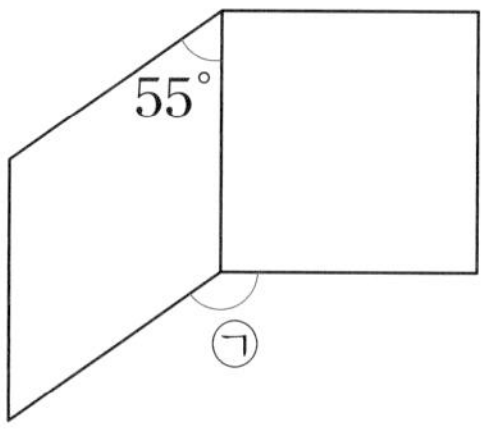

▶ 마름모의 이웃한 두 각의 크기의 합은 $180°$입니다 .

풀이

답

다시 점검하는 기출 단원 평가 Level 1

점수 | 확인

1 서로 수직인 변이 있는 도형을 모두 고르세요.

( )

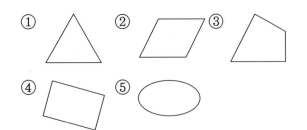

[2~3] 도형을 보고 물음에 답하세요.

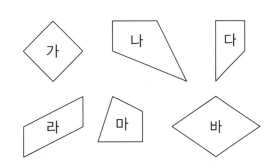

2 사다리꼴을 모두 찾아 기호를 써 보세요.

( )

3 평행사변형을 모두 찾아 기호를 써 보세요.

( )

4 도형에서 서로 평행한 변을 모두 찾아 써 보세요.

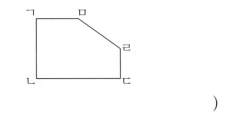

( )

5 평행사변형입니다. □ 안에 알맞은 수를 써넣으세요.

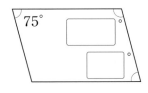

6 도형에서 평행선 사이의 거리를 나타내는 선분을 찾아 써 보세요.

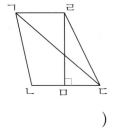

( )

7 선분 ㄱㄴ에 대한 수선을 찾아 써 보세요.

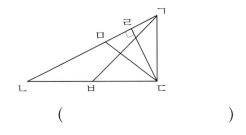

( )

8 직사각형 모양의 종이를 점선을 따라 잘랐을 때 사다리꼴은 모두 몇 개 만들어질까요?

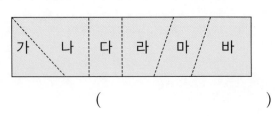

( )

9 오른쪽 도형의 이름이 될 수 있는 것을 모두 찾아 기호를 써 보세요.

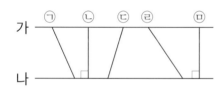

| ㉠ 사다리꼴 | ㉡ 평행사변형 | ㉢ 마름모 |
| ㉣ 직사각형 | ㉤ 정사각형 |

( )

10 서로 평행한 직선 가와 직선 나 사이에 여러 개의 선분을 그었습니다. 설명이 바르지 <u>않은</u> 것은 어느 것일까요? ( )

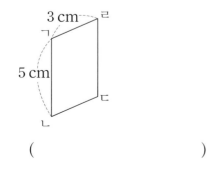

① 선분 ㉡은 직선 나에 수직입니다.
② 선분 ㉤은 직선 가에 수직입니다.
③ 평행선 사이의 거리는 선분 ㉣입니다.
④ 선분 ㉡과 선분 ㉤의 길이는 같습니다.
⑤ 선분 ㉣과 선분 ㉤의 길이는 같지 않습니다.

11 평행사변형입니다. 사각형 ㄱㄴㄷㄹ의 네 변의 길이의 합은 몇 cm일까요?

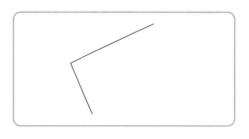

( )

12 주어진 두 선분을 사용하여 평행선이 두 쌍인 사각형을 그려 보세요.

13 <u>틀린</u> 설명을 찾아 기호를 써 보세요.

| ㉠ 마름모는 사다리꼴입니다. |
| ㉡ 정사각형은 직사각형입니다. |
| ㉢ 평행사변형은 마름모입니다. |

( )

14 사각형 ㄱㄴㄷㄹ은 마름모입니다. 각 ㄱㄹㄷ의 크기를 구해 보세요.

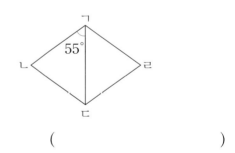

( )

15 평행사변형의 네 변의 길이의 합이 40 cm일 때 변 ㄴㄷ의 길이를 구해 보세요.

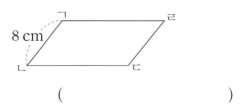

( )

16 그림에서 찾을 수 있는 크고 작은 사다리꼴은 모두 몇 개일까요?

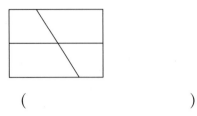

( )

17 도형에서 변 ㄱㅂ과 변 ㄹㅁ은 서로 평행합니다. 변 ㄱㅂ과 변 ㄹㅁ의 평행선 사이의 거리는 몇 cm일까요?

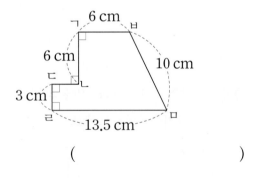

( )

18 직선 가와 직선 나는 서로 평행합니다. ㉠의 각도는 몇 도일까요?

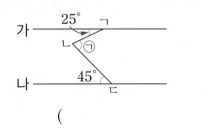

( )

19 수직과 평행에 대해 <u>잘못</u> 말한 사람을 찾아 이름을 쓰고 그 이유를 설명해 보세요.

- 영호: 한 직선에 수직인 직선은 셀 수 없이 많아.
- 선주: 두 직선이 서로 수직일 때 한 직선을 다른 직선에 대한 평행선이라고 해.
- 태민: 한 점을 지나고 한 직선에 평행한 직선은 1개야.

답 ....

이유 ....

....

....

20 마름모입니다. ㉠의 각도는 몇 도인지 풀이 과정을 쓰고 답을 구해 보세요.

풀이 ....

....

....

답 ....

다시 점검하는 **기출 단원 평가** Level ❷

점수   확인

1 각도기를 사용하여 직선 ㄱㄴ에 대한 수선을 그으려고 합니다. 순서에 맞게 ○ 안에 알맞은 번호를 써넣으세요.

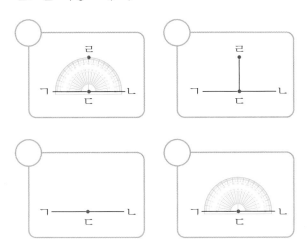

2 직선 다와 평행한 직선을 찾아 써 보세요.

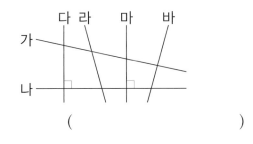

(   )

3 주어진 직선과 평행선 사이의 거리가 1.5 cm 가 되는 직선을 2개 그어 보세요.

4 점판에서 한 꼭짓점만 옮겨서 사다리꼴을 만들어 보세요.

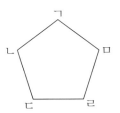

5 도형에서 점 ㄱ을 지나고 변 ㄷㄹ에 수직인 직선을 그어 보세요.

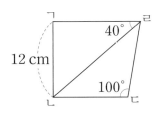

[6~7] 도형에서 선분 ㄱㄹ과 선분 ㄴㄷ은 각각 선분 ㄱㄴ에 대한 수선입니다. 물음에 답하세요.

6 평행선 사이의 거리는 몇 cm일까요?

(   )

7 각 ㄴㄹㄷ의 크기를 구해 보세요.

(   )

8 도형에서 서로 수직인 변은 모두 몇 쌍일까요?

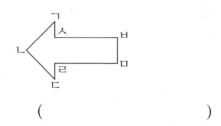

(   )

9 도형 가와 도형 나 중에서 평행한 변이 더 많은 도형은 어느 것일까요?

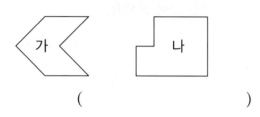

(   )

10 길이가 52 cm인 철사로 만들 수 있는 가장 큰 마름모의 한 변의 길이는 몇 cm일까요?

(   )

11 사각형 ㄱㄴㄷㄹ은 평행사변형입니다. 각 ㄱㄷㄹ의 크기는 몇 도일까요?

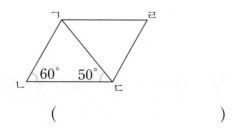

(   )

12 사각형 ㄱㄴㄷㄹ은 마름모입니다. 각 ㄱㄴㄹ의 크기는 몇 도일까요?

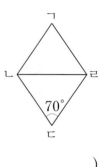

(   )

13 직선 ㄱㄴ은 직선 ㄷㄹ에 대한 수선입니다. 각 ㄷㄹㄴ을 똑같이 다섯으로 나누었을 때 각 ㄷㄹㅁ은 몇 도일까요?

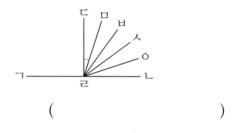

(   )

14 오른쪽 직사각형 ㄱㄴㄷㄹ의 네 변의 길이의 합은 80 cm입니다. 변 ㄱㄹ의 길이는 몇 cm일까요?

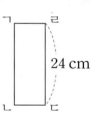

(   )

15 직사각형과 직각삼각형을 겹치지 않게 이어 붙여 만든 도형입니다. 직사각형 ㄱㄴㅁㄹ의 네 변의 길이의 합은 몇 cm일까요?

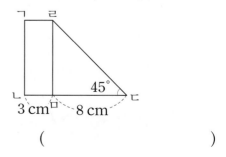

(   )

16 직선 가와 직선 나는 서로 평행하고 직선 가와 직선 다는 서로 수직입니다. ㉠의 각도를 구해 보세요.

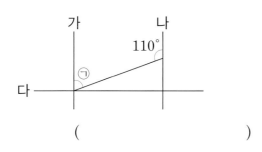

(　　　　　)

17 도형에서 변 ㄱㅇ과 변 ㄴㄷ은 서로 평행합니다. 변 ㄱㅇ과 변 ㄴㄷ의 평행선 사이의 거리는 몇 cm일까요?

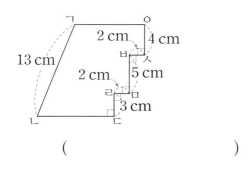

(　　　　　)

18 평행사변형과 마름모를 겹치지 않게 이어 붙여 만든 도형입니다. ㉠의 각도를 구해 보세요.

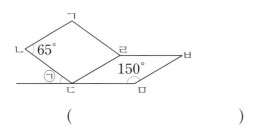

(　　　　　)

19 세 직선 가, 나, 다는 서로 평행합니다. 효주는 직선 가와 직선 다의 평행선 사이의 거리를 13 cm라고 답하였습니다. 효주의 답이 틀린 이유를 설명하고, 직선 가와 직선 다의 평행선 사이의 거리를 구하는 풀이 과정을 쓰고 답을 구해 보세요.

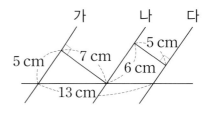

풀이

답

20 사각형 ㄱㄴㄷㄹ은 사다리꼴입니다. 변 ㄱㄴ에 평행한 선분 ㄹㅁ을 그으면 선분 ㅁㄷ의 길이는 몇 cm인지 풀이 과정을 쓰고 답을 구해 보세요.

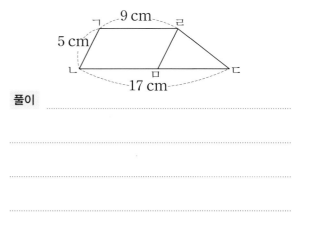

풀이

답

서술형 문제

1 진아가 가지고 있는 공책 수를 조사하여 나타낸 꺾은선그래프입니다. <u>잘못된</u> 부분을 찾아 그 이유를 설명해 보세요.

▶ 꺾은선그래프는 연속적으로 변화하는 양을 점으로 표시하고, 그 점들을 선분으로 이어 그린 그래프입니다.

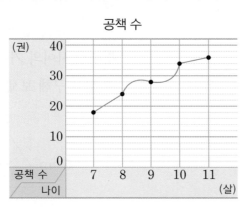

공책 수

이유 ....

....

....

2 어느 회사의 휴대 전화 판매량을 조사하여 나타낸 꺾은선그래프입니다. 그래프를 보고 알 수 있는 사실을 2가지 써 보세요.

▶ 꺾은선그래프의 선이 많이 기울어져 있을수록 변화가 큰 것입니다.

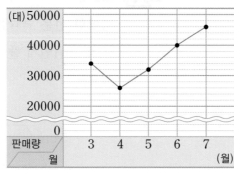

휴대 전화 판매량

사실 ....

....

....

3 은지가 키우는 식물의 키를 조사하여 나타낸 꺾은선그래프입니다. 26일에 식물의 키는 몇 cm였을 것 같은지 풀이 과정을 쓰고 답을 구해 보세요.

▶ 세로 눈금 한 칸의 크기는 0.2 cm입니다.

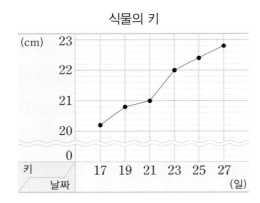

풀이

답

4 어린이 안전사고를 조사하여 나타낸 꺾은선그래프입니다. 2022년도 안전사고는 어떻게 변화될 것으로 예상할 수 있는지 설명해 보세요.

▶ 꺾은선그래프의 선이 오른쪽 위로 기울어져 있습니다.

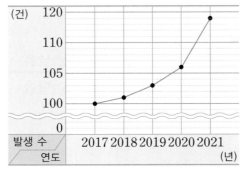

예상

5 어느 해 11월 서울 지역 평균 기온의 변화를 조사하여 나타낸 표와 꺾은선그래프입니다. 25일 평균 기온이 24일보다 0.5 ℃ 더 높을 때 표와 꺾은선그래프를 완성하려고 합니다. 풀이 과정을 쓰고 표와 꺾은선그래프를 완성해 보세요.

▶ 먼저 그래프를 보고 24일의 기온을 알아냅니다.

평균 기온

날짜(일)	21	22	23	24	25
기온(℃)	11.5	11.2			

평균 기온

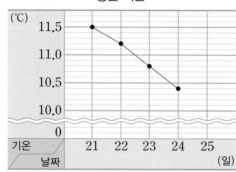

풀이

_____

_____

_____

6 5번의 꺾은선그래프를 보고 평균 기온이 가장 높은 날과 가장 낮은 날의 온도 차는 몇 ℃인지 구하려고 합니다. 풀이 과정을 쓰고 답을 구해 보세요.

▶ 자료 값이 가장 큰 때는 점이 가장 높이 찍힌 곳이고, 자료 값이 가장 작은 때는 점이 가장 낮게 찍힌 곳입니다.

풀이

_____

_____

_____

답 _____

7 혜성이와 수영이의 줄넘기 횟수를 조사하여 나타낸 꺾은선그래프입니다. 혜성이와 수영이의 줄넘기 횟수의 차가 가장 큰 달은 몇 월인지 풀이 과정을 쓰고 답을 구해 보세요.

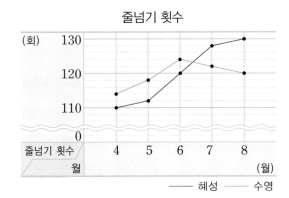

> 눈금의 칸 수가 가장 많이 차이가 나는 달을 찾아봅니다.

풀이 ....

....

....

....

답 ....

8 **7**의 꺾은선그래프를 보고 혜성이와 수영이 중 누가 줄넘기 대회에 출전하면 좋을지 이유와 함께 써 보세요.

> 초록색 선과 빨간색 선이 올라갔는지 내려갔는지 비교합니다.

풀이 ....

....

....

답 ....

점수 |　　　　확인 |

[1~4] 교실의 오전 시각의 온도를 조사하여 나타낸 꺾은선그래프입니다. 물음에 답하세요.

교실의 온도

1 오전 8시의 온도는 몇 ℃일까요?

(　　　　　　　)

2 온도의 변화가 가장 큰 때는 몇 시와 몇 시 사이일까요?

(　　　　　　　)

3 오전 9시 30분의 온도는 몇 ℃였을까요?

(　　　　　　　)

4 오전 11시의 온도는 어떻게 변할까요?

(　　　　　　　)

[5~8] 형진이의 키를 조사하여 나타낸 표입니다. 물음에 답하세요.

형진이의 키

월(월)	7	8	9	10	11
키(cm)	132.2	132.6	133.0	134.2	134.8

5 세로 눈금 한 칸의 크기는 몇 cm로 하는 것이 좋을까요?

(　　　　　　　)

6 꺾은선그래프를 그리는 데 꼭 필요한 부분은 몇 cm부터 몇 cm까지일까요?

(　　　　　　　)

7 표를 보고 물결선을 사용한 꺾은선그래프로 나타내어 보세요.

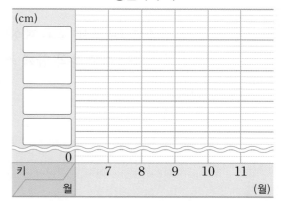

형진이의 키

8 형진이의 키의 변화가 가장 큰 때는 몇 월과 몇 월 사이일까요?

(　　　　　　　)

[9~10] 어느 농장의 감자 생산량을 조사하여 나타낸 표입니다. 물음에 답하세요.

감자 생산량

월(월)	3	4	5	6
생산량(kg)	100	160		320

9 4월과 5월의 생산량의 합이 400 kg일 때 표를 완성해 보세요.

10 표를 보고 꺾은선그래프로 나타내어 보세요.

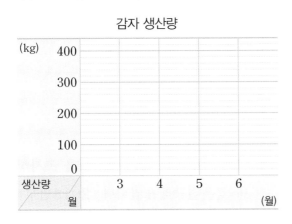

감자 생산량

11 어느 제과점의 빵 판매량을 조사하여 나타낸 꺾은선그래프입니다. 이 그래프의 세로 눈금 한 칸의 크기를 5개로 하여 그래프를 다시 그린다면 8월과 9월의 세로 눈금은 몇 칸 차이가 날까요?

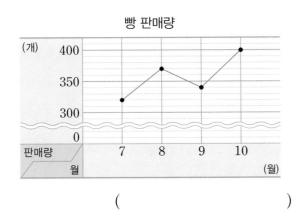

빵 판매량

( )

[12~13] 어느 마을의 인구를 조사하여 나타낸 꺾은선그래프입니다. 물음에 답하세요.

연도별 마을 인구

12 2017년부터 2021년까지 줄어든 인구는 몇 명일까요?

( )

13 2022년에 이 마을의 인구는 몇 명이 될까요?

( )

[14~15] 어느 서점에서 판매한 책의 수를 조사하여 나타낸 꺾은선그래프입니다. 물음에 답하세요.

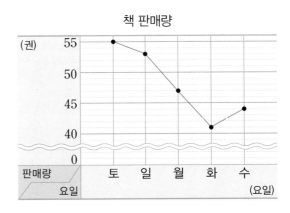

책 판매량

14 책을 47권 판매한 때는 언제일까요?

( )

15 책을 가장 많이 판매한 날과 가장 적게 판매한 날의 판매량의 차는 몇 권일까요?

( )

[16~18] 혜주와 영현이의 몸무게를 조사하여 나타낸 꺾은선그래프입니다. 물음에 답하세요.

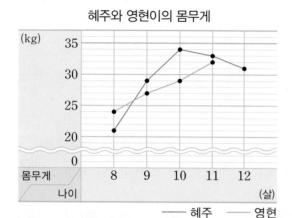

혜주와 영현이의 몸무게

16 12살 때 영현이의 몸무게는 11살 때보다 2 kg 더 많이 늘어났습니다. 꺾은선그래프를 완성해 보세요.

17 두 사람의 몸무게 차가 가장 큰 때는 언제이며, 몇 kg 차이가 날까요?

(,   )

18 혜주의 몸무게의 변화가 가장 큰 때 영현이의 몸무게는 어떻게 변했을까요?

(   )

19 콩나물의 키를 매일 오전 9시에 조사하여 나타낸 꺾은선그래프입니다. 수요일 오후 9시의 콩나물의 키는 몇 cm였을 것 같은지 풀이 과정을 쓰고 답을 구해 보세요.

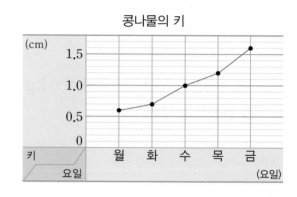

콩나물의 키

풀이 _____

_____

_____

답 _____

20 어느 과수원의 사과 생산량을 조사하여 나타낸 꺾은선그래프입니다. 2018년부터 2021년까지의 사과 생산량은 모두 몇 kg인지 풀이 과정을 쓰고 답을 구해 보세요.

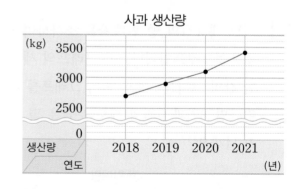

사과 생산량

풀이 _____

_____

_____

답 _____

점수 | 확인 |

[1~4] 어느 도시의 최저 기온을 조사하여 나타낸 꺾은선그래프입니다. 물음에 답하세요.

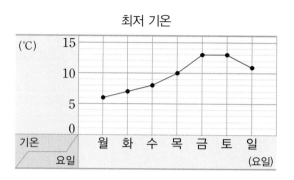

최저 기온

1 그래프를 보고 표를 완성해 보세요.

최저 기온

요일(요일)	월	화	수	목	금	토	일
기온(℃)	6	7					

2 기온의 변화가 없었던 때는 무슨 요일과 무슨 요일 사이일까요?

( )

3 최저 기온이 가장 높은 날과 가장 낮은 날의 온도의 차는 몇 도일까요?

( )

4 위 그래프를 세로 눈금 한 칸의 크기를 0.2 ℃로 하여 그래프를 다시 그린다면 토요일과 일요일의 세로 눈금은 몇 칸 차이가 날까요?

( )

5 어느 날의 강수량을 조사하여 나타낸 꺾은선그래프입니다. 오후 1시 30분의 강수량은 몇 mm였을까요?

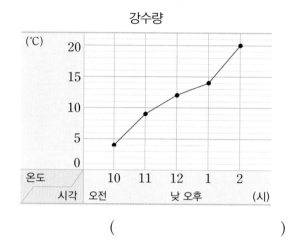

강수량

( )

[6~7] 아이스크림 판매량을 나타낸 표입니다. 물음에 답하세요.

아이스크림 판매량

월(월)	4	5	6	7	8
판매량(개)	460	460	450	460	

6 5달 동안의 아이스크림 판매량이 2300개일 때 표를 완성해 보세요.

7 위 표를 보고 물결선을 사용한 꺾은선그래프로 나타내어 보세요.

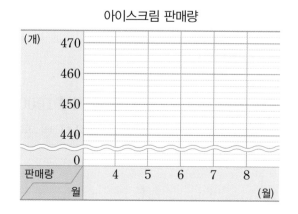

아이스크림 판매량

8 민규의 윗몸 말아 올리기 기록을 조사하여 나타낸 꺾은선그래프입니다. 기록의 변화가 일정하다고 할 때 수요일의 기록은 몇 개일까요?

윗몸 말아 올리기 기록

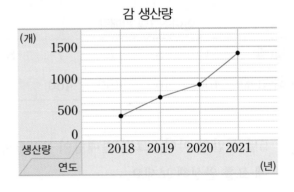

( )

[9~10] 어느 과수원의 감 생산량을 조사하여 나타낸 꺾은선그래프입니다. 물음에 답하세요.

감 생산량

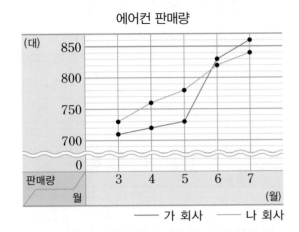

9 감 생산량의 변화가 가장 큰 때는 몇 년과 몇 년 사이일까요?

( )

10 2021년에 생산한 감을 한 개에 1000원씩 받고 모두 팔았다면 감을 팔아서 번 돈은 얼마일까요?

( )

[11~15] 가 회사와 나 회사의 에어컨 판매량을 조사하여 나타낸 꺾은선그래프입니다. 물음에 답하세요.

에어컨 판매량

—— 가 회사 —— 나 회사

11 가 회사와 나 회사에서 3월에 판매한 에어컨은 모두 몇 대일까요?

( )

12 두 회사의 에어컨 판매량의 차가 가장 큰 때는 몇 월이며, 몇 대 차이가 날까요?

(,)

13 3월부터 7월까지 어느 회사가 에어컨을 몇 대 더 많이 판매했을까요?

(,)

14 가 회사의 판매량이 나 회사의 판매량보다 많아지기 시작한 때는 몇 월일까요?

( )

15 8월 가 회사와 나 회사의 에어컨 판매량은 어떻게 변할까요?

( )

[16~17] 1인당 연간 쌀 소비량을 조사하여 나타낸 꺾은선그래프입니다. 물음에 답하세요.

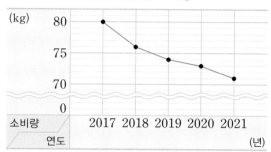

1인당 연간 쌀 소비량

16 쌀 소비량이 가장 많이 줄어든 해는 몇 년과 몇 년 사이인지 쓰고, 그때의 줄어든 양은 몇 kg인지 차례로 구해 보세요.

(,   )

17 2017년부터 2021년까지 1인당 연간 쌀 소비량은 몇 kg 줄어들었을까요?

(   )

18 선희네 학교에서 요일별 발생하는 쓰레기양을 조사하여 나타낸 표와 꺾은선그래프입니다. 수요일에는 월요일보다 2 kg이 더 적었을 때 표와 꺾은선그래프를 완성해 보세요.

요일별 발생하는 쓰레기양

요일(요일)	월	화	수	목	금
쓰레기양(kg)				56	60

요일별 발생하는 쓰레기양

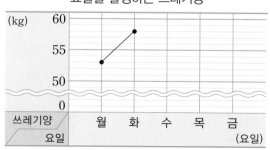

[19~20] 줄넘기 기록표를 보고 물음에 답하세요.

줄넘기 기록표

이름 \ 주	1주	2주	3주	4주	합계
연호	125	123	138	148	534
민주	98	110	128	132	468
태영	107	120	121	125	473
서영	120	125	125	137	507

19 연호는 모둠 친구들의 줄넘기 기록을 그래프로 나타내어 비교하려고 합니다. 막대그래프와 꺾은선그래프 중 알맞은 그래프를 쓰고 그 이유를 써 보세요.

답 _____

이유 _____

_____

_____

20 민주는 자신의 줄넘기 기록 변화를 그래프로 나타내려고 합니다. 막대그래프와 꺾은선그래프 중 알맞은 그래프를 쓰고 그 이유를 써 보세요.

답 _____

이유 _____

_____

_____

서술형 문제

1 정육각형의 특징을 3가지 설명해 보세요.

▶ 정육각형은 변의 수가 6개
인 정다각형입니다.

특징 _____

_____

_____

_____

2 모양 조각 2개를 사용하여 다각형을 만들고 만든 다각형의 특징을
써 보세요.

▶ 변의 수가 4개인 다각형은
사각형입니다.

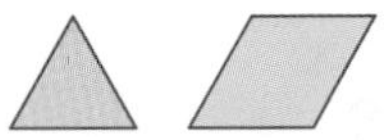

모양 조각	다각형
△ ▱	

특징 _____

_____

_____

_____

3 한 변이 12 cm이고 모든 변의 길이의 합이 108 cm인 정다각형
이 있습니다. 이 도형의 이름은 무엇인지 풀이 과정을 쓰고 답을 구
해 보세요.

▶ 정다각형은 변의 길이가 모
두 같습니다.

풀이 _____

_____

_____

_____

답 _____

4 직사각형 ㄱㄴㄷㄹ에서 선분 ㄴㅁ의 길이는 몇 cm인지 풀이 과정을 쓰고 답을 구해 보세요.

> ▶ 직사각형은 두 대각선의 길이가 같습니다.

34 cm

풀이

답

5 두 도형의 대각선의 수의 합을 구하려고 합니다. 풀이 과정을 쓰고 답을 구해 보세요.

> ▶ 대각선은 이웃하지 않은 두 꼭짓점을 이은 선분입니다.

풀이

답

6 정오각형과 마름모를 겹치지 않게 이어 붙여 만든 도형입니다. 굵은 선의 길이는 몇 cm인지 풀이 과정을 쓰고 답을 구해 보세요.

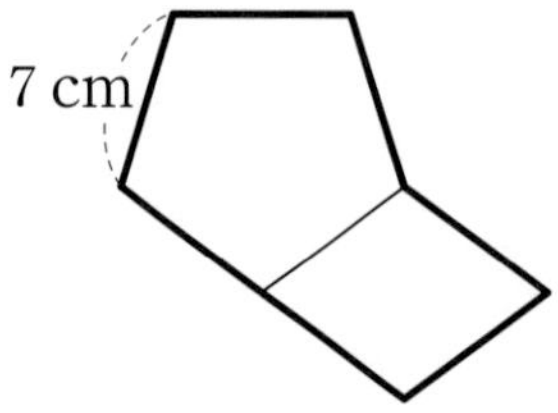

▶ 정오각형과 마름모는 변의 길이가 각각 모두 같습니다.

7 cm

풀이

답

7 정팔각형의 한 각의 크기는 몇 도인지 풀이 과정을 쓰고 답을 구해 보세요.

▶ 정팔각형 안에 선을 그어 사각형 3개로 나누어 봅니다.

풀이

답

8 십각형의 대각선은 모두 몇 개인지 풀이 과정을 쓰고 답을 구해 보세요.

도형	한 꼭짓점에서 그을 수 있는 대각선
사각형	1개
오각형	2개
⋮	⋮
십각형	7개

+6 ( ) +6

풀이

답

9 정오각형에서 ㉠의 각도를 구하려고 합니다. 풀이 과정을 쓰고 답을 구해 보세요.

▶ 정오각형 안에 선을 그어 삼각형으로 나누어 한 각의 크기를 구합니다.

풀이

답

다시 점검하는 기출 단원 평가 Level ❶

점수 | 확인

[1~2] 도형을 보고 물음에 답하세요.

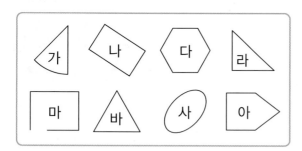

1 다각형을 모두 찾아 기호를 써 보세요.

( )

2 정다각형은 모두 몇 개일까요?

( )

[3~4] 알맞은 도형을 찾아 기호를 써 보세요.

┌─────────────────────────────────┐
│ ㉠ 정삼각형   ㉡ 정사각형   ㉢ 직사각형 │
│ ㉣ 마름모   ㉤ 사다리꼴   ㉥ 평행사변형 │
└─────────────────────────────────┘

3 두 대각선의 길이가 같은 사각형을 모두 찾아 기호를 써 보세요.

( )

4 두 대각선이 서로 수직인 사각형을 모두 찾아 기호를 써 보세요.

( )

5 정다각형입니다. 이 도형의 모든 변의 길이의 합은 몇 cm일까요?

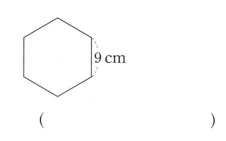

( )

6 오각형의 대각선은 모두 몇 개일까요?

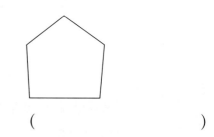

( )

7 대각선의 수가 가장 많은 것은 어느 것일까요?

( )

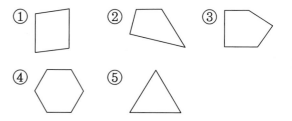

8 한 변의 길이가 5 cm이고 모든 변의 길이의 합이 40 cm인 정다각형의 이름을 써 보세요.

( )

9 정다각형의 모든 변의 길이의 합은 130 cm일 때 정다각형의 한 변의 길이는 몇 cm일까요?

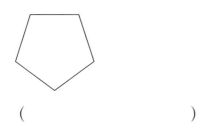

(   )

10 정사각형입니다. ☐ 안에 알맞은 수를 써넣으세요.

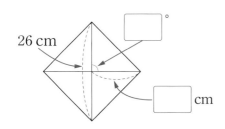

26 cm

11 마름모를 대각선을 따라 잘랐습니다. 잘라진 삼각형의 이름을 써 보세요.

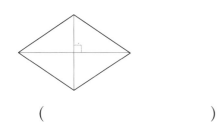

(   )

12 각 도형에 그을 수 있는 대각선의 수의 합은 몇 개일까요?

(   )

[13~15] 모양 조각을 보고 물음에 답하세요.

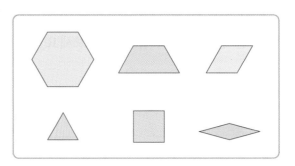

13 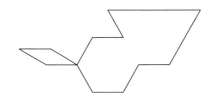 모양 조각을 빈틈없이 채우려면

모양 조각은 몇 개 필요할까요?

(   )

14 모양 조각으로 다음 모양을 채워 보세요.

15 모양 조각을 사용하여 서로 다른 방법으로 정육각형을 채워 보세요.

16 정다각형 가와 나는 각각 모든 변의 길이의 합이 80 cm로 같습니다. 정다각형 가와 나의 한 변의 길이의 합을 구해 보세요.

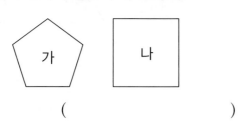

( )

17 정다각형 4개를 겹치지 않게 이어 붙여 만든 모양입니다. 굵은 선의 길이는 몇 cm인지 구해 보세요.

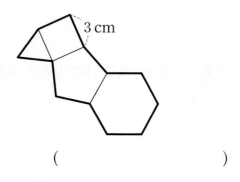

3 cm

( )

18 정육각형입니다. ㉠의 각도를 구해 보세요.

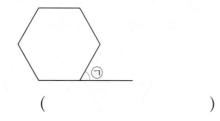

( )

19 도형이 다각형이 <u>아닌</u> 이유를 설명해 보세요.

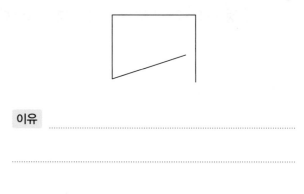

이유 _____

_____

_____

20 정오각형의 한 각의 크기는 몇 도인지 풀이 과정을 쓰고 답을 구해 보세요.

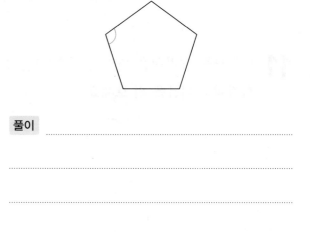

풀이 _____

_____

_____

_____

답 _____

다시 점검하는 기출 단원 평가 Level ❷

점수 | 확인

1 정다각형입니다. 이름을 쓰고 모든 변의 길이의 합을 구해 보세요.

도형	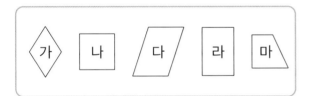 5 cm	7 cm
이름		
모든 변의 길이의 합		

2 특징에 맞는 도형을 모두 찾아 빈칸에 써 보세요.

가 나 다 라 마

	특징	도형
(1)	두 대각선의 길이가 같은 사각형	
(2)	두 대각선이 수직으로 만나는 사각형	
(3)	두 대각선의 길이가 같고 수직으로 만나는 사각형	

3 정다각형 중에서 대각선의 수가 가장 적은 도형의 이름을 쓰고 대각선의 수를 구해 보세요. (단, 0은 제외합니다.)

(,)

4 다각형의 이름을 쓰고 대각선의 수를 구해 보세요.

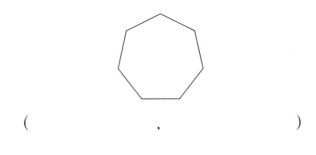

(,)

5 모양 조각을 모두 한 번씩 사용하여 다음 모양을 채워 보세요.

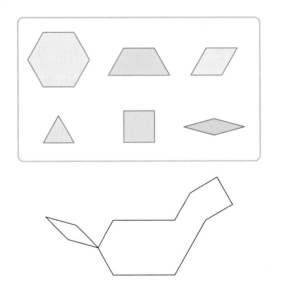

6 바닥을 빈틈없이 채울 수 <u>없는</u> 다각형 타일 모양을 골라 기호를 써 보세요.

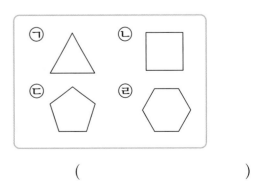

( )

7 길이가 136 cm인 철사를 남기지 않고 구부려서 만들 수 있는 정팔각형의 한 변의 길이는 몇 cm일까요?

( )

8 어떤 다각형에 대각선을 모두 그었더니 그림과 같았습니다. 다각형의 이름을 써 보세요.

( )

9 정사각형과 정오각형에 각각 대각선을 모두 그은 후 대각선을 따라 가위로 잘라냈습니다. 이때 만들어진 다각형은 모두 몇 개일까요?

( )

10 마름모 ㄱㄴㄷㄹ에서 두 대각선의 길이의 합이 14 cm일 때, 삼각형 ㄱㄴㅁ의 세 변의 길이의 합을 구해 보세요.

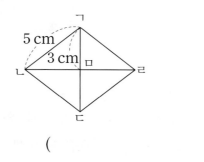

( )

11 길이가 144 cm인 색 테이프를 모두 사용하여 크기가 같은 정육각형 2개를 각각 만들려고 합니다. 정육각형의 한 변의 길이는 몇 cm로 해야 할까요?

( )

12 3개의 모양 조각을 한 번씩만 사용하여 정육각형을 만들었습니다. 만든 정육각형에서 가장 긴 대각선의 길이는 몇 cm일까요?

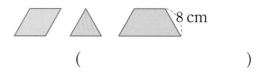

( )

13 두 정다각형의 모든 변의 길이의 합이 같을 때, 나의 한 변의 길이는 몇 cm일까요?

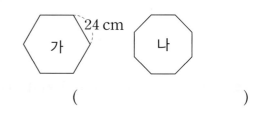

( )

14 정다각형을 겹치지 않게 이어 붙여 만든 도형입니다. 정육각형의 모든 변의 길이의 합이 54 cm일 때 굵은 선의 길이는 몇 cm일까요?

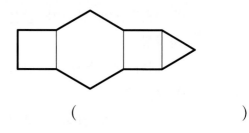

( )

15 정오각형에서 각 ㄹㅁㄴ의 크기는 몇 도일까요?

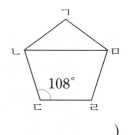

( )

16 설명하는 다각형의 이름을 써 보세요.

> • 변의 길이가 모두 같습니다.
> • 각의 크기가 모두 같습니다.
> • 대각선의 수가 35개입니다.

(   )

17 정육각형에서 각 ㄴㅅㅁ은 몇 도일까요?

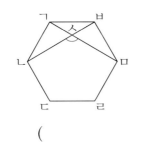

(   )

18 정사각형과 정육각형을 이어 붙여서 만든 도형입니다. ㉠의 각도를 구해 보세요.

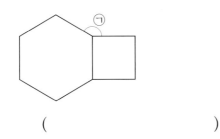

(   )

19 한 변이 6 cm이고 모든 변의 길이의 합이 36 cm인 정다각형이 있습니다. 이 정다각형의 한 각의 크기는 몇 도인지 풀이 과정을 쓰고 답을 구해 보세요.

풀이

답

20 축구공은 정오각형 12개와 정육각형 20개로 이루어져 있습니다. 축구공을 잘라 펼쳐 놓았을 때 ㉠의 각도는 몇 도인지 풀이 과정을 쓰고 답을 구해 보세요.

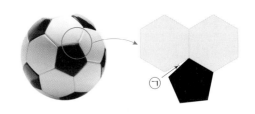

풀이

답

국어, 사회, 과학을
한 권으로 끝내는 교재가 있다?

이 한 권에 다 있다! 국·사·과 교과개념 통합본

디딤돌
통합본

국어·사회·과학

3~6학년(학기용)

"그건 바로 디딤돌만이 가능한 3 in 1"

한걸음 한걸음 디딤돌을 걷다 보면
수학이 완성됩니다.

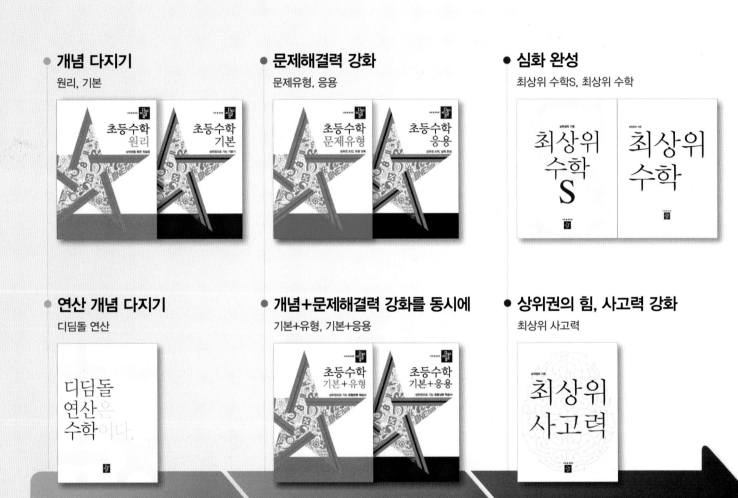

- **개념 다지기**
  원리, 기본

- **문제해결력 강화**
  문제유형, 응용

- **심화 완성**
  최상위 수학S, 최상위 수학

- **연산 개념 다지기**
  디딤돌 연산

- **개념+문제해결력 강화를 동시에**
  기본+유형, 기본+응용

- **상위권의 힘, 사고력 강화**
  최상위 사고력

개념 이해   개념 응용   개념 확장

학습 능력과 목표에 따라
맞춤형이 가능한 디딤돌 초등 수학

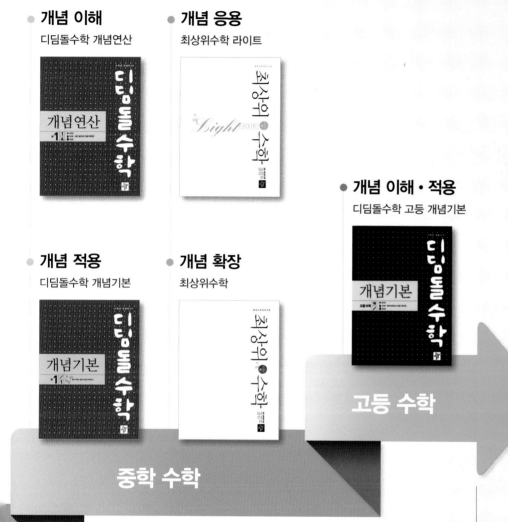

개념 이해
디딤돌수학 개념연산

개념 응용
최상위수학 라이트

개념 이해 · 적용
디딤돌수학 고등 개념기본

개념 적용
디딤돌수학 개념기본

개념 확장
최상위수학

고등 수학

중학 수학

초등부터
고등까지

수학 좀 한다면

개념을 이해하고, 깨우치고, 꺼내 쓰는
올바른 중고등 개념 학습서

상위권의 기준

상위권의 기준

최상위 사고력

수학 좀 한다면

디딤돌

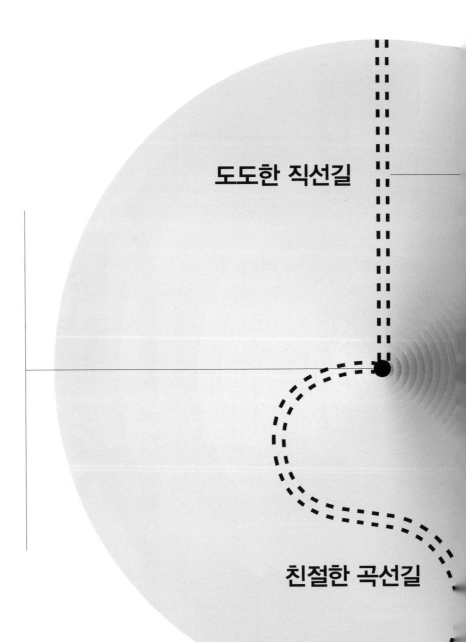

도도한 직선길

친절한 곡선길

1 분수의 덧셈과 뺄셈

이미 학생들은 첨가나 합병, 제거나 비교 상황으로 자연수의 덧셈과 뺄셈의 의미를 학습하였습니다. 분수의 덧셈과 뺄셈은 마찬가지로 같은 상황에 분수가 포함된 것입니다.
또한 3-1에서 학습한 분수의 의미, 즉 전체를 여러 등분으로 나누어 전체가 분모가 되고 부분이 분자가 되는 내용과 3-2에서 학습한 대분수와 가분수의 의미를 잘 인지하고 있어야 어렵지 않게 이 단원을 학습할 수 있습니다. 이 단원은 분수가 포함된 연산을 처음으로 학습하는 단원이므로 이후에 학습할 분모가 다른 분수의 덧셈과 뺄셈, 분수의 곱셈과 나눗셈과도 연계가 됩니다. 따라서 부족함 없이 충분히 학습할 수 있도록 지도해 주세요.

> ★ 학부모 지도 가이드
>
> 현 교육과정에서는 계산 결과가 가분수인 경우 대분수로 고치지 않고 가분수로 나타내어도 결과가 같음을 허용합니다. 따라서 다양한 분수 형태의 표현을 할 수 있도록 지도합니다.

1 분수의 덧셈(1)
8쪽

❶ 분자

1 $\frac{4}{5}$, $\frac{3}{5}$ / 7, 1, 2

2 (1) $\frac{13}{15}$　(2) $1\frac{3}{9}$

3 (위에서부터) (1) 5, 4, 3　(2) 2, 4, 6

---

1 수직선에서 작은 눈금 한 칸의 크기는 $\frac{1}{5}$입니다.

　작은 눈금 4칸 간 것은 $\frac{4}{5}$, 3칸 간 것은 $\frac{3}{5}$이므로

　$\frac{4}{5}+\frac{3}{5}=\frac{7}{5}=1\frac{2}{5}$입니다.

2 (1) $\frac{4}{15}+\frac{9}{15}=\frac{4+9}{15}=\frac{13}{15}$

　(2) $\frac{5}{9}+\frac{7}{9}=\frac{5+7}{9}=\frac{12}{9}=1\frac{3}{9}$

3 (2) 더해지는 분수의 분자가 2씩 작아지면 더하는 분수의 분자가 2씩 커집니다.

2 분수의 뺄셈(1)
9쪽

❶ 같은에 ○표, 분자에 ○표

4 5, 2, 3, 3

5 (1) $\frac{8}{13}$　(2) $\frac{6}{9}$

6 예 $\frac{10}{11}-\frac{6}{11}$, $\frac{9}{11}-\frac{5}{11}$, $\frac{8}{11}-\frac{4}{11}$

---

4 $\frac{5}{7}-\frac{2}{7}=\frac{5-2}{7}=\frac{3}{7}$

5 (1) $\frac{11}{13}-\frac{3}{13}=\frac{11-3}{13}=\frac{8}{13}$

　(2) $1-\frac{3}{9}=\frac{9}{9}-\frac{3}{9}=\frac{6}{9}$

6 $\frac{7}{11}-\frac{3}{11}$, $\frac{6}{11}-\frac{2}{11}$, $\frac{5}{11}-\frac{1}{11}$도 답이 될 수 있습니다.

기본에서 응용으로
10~13쪽

1 $\frac{8}{9}$, $\frac{8}{9}$, $\frac{8}{9}$

2 이유 예 분모가 같은 분수의 덧셈은 분모는 그대로 두고 분자끼리 더해야 하는데 분모끼리도 더했습니다.

　바른 계산 $\frac{4}{6}+\frac{5}{6}=\frac{4+5}{6}=\frac{9}{6}=1\frac{3}{6}$

3 $\frac{12}{14}$　　　　　　　4 >

5 ㉠, ㉣　　　　　　　6 $1\frac{2}{7}$ kg

7 예 $\frac{3}{10}$, $\frac{5}{10}$, $\frac{2}{10}$　　8 1, 2, 3, 4, 5, 6

9 $\frac{7}{12}$　　　　　　　10 $\frac{4}{7}$

11 ㉡　　　　　　　　12 $\frac{3}{8}$ m

13 $\frac{5}{9}$　　　　　　　14 $\frac{4}{10}$ L

15 풀이 참조 / $\dfrac{1}{9}$ kg　　**16** $\dfrac{2}{8}$, $\dfrac{3}{8}$

17 $\dfrac{1}{12}$ km　　**18** $1\dfrac{4}{8}$ cm

19 $2\dfrac{2}{7}$ cm　　**20** $\dfrac{6}{15}$ cm

21 (1) $\dfrac{7}{15}$　(2) $\dfrac{6}{9}$　　**22** $\dfrac{6}{14}$

23 $\dfrac{5}{11}$　　**24** 1, 2, 3, 4

25 6　　**26** 4개

1 더해지는 분수의 분자가 늘어난 만큼 더하는 분수의 분자가 줄어들면 계산 결과가 같습니다.

$$+2\Big[\dfrac{2}{9}+\dfrac{6}{9}\Big]-2$$
$$+2\Big[\dfrac{4}{9}+\dfrac{4}{9}\Big]-2$$
$$\dfrac{6}{9}+\dfrac{2}{9}$$

서술형

2

단계	문제 해결 과정
①	계산이 잘못된 이유를 썼나요?
②	바르게 계산했나요?

3 $\dfrac{9}{14}>\dfrac{7}{14}>\dfrac{4}{14}>\dfrac{3}{14}$이므로

가장 큰 수는 $\dfrac{9}{14}$이고, 가장 작은 수는 $\dfrac{3}{14}$입니다.

➡ $\dfrac{9}{14}+\dfrac{3}{14}=\dfrac{12}{14}$

4 $\dfrac{7}{13}+\dfrac{9}{13}=\dfrac{7+9}{13}=\dfrac{16}{13}=1\dfrac{3}{13}>1\dfrac{2}{13}$

5 ㉠ $1\dfrac{1}{8}$　㉡ $\dfrac{6}{8}$　㉢ $\dfrac{7}{8}$　㉣ $1\dfrac{6}{8}$입니다.

➡ 계산 결과가 1보다 큰 것은 ㉠, ㉣입니다.

6 (두 사람이 딴 사과의 무게)$=\dfrac{6}{7}+\dfrac{3}{7}$
$$=\dfrac{9}{7}=1\dfrac{2}{7}\ (kg)$$

7 1은 $\dfrac{10}{10}$으로 나타낼 수 있습니다.

분자의 합이 10이 되는 세 수는 $3+5+2=10$입니다.

8 $\dfrac{6}{13}+\dfrac{\square}{13}=\dfrac{6+\square}{13}$이고 덧셈의 계산 결과로 나올 수 있는 가장 큰 진분수는 $\dfrac{12}{13}$이므로 □ 안에 들어갈 수 있는 수는 7보다 작은 자연수 1, 2, 3, 4, 5, 6입니다.

9 $1-\dfrac{5}{12}=\dfrac{12}{12}-\dfrac{5}{12}=\dfrac{7}{12}$

10 ㉠ $\dfrac{1}{7}$이 6개인 수 → $\dfrac{6}{7}$

　　㉡ $\dfrac{1}{7}$이 2개인 수 → $\dfrac{2}{7}$

➡ ㉠$-$㉡$=\dfrac{6}{7}-\dfrac{2}{7}=\dfrac{4}{7}$

11 ㉠ $\dfrac{9}{11}-\dfrac{5}{11}=\dfrac{4}{11}$

　　㉡ $\dfrac{6}{11}-\dfrac{3}{11}=\dfrac{3}{11}$

　　㉢ $1-\dfrac{7}{11}=\dfrac{11}{11}-\dfrac{7}{11}=\dfrac{4}{11}$

　　㉣ $\dfrac{10}{11}-\dfrac{6}{11}=\dfrac{4}{11}$

12 $1-\dfrac{5}{8}=\dfrac{8}{8}-\dfrac{5}{8}=\dfrac{3}{8}$ (m)

13 수직선의 작은 눈금 한 칸의 크기는 $\dfrac{1}{9}$이므로

㉠$=\dfrac{2}{9}$, ㉡$=\dfrac{7}{9}$입니다.

$\dfrac{7}{9}>\dfrac{2}{9}$이므로 두 수의 차는 $\dfrac{7}{9}-\dfrac{2}{9}=\dfrac{5}{9}$입니다.

14 (남은 음료수의 양)$=\dfrac{7}{10}-\dfrac{3}{10}=\dfrac{4}{10}$ (L)

서술형

15 ㉎ 남은 밀가루의 양은 $1-\dfrac{3}{9}-\dfrac{5}{9}$

$=\dfrac{9}{9}-\dfrac{3}{9}-\dfrac{5}{9}=\dfrac{6}{9}-\dfrac{5}{9}=\dfrac{1}{9}$ (kg)입니다.

단계	문제 해결 과정
①	남은 밀가루의 양을 구하는 식을 세웠나요?
②	남은 밀가루의 양을 구했나요?

★ 학부모 지도 가이드

세 수의 뺄셈 또는 덧셈과 뺄셈이 섞여 있는 식은 앞에서부터 두 수씩 차례로 계산할 수 있도록 지도해 주세요.

16 분모가 같은 두 분수의 합과 차는 분모는 그대로 두고 분자만 계산합니다. 8보다 작은 수 중에서 합이 5인 두 수는 (1, 4), (2, 3)이고 그중 차가 1인 두 수는 (2, 3)입니다.

따라서 두 진분수는 $\dfrac{2}{8}$, $\dfrac{3}{8}$입니다.

17 (집에서 학교까지의 거리)
= (집~문구점) − (학교~놀이터) − (놀이터~문구점)
$= \dfrac{7}{12} - \dfrac{4}{12} - \dfrac{2}{12} = \dfrac{3}{12} - \dfrac{2}{12} = \dfrac{1}{12}$ (km)

18 정사각형은 네 변의 길이가 모두 같으므로
정사각형의 네 변의 길이의 합은
$\dfrac{3}{8} + \dfrac{3}{8} + \dfrac{3}{8} + \dfrac{3}{8} = \dfrac{12}{8} = 1\dfrac{4}{8}$ (cm)입니다.

19 (가로) = (세로) $+ \dfrac{2}{7}$
$= \dfrac{3}{7} + \dfrac{2}{7} = \dfrac{5}{7}$ (cm)
직사각형은 마주 보는 두 변의 길이가 같으므로
(네 변의 길이의 합) $= \dfrac{3}{7} + \dfrac{3}{7} + \dfrac{5}{7} + \dfrac{5}{7}$
$= \dfrac{16}{7} = 2\dfrac{2}{7}$ (cm)입니다.

20 변 ㄴㄷ의 길이를 □cm라 하면
$\dfrac{14}{15} = \dfrac{4}{15} + \dfrac{4}{15} + □$
$□ = \dfrac{14}{15} - \dfrac{4}{15} - \dfrac{4}{15} = \dfrac{10}{15} - \dfrac{4}{15} = \dfrac{6}{15}$입니다.

21 (1) $\dfrac{11}{15} - □ = \dfrac{4}{15}$, $□ = \dfrac{11}{15} - \dfrac{4}{15}$, $□ = \dfrac{7}{15}$
(2) $1 - □ = \dfrac{3}{9}$, $□ = 1 - \dfrac{3}{9}$, $□ = \dfrac{9}{9} - \dfrac{3}{9}$, $□ = \dfrac{6}{9}$

22 $1 - \dfrac{3}{14} = \dfrac{14}{14} - \dfrac{3}{14} = \dfrac{11}{14}$
➡ $□ + \dfrac{5}{14} = \dfrac{11}{14}$, $□ = \dfrac{11}{14} - \dfrac{5}{14}$, $□ = \dfrac{6}{14}$

23 어떤 수를 □라 하면
$□ + \dfrac{2}{11} = \dfrac{9}{11}$, $□ = \dfrac{9}{11} - \dfrac{2}{11} = \dfrac{7}{11}$입니다.
따라서 바르게 계산하면 $\dfrac{7}{11} - \dfrac{2}{11} = \dfrac{5}{11}$입니다.

24 $\dfrac{3}{8} + \dfrac{□}{8}$에서 □=5일 때 계산 결과가 1이므로 □ 안에 들어갈 수 있는 수는 5보다 작은 수인 1, 2, 3, 4입니다.

25 $1\dfrac{3}{11} = \dfrac{14}{11}$이므로 $\dfrac{7}{11} + \dfrac{□}{11} < \dfrac{14}{11}$입니다.

□=7일 때 계산 결과가 $\dfrac{14}{11}$이므로 □ 안에 들어갈 수 있는 수는 7보다 작은 수이고 그중 가장 큰 수는 6입니다.

26 $\dfrac{7}{9} + \dfrac{2}{9} = \dfrac{9}{9} = 1$, $\dfrac{7}{9} + \dfrac{7}{9} = \dfrac{14}{9} = 1\dfrac{5}{9}$
따라서 □ 안에 들어갈 수 있는 수는
3부터 6까지의 수이므로 모두 4개입니다.

3 분수의 덧셈(2)

14쪽

1 (위에서부터) 11, 5, 16 / 11, 5, 16, 2, 4

2 $(5+3) + \left(\dfrac{3}{9} + \dfrac{4}{9}\right) = 8 + \dfrac{7}{9} = 8\dfrac{7}{9}$

3 (1) $4\dfrac{6}{7}$ (2) $6\dfrac{4}{8}$

2 자연수 부분끼리 더하고, 분수 부분끼리 더합니다.

3 (1) $3\dfrac{2}{7} + 1\dfrac{4}{7} = 4 + \dfrac{6}{7} = 4\dfrac{6}{7}$
(2) $3\dfrac{5}{8} + 2\dfrac{7}{8} = 5 + \dfrac{12}{8} = 5 + 1\dfrac{4}{8} = 6\dfrac{4}{8}$

4 분수의 뺄셈(2)

15쪽

4 (위에서부터) 16, 9, 7 / 16, 7, 9, 1, 3

5 $2\dfrac{7}{11}$, $2\dfrac{2}{11}$ / $2\dfrac{2}{11}$

6 (1) $1\dfrac{4}{7}$ (2) 2

5 $3\frac{7}{11}-1=2\frac{7}{11}$, $2\frac{7}{11}-\frac{5}{11}=2\frac{2}{11}$ 이므로

$3\frac{7}{11}-1\frac{5}{11}=2\frac{2}{11}$ 입니다.

6 (1) $3\frac{5}{7}-2\frac{1}{7}=1+\frac{4}{7}=1\frac{4}{7}$

(2) $4\frac{7}{8}-\frac{23}{8}=4\frac{7}{8}-2\frac{7}{8}=2$

5 분수의 뺄셈(3)
16쪽

7 21, 16, 5 / 21, 16, 5

8 ( )(○)(○)( )

9 (1) $1\frac{1}{6}$ (2) $\frac{8}{9}$

8 · $5-\frac{13}{4}$

$\frac{13}{4}=3\frac{1}{4}$ 입니다. $5-3=2$ 이고, 여기에서 $\frac{1}{4}$ 을 더 빼야 하기 때문에 2보다 작습니다.

· $8-6\frac{1}{2}$

$8-6=2$ 이고, 여기에서 $\frac{1}{2}$ 을 더 빼야 하기 때문에 2 보다 작습니다.

9 (1) $4-2\frac{5}{6}=3\frac{6}{6}-2\frac{5}{6}=1\frac{1}{6}$

(2) $7-6\frac{1}{9}=6\frac{9}{9}-6\frac{1}{9}=\frac{8}{9}$

6 분수의 뺄셈(4)
17쪽

10 (1) $\frac{3}{5}$ (2) $3\frac{7}{10}$ (3) 1, $\frac{5}{11}$ (4) 1, $\frac{6}{9}$

11 $3\frac{9}{12}$

12 $1\frac{4}{7}$ / $1\frac{4}{7}$, $4\frac{3}{7}$

10 (1) $2\frac{1}{5}-1\frac{3}{5}=1\frac{6}{5}-1\frac{3}{5}=\frac{3}{5}$

(2) $7\frac{3}{10}-3\frac{6}{10}=6\frac{13}{10}-3\frac{6}{10}=3\frac{7}{10}$

(3)

자연수	분수
6	$\frac{11}{11}$
7	$\frac{4}{11}$ $\Big\} \frac{15}{11}$
$-$ 5	$\frac{10}{11}$
1	$\frac{5}{11}$

(4)

자연수	분수
5	$\frac{9}{9}$
6	$\frac{4}{9}$ $\Big\} \frac{13}{9}$
$-$ 4	$\frac{7}{9}$
1	$\frac{6}{9}$

11 □ $=6\frac{8}{12}-2\frac{11}{12}=5\frac{20}{12}-2\frac{11}{12}=3\frac{9}{12}$

12 뺀 수를 다시 더해서 처음 수가 나오면 올바르게 계산한 것입니다.

기본에서 응용으로
18~22쪽

27 $2\frac{10}{11}$, $2\frac{8}{11}$, $2\frac{6}{11}$　　**28** ㉠, ㉣

29 $6\frac{4}{6}$　　　　　　**30** 풀이 참조 / $3\frac{4}{6}$

31 $\frac{7}{7}+\frac{11}{7}=2\frac{4}{7}$, $\frac{8}{7}+\frac{10}{7}=2\frac{4}{7}$, $\frac{9}{7}+\frac{9}{7}=2\frac{4}{7}$

32 (1) 1, 8 (2) 1, 8　　**33** $5\frac{7}{8}$ 시간

34 $1\frac{4}{8}$, $1\frac{3}{8}$, $1\frac{2}{8}$　　**35** $3\frac{4}{14}$

36 $2\frac{2}{6}$　　　　　　**37** $1\frac{4}{7}$

38 $3, 3, \dfrac{1}{5}$ **39** $3\dfrac{1}{9}$ L

40 **이유** 예 7에서 3을 빼고, $\dfrac{7}{10}$을 더 빼야 하는 데

$\dfrac{7}{10}$을 더했습니다.

바른 계산 예 $7-3\dfrac{7}{10}=4-\dfrac{7}{10}$

$$=3\dfrac{10}{10}-\dfrac{7}{10}=3\dfrac{3}{10}$$

41 (위에서부터) $2\dfrac{4}{6}$ / $3\dfrac{1}{8}$ **42** ㉢

43 $3\dfrac{3}{8}$ **44** $\dfrac{5}{9}$

45 $>$ **46** 3 / $4\dfrac{8}{9}$

47 $2\dfrac{11}{17}$ **48** 영준, 수연, 주희

49 4 **50** 2개 / $1\dfrac{6}{11}$ kg

51 $4\dfrac{5}{6}$ cm **52** $7, 5$ / $\dfrac{4}{9}$

53 $3, 5$ / $\dfrac{5}{7}$ **54** 11

55 15 **56** 10

27 더하는 분수의 분자가 2씩 작아지면 계산 결과의 분자도 2씩 작아집니다.

28 ㉠ 분수 부분의 합이 $\dfrac{2}{8}+\dfrac{3}{8}=\dfrac{5}{8}$로 1보다 작기 때문에 3과 4 사이에 있습니다.

㉣ $\dfrac{12}{11}$를 대분수로 바꾸면 $1\dfrac{1}{11}$입니다. 분수 부분의 합이 $\dfrac{1}{11}+\dfrac{2}{11}=\dfrac{3}{11}$으로 1보다 작기 때문에 3과 4 사이에 있습니다.

29 수직선의 작은 눈금 한 칸의 크기는 $\dfrac{1}{6}$이므로 화살표가 나타내는 수는 $2\dfrac{5}{6}$입니다.

따라서 $2\dfrac{5}{6}$보다 $3\dfrac{5}{6}$만큼 더 큰 수는 $2\dfrac{5}{6}+3\dfrac{5}{6}=5+\dfrac{10}{6}=6\dfrac{4}{6}$입니다.

30 예 합이 가장 작은 덧셈식은 가장 작은 수와 두 번째로 작은 수를 더해야 합니다.

$$1\dfrac{1}{6}<2\dfrac{3}{6}<3\dfrac{2}{6}<4\dfrac{2}{6}$$

$1\dfrac{1}{6}+2\dfrac{3}{6}=3+\dfrac{4}{6}=3\dfrac{4}{6}$입니다.

단계	문제 해결 과정
①	합이 가장 작은 덧셈식을 만들기 위한 두 수를 찾았나요?
②	덧셈식을 만들어 계산했나요?

31 두 가분수의 합이 $2\dfrac{4}{7}=\dfrac{18}{7}$이 되도록 덧셈식을 만듭니다.

32 (1) $5=4\dfrac{10}{10}$으로 생각할 수 있습니다.

(2) $6=4\dfrac{26}{13}$으로 생각할 수 있습니다.

33 $2\dfrac{3}{8}+1\dfrac{5}{8}+1\dfrac{7}{8}$

$$=(2+1+1)+\left(\dfrac{3}{8}+\dfrac{5}{8}+\dfrac{7}{8}\right)$$

$$=4+\dfrac{15}{8}=5\dfrac{7}{8}(시간)$$

34 빼는 수가 일정하므로 빼지는 수의 분자가 1씩 작아지면 계산 결과의 분자도 1씩 작아집니다.

35 $5\dfrac{13}{14}>5\dfrac{4}{14}>4\dfrac{11}{14}>2\dfrac{9}{14}$이므로 가장 큰 수는 $5\dfrac{13}{14}$이고, 가장 작은 수는 $2\dfrac{9}{14}$입니다.

$\Rightarrow 5\dfrac{13}{14}-2\dfrac{9}{14}=3+\dfrac{4}{14}=3\dfrac{4}{14}$

36 $\dfrac{1}{6}$이 27개인 수는 $\dfrac{27}{6}=4\dfrac{3}{6}$입니다.

$4\dfrac{3}{6}>2\dfrac{1}{6}$이므로 $4\dfrac{3}{6}-2\dfrac{1}{6}=2+\dfrac{2}{6}=2\dfrac{2}{6}$

37 $\square+3\dfrac{2}{7}=4\dfrac{6}{7}$, $\square=4\dfrac{6}{7}-3\dfrac{2}{7}=1\dfrac{4}{7}$

38 계산 결과 중 0이 아닌 가장 작은 값은 $\dfrac{1}{5}$입니다.

$3\dfrac{4}{5}-㉠\dfrac{㉡}{5}=\dfrac{1}{5}$ $\Rightarrow ㉠\dfrac{㉡}{5}=3\dfrac{4}{5}-\dfrac{1}{5}=3\dfrac{3}{5}$이므로 $㉠=3$, $㉡=3$입니다.

39 (사용하고 남은 물의 양)$=2\dfrac{7}{9}-1\dfrac{2}{9}=1\dfrac{5}{9}$ (L)

(현재 남아 있는 물의 양)$=1\dfrac{5}{9}+\dfrac{14}{9}$

$\qquad\qquad\qquad\qquad =1\dfrac{5}{9}+1\dfrac{5}{9}=3\dfrac{1}{9}$ (L)

_{서술형}
40

단계	문제 해결 과정
①	계산이 잘못된 이유를 썼나요?
②	바르게 계산했나요?

41 두 수의 합이 5가 되는 수를 찾습니다.

$2\dfrac{2}{6}+\square=5,\ \square=5-2\dfrac{2}{6}=4\dfrac{6}{6}-2\dfrac{2}{6}=2\dfrac{4}{6}$

$\square+1\dfrac{7}{8}=5,\ \square=5-1\dfrac{7}{8}=4\dfrac{8}{8}-1\dfrac{7}{8}=3\dfrac{1}{8}$

다른 _{풀이}
자연수 부분의 합이 4, 분수 부분의 합이 1이 되는 분수를 찾습니다.

42 ㉠ $7\dfrac{1}{6}$ ㉡ $7\dfrac{5}{6}$ ㉢ $9\dfrac{3}{6}$ ㉣ $8\dfrac{2}{6}$

9와 계산 결과의 차가 작을수록 9에 가까운 수입니다.

$9-㉠=9-7\dfrac{1}{6}=1\dfrac{5}{6},\ 9-㉡=9-7\dfrac{5}{6}=1\dfrac{1}{6}$

$㉢-9=9\dfrac{3}{6}-9=\dfrac{3}{6},\ 9-㉣=9-8\dfrac{2}{6}=\dfrac{4}{6}$

따라서 $\dfrac{3}{6}<\dfrac{4}{6}<1\dfrac{1}{6}<1\dfrac{5}{6}$이므로 9에 가장 가까운 식은 ㉢입니다.

43 두 번째로 골라야 할 카드를 $\square$라 하면

(첫 번째 카드)$+\square=10$입니다.

첫 번째 카드가 $6\dfrac{5}{8}$이므로 $6\dfrac{5}{8}+\square=10$,

$\square=10-6\dfrac{5}{8}=9\dfrac{8}{8}-6\dfrac{5}{8}=3+\dfrac{3}{8}=3\dfrac{3}{8}$입니다.

44 어떤 수를 $\square$라 하면

$\square+2\dfrac{4}{9}=5\dfrac{4}{9},\ \square=5\dfrac{4}{9}-2\dfrac{4}{9},\ \square=3$입니다.

따라서 바르게 계산하면 $3-2\dfrac{4}{9}=2\dfrac{9}{9}-2\dfrac{4}{9}=\dfrac{5}{9}$입니다.

45 빼지는 수가 같으므로 빼는 수의 크기를 비교합니다.
이때 빼는 수가 작을수록 계산 결과가 큽니다.

$\Rightarrow 3\dfrac{12}{13}<4\dfrac{7}{13}$이므로 $5\dfrac{4}{13}-3\dfrac{12}{13}>5\dfrac{4}{13}-4\dfrac{7}{13}$

다른 _{풀이}

$5\dfrac{4}{13}-3\dfrac{12}{13}=4\dfrac{17}{13}-3\dfrac{12}{13}=1\dfrac{5}{13}$

$5\dfrac{4}{13}-4\dfrac{7}{13}=4\dfrac{17}{13}-4\dfrac{7}{13}=\dfrac{10}{13}$

$\Rightarrow 1\dfrac{5}{13}>\dfrac{10}{13}$

46 수호는 어림으로, 지환이는 검산으로 설명하고 있습니다.

$\Rightarrow ㉠=3,\ ㉡=1\dfrac{5}{9}+3\dfrac{3}{9}=4+\dfrac{8}{9}=4\dfrac{8}{9}$

47 차가 가장 큰 뺄셈식은 가장 큰 수에서 가장 작은 수를 빼야 합니다.

$7\dfrac{2}{17}>5\dfrac{9}{17}>4\dfrac{8}{17}$

$\Rightarrow 7\dfrac{2}{17}-4\dfrac{8}{17}=6\dfrac{19}{17}-4\dfrac{8}{17}=2\dfrac{11}{17}$

48 주희는 $2\dfrac{1}{12}-1\dfrac{3}{12}=\dfrac{10}{12}$ (L)의 물을 마셨습니다.

$2\dfrac{1}{12}>\dfrac{11}{12}>\dfrac{10}{12}$이므로 마신 물의 양이 많은 사람부터 순서대로 이름을 쓰면 영준, 수연, 주희입니다.

49 $7\dfrac{5}{11}\bigstar 1\dfrac{8}{11}=7\dfrac{5}{11}-1\dfrac{8}{11}-1\dfrac{8}{11}$

$\qquad\qquad\quad =6\dfrac{16}{11}-1\dfrac{8}{11}-1\dfrac{8}{11}$

$\qquad\qquad\quad =5\dfrac{8}{11}-1\dfrac{8}{11}=4$

50 (빵 1개를 만들고 남는 밀가루의 양)

$=7-2\dfrac{8}{11}=4\dfrac{3}{11}$ (kg)

(빵 2개를 만들고 남는 밀가루의 양)

$=4\dfrac{3}{11}-2\dfrac{8}{11}=1\dfrac{6}{11}$ (kg)

$1\dfrac{6}{11}$ kg으로는 빵을 더 만들 수 없으므로 빵 2개를 만들고 밀가루 $1\dfrac{6}{11}$ kg이 남습니다.

51 (남은 색 테이프)

$=26\dfrac{2}{6}-11\dfrac{5}{6}-9\dfrac{4}{6}=25\dfrac{8}{6}-11\dfrac{5}{6}-9\dfrac{4}{6}$

$=14\dfrac{3}{6}-9\dfrac{4}{6}=13\dfrac{9}{6}-9\dfrac{4}{6}=4\dfrac{5}{6}$ (cm)

52 계산 결과가 가장 작은 뺄셈식은 빼는 수가 가장 큰 수

일 때입니다. 만들 수 있는 가장 큰 수는 $7\frac{5}{9}$이므로

$8-7\frac{5}{9}=7\frac{9}{9}-7\frac{5}{9}=\frac{4}{9}$입니다.

53 두 분수의 뺄셈 결과가 가장 작은 뺄셈식은

(가장 작은 수)−(가장 큰 수)일 때입니다.

$7\frac{\square}{7}$가 가장 작은 수는 $7\frac{3}{7}$, $6\frac{\square}{7}$가 가장 큰 수는 $6\frac{5}{7}$

이므로 $7\frac{3}{7}-6\frac{5}{7}=6\frac{10}{7}-6\frac{5}{7}=\frac{5}{7}$입니다.

54 ㉠−㉡=5이고, ㉠과 ㉡은 9보다 작아야 하므로

나올 수 있는 ㉠과 ㉡의 값은 (8, 3), (7, 2), (6, 1)입니

다.

따라서 ㉠+㉡이 가장 클 때의 값은

㉠+㉡=8+3=11입니다.

55 ㉠−㉡=7이고, ㉠과 ㉡은 13보다 작아야 하므로

나올 수 있는 ㉠과 ㉡의 값은 (12, 5), (11, 4), (10, 3),

(9, 2), (8, 1)입니다.

따라서 ㉠+㉡이 두 번째로 클 때의 값은

㉠+㉡=11+4=15입니다.

56 $1\frac{㉠}{10}+2\frac{㉡}{10}=3+\frac{㉠+㉡}{10}$

$3+\frac{㉠+㉡}{10}=4$, $\frac{㉠+㉡}{10}=1$

1은 $\frac{10}{10}$이므로 ㉠+㉡=10입니다.

응용에서 최상위로

1 1

1-1 $1\frac{1}{12}$

1-2 8, 4, 2, 3, $11\frac{2}{5}$

2 예 $1=\frac{2}{6}+\frac{4}{6}$, $1=\frac{1}{6}+\frac{5}{6}$

2-1 예 $5=1\frac{2}{7}+3\frac{5}{7}$, $5=2\frac{3}{7}+2\frac{4}{7}$

2-2 예 $8=1\frac{1}{5}+5\frac{1}{5}+1\frac{3}{5}$, $8=2\frac{4}{5}+3\frac{4}{5}+1\frac{2}{5}$

3 $14\frac{2}{4}$ cm

3-1 $11\frac{3}{5}$ cm

3-2 $9\frac{1}{6}$ cm

4 1단계 예 아시아와 아프리카는 전체 대륙이

$\frac{11}{50}+\frac{7}{50}=\frac{18}{50}$입니다.

2단계 예 전체 대륙의 $\frac{18}{50}-\frac{3}{50}=\frac{15}{50}$만큼 더 넓습

니다. / $\frac{15}{50}$

4-1 $\frac{1}{10}$

1 만들 수 있는 가장 큰 진분수는 $\frac{6}{7}$이고 가장 작은 진분

수는 $\frac{1}{7}$입니다.

➡ $\frac{6}{7}+\frac{1}{7}=\frac{7}{7}=1$

1-1 만들 수 있는 가장 큰 진분수는 $\frac{11}{12}$이고 가장 작은 진

분수는 $\frac{2}{12}$입니다.

➡ $\frac{11}{12}+\frac{2}{12}=\frac{13}{12}=1\frac{1}{12}$

1-2 만들 수 있는 가장 큰 대분수는 $8\frac{4}{5}$이고 가장 작은 대

분수는 $2\frac{3}{5}$입니다.

➡ $8\frac{4}{5}+2\frac{3}{5}=10\frac{7}{5}=11\frac{2}{5}$

2 두 진분수의 분자끼리의 합이 분모와 같은 6이 되도록 만들면 됩니다.

2-1 5를 분모가 7인 두 대분수의 합으로 나타내려면 두 대분수의 자연수 부분의 합이 4, 분수 부분의 합이 1이 되도록 만듭니다.

2-2 8을 분모가 5인 세 대분수의 합으로 나타내려면 세 대분수의 자연수 부분의 합이 7, 분수 부분의 합이 1이 되도록 만들거나 자연수 부분의 합이 6, 분수 부분의 합이 2가 되도록 만듭니다.

3 (테이프 3장의 길이의 합)$=5 \times 3 = 15$ (cm)

(겹쳐진 부분의 길이의 합)$=\dfrac{1}{4}+\dfrac{1}{4}=\dfrac{2}{4}$ (cm)

➡ (이어 붙인 테이프의 전체 길이)

$=15-\dfrac{2}{4}=14\dfrac{4}{4}-\dfrac{2}{4}=14\dfrac{2}{4}$ (cm)

3-1 (테이프 3장의 길이의 합)$=4 \times 3 = 12$ (cm)

(겹쳐진 부분의 길이의 합)$=\dfrac{1}{5}+\dfrac{1}{5}=\dfrac{2}{5}$ (cm)

➡ (이어 붙인 테이프의 전체 길이)

$=12-\dfrac{2}{5}=11\dfrac{5}{5}-\dfrac{2}{5}=11\dfrac{3}{5}$ (cm)

3-2 (두 끈을 묶기 전의 길이의 합)

$=30\dfrac{3}{6}+26\dfrac{5}{6}=56\dfrac{8}{6}=57\dfrac{2}{6}$ (cm)

(줄어든 끈의 길이)

$=$(두 끈을 묶기 전의 길이의 합)

$\quad\;-$(두 끈을 묶은 후의 길이)

$=57\dfrac{2}{6}-48\dfrac{1}{6}=9\dfrac{1}{6}$ (cm)

4-1 태평양과 대서양이 전체 해양의 $\dfrac{5}{10}+\dfrac{3}{10}=\dfrac{8}{10}$ 을 차지하고, 삼대양은 전체 해양의 $\dfrac{9}{10}$ 를 차지한다고 하였으므로 인도양은 전체 해양의 $\dfrac{9}{10}-\dfrac{8}{10}=\dfrac{1}{10}$ 을 차지합니다.

기출 단원 평가 Level ❶   27~29쪽

1 7, 3, 4

2 9, 5, 4 / 4

3 $3\dfrac{9}{11}$, $3\dfrac{9}{11}$, $3\dfrac{9}{11}$

4 ㉠, ㉢

5 <

6 $\dfrac{56}{7}-\dfrac{23}{7}=\dfrac{33}{7}=4\dfrac{5}{7}$

7 $1\dfrac{10}{14}$

8 $\dfrac{6}{15}$

9 예 $8\dfrac{6}{9}$, $7\dfrac{4}{9}$, $16\dfrac{1}{9}$

10 $8\dfrac{5}{7}$ L

11 $5\dfrac{1}{15}$

12 $26\dfrac{5}{7}$ kg

13 1, 2, 3, 4

14 $1\dfrac{5}{8}$

15 $9\dfrac{7}{13}$ cm

16 1, 2, 3, 4, 5

17 예 $1=\dfrac{2}{8}+\dfrac{6}{8}$, $1=\dfrac{3}{8}+\dfrac{5}{8}$

18 $6\dfrac{3}{9}$

19 이유 예 자연수에서 1만큼을 분수로 바꿀 때 자연수 부분에서 1을 빼지 않았습니다.

바른 계산 $7\dfrac{5}{10}-4\dfrac{9}{10}=6\dfrac{15}{10}-4\dfrac{9}{10}=2\dfrac{6}{10}$

20 승연

---

1 8칸 중의 7칸을 색칠하고, 8칸 중의 3칸을 지웠으므로 남은 것은 8칸 중의 4칸입니다.

3 더해지는 분수의 분자가 늘어난 만큼 더하는 분수의 분자가 줄어들면 계산 결과가 같습니다.

$1\dfrac{3}{11}\Big\rbrack +2 \qquad 2\dfrac{6}{11}\Big\rbrack -2$

$1\dfrac{5}{11}\Big\lbrack +2 \qquad 2\dfrac{4}{11}\Big\lbrack -2$

$1\dfrac{7}{11} \qquad\qquad 2\dfrac{2}{11}$

4 ㉢ 분수 부분의 합이 $\dfrac{3}{5}+\dfrac{4}{5}=\dfrac{7}{5}$ 로 1보다 크고 2보다 작으므로 $\dfrac{3}{5}+1\dfrac{4}{5}$ 는 3보다 작습니다.

© 분수 부분의 합이 $\dfrac{2}{11}+\dfrac{7}{11}=\dfrac{9}{11}$로 1보다 작으므로 $1\dfrac{2}{11}+1\dfrac{7}{11}$은 3보다 작습니다.

5 $1-\dfrac{5}{11}=\dfrac{11}{11}-\dfrac{5}{11}=\dfrac{6}{11}$

$\dfrac{10}{11}-\dfrac{3}{11}=\dfrac{7}{11}$

➡ $\dfrac{6}{11}<\dfrac{7}{11}$

7 $3\dfrac{5}{14}-1\dfrac{9}{14}=2\dfrac{19}{14}-1\dfrac{9}{14}=1\dfrac{10}{14}$

8 $1-\dfrac{2}{15}=\dfrac{15}{15}-\dfrac{2}{15}=\dfrac{13}{15}$

➡ $\square+\dfrac{7}{15}=\dfrac{13}{15}$, $\square=\dfrac{13}{15}-\dfrac{7}{15}$, $\square=\dfrac{6}{15}$

9 합이 가장 큰 덧셈식을 만들려면 가장 큰 대분수와 두 번째로 큰 대분수를 더해야 합니다.

$8\dfrac{6}{9}>7\dfrac{4}{9}>4\dfrac{1}{9}>2\dfrac{8}{9}$이므로

$8\dfrac{6}{9}+7\dfrac{4}{9}=15\dfrac{10}{9}=16\dfrac{1}{9}$

10 $5\dfrac{4}{7}+\dfrac{22}{7}=5\dfrac{4}{7}+3\dfrac{1}{7}=8+\dfrac{5}{7}=8\dfrac{5}{7}$ (L)

11 어떤 수를 $\square$라 하면 $\square-2\dfrac{7}{15}=2\dfrac{9}{15}$입니다.

➡ $\square=2\dfrac{9}{15}+2\dfrac{7}{15}=4+\dfrac{16}{15}=5\dfrac{1}{15}$

12 (올해 유진이의 몸무게)

= (작년 몸무게) − (줄어든 몸무게)

$=30\dfrac{3}{7}-3\dfrac{5}{7}=29\dfrac{10}{7}-3\dfrac{5}{7}=26\dfrac{5}{7}$ (kg)

13 $\dfrac{6}{11}+\dfrac{\square}{11}=\dfrac{6+\square}{11}$이고 덧셈의 계산 결과로 나올 수 있는 가장 큰 진분수는 $\dfrac{10}{11}$이므로 $\square$ 안에 들어갈 수 있는 수는 1, 2, 3, 4입니다.

14 $3\dfrac{2}{8}\triangle 4\dfrac{7}{8}=3\dfrac{2}{8}+3\dfrac{2}{8}-4\dfrac{7}{8}$

$=6\dfrac{4}{8}-4\dfrac{7}{8}=5\dfrac{12}{8}-4\dfrac{7}{8}=1\dfrac{5}{8}$

15 정사각형은 네 변의 길이가 모두 같으므로

(네 변의 길이의 합)$=2\dfrac{5}{13}+2\dfrac{5}{13}+2\dfrac{5}{13}+2\dfrac{5}{13}$

$=8+\dfrac{20}{13}=9\dfrac{7}{13}$ (cm)

16 $1\dfrac{2}{13}$를 가분수로 바꾸면 $\dfrac{15}{13}$이므로 $\dfrac{9}{13}+\dfrac{\square}{13}<\dfrac{15}{13}$,

$\dfrac{9+\square}{13}<\dfrac{15}{13}$입니다.

$\square=6$일 때 계산 결과가 $\dfrac{15}{13}$이므로 $\square$ 안에 들어갈 수 있는 수는 6보다 작은 수인 1, 2, 3, 4, 5입니다.

17 두 진분수의 분자끼리의 합이 분모와 같은 8이 되도록 만들면 됩니다. 더해서 8이 되는 수는 (1, 7), (2, 6), (3, 4), (4, 4)입니다.

18 만들 수 있는 분모가 9인 가장 큰 대분수는 $7\dfrac{6}{9}$, 가장 작은 대분수는 $1\dfrac{3}{9}$입니다.

➡ $7\dfrac{6}{9}-1\dfrac{3}{9}=6\dfrac{3}{9}$

서술형
19

평가 기준	배점(5점)
계산이 잘못된 이유를 썼나요?	2점
바르게 계산했나요?	3점

서술형
20 예 (혜림이가 책을 읽은 시간)

= (승연이가 책을 읽은 시간) $-1\dfrac{5}{8}$

$=3\dfrac{4}{8}-1\dfrac{5}{8}=2\dfrac{12}{8}-1\dfrac{5}{8}=1\dfrac{7}{8}$ (시간)

따라서 $3\dfrac{4}{8}>2\dfrac{3}{8}>1\dfrac{7}{8}$이므로 승연이가 책을 가장 오랫동안 읽었습니다.

평가 기준	배점(5점)
혜림이가 책을 읽은 시간을 구했나요?	3점
책을 가장 오랫동안 읽은 사람을 찾았나요?	2점

기출 단원 평가 Level ❷

30~32쪽

1 2, 3, 4

2 (1) $10\frac{1}{4}$ (2) $2\frac{2}{9}$ (3) 4, $\frac{1}{11}$ (4) 1, $\frac{8}{10}$

3 $\frac{5}{15}$

4

5 $1\frac{1}{14}$

6 $9\frac{2}{9}$ kg

7 $3\frac{1}{5}$ / $2\frac{3}{7}$

8 $3\frac{10}{12}$

9 예 $\frac{1}{8}+\frac{3}{8}+\frac{4}{8}$

10 $5\frac{5}{13}$

11 $\frac{2}{12}$, $\frac{5}{12}$

12 $1\frac{1}{4}$

13 ㉠

14 $4\frac{13}{15}$

15 4, 6

16 4, 6 / $\frac{9}{11}$

17 10

18 $18\frac{1}{3}$ cm

19 $2\frac{8}{17}$ m

20 $2\frac{6}{8}$ km

---

1 빼는 수가 같을 때 빼지는 수의 분자가 1씩 커지면 계산 결과도 1씩 커집니다.

2 (1) $5\frac{2}{4}+4\frac{3}{4}=9\frac{5}{4}=10\frac{1}{4}$

(2) $4-1\frac{7}{9}=3\frac{9}{9}-1\frac{7}{9}=2+\frac{2}{9}=2\frac{2}{9}$

(3)

	자연수	분수
	1	
	1	$\frac{5}{11}$
		$\frac{12}{11}$
+	2	$\frac{7}{11}$
	4	$\frac{1}{11}$

(4)

	자연수	분수
	4	$\frac{10}{10}$
	5	$\frac{3}{10}$
		$\frac{13}{10}$
−	3	$\frac{5}{10}$
	1	$\frac{8}{10}$

3 ㉠은 $\frac{12}{15}$, ㉡은 $\frac{7}{15}$이므로

$㉠-㉡=\frac{12}{15}-\frac{7}{15}=\frac{5}{15}$입니다.

4 $2-\frac{2}{5}=1\frac{5}{5}-\frac{2}{5}=1\frac{3}{5}$ (L)

5 수직선의 작은 눈금 한 칸의 크기는 $\frac{1}{14}$입니다.

㉠은 $\frac{4}{14}$, ㉡은 $\frac{11}{14}$이므로

$㉠+㉡=\frac{4}{14}+\frac{11}{14}=\frac{15}{14}=1\frac{1}{14}$입니다.

6 $4\frac{5}{9}+4\frac{6}{9}=8+\frac{11}{9}=9\frac{2}{9}$ (kg)

7 두 수의 합이 6이 되는 수를 찾습니다.

· $\square+2\frac{4}{5}=6$, $\square=6-2\frac{4}{5}=5\frac{5}{5}-2\frac{4}{5}=3\frac{1}{5}$

· $1\frac{1}{7}+2\frac{3}{7}+\square=6$, $\square=6-1\frac{1}{7}-2\frac{3}{7}$

$\square=5\frac{7}{7}-1\frac{1}{7}-2\frac{3}{7}=4\frac{6}{7}-2\frac{3}{7}=2\frac{3}{7}$

다른 풀이

자연수 부분의 합이 5, 분수 부분의 합이 1이 되는 분수를 찾습니다.

8 $2\frac{5}{12}>2\frac{1}{12}>1\frac{11}{12}>\frac{17}{12}\left(=1\frac{5}{12}\right)$이므로

가장 큰 수는 $2\frac{5}{12}$, 가장 작은 수는 $\frac{17}{12}$입니다.

➡ $2\frac{5}{12}+\frac{17}{12}=2\frac{5}{12}+1\frac{5}{12}=3\frac{10}{12}$

9 1은 $\frac{8}{8}$입니다.

분자의 합이 8이 되는 세 수는 1+3+4=8입니다.

10 $3\frac{2}{13}+4\frac{5}{13}=7\frac{7}{13}$

➡ $\square+2\frac{2}{13}=7\frac{7}{13}$, $\square=7\frac{7}{13}-2\frac{2}{13}$,

$\square=5\frac{5}{13}$

11 12보다 작은 수 중에서 합이 7인 수는 (1, 6), (2, 5), (3, 4)이고 그중 차가 3인 수는 (2, 5)입니다.

따라서 두 진분수는 $\frac{2}{12}$, $\frac{5}{12}$입니다.

12 민우가 뽑아야 하는 수 카드의 수가 □일 때

$5\frac{3}{4}+\square=7$, $\square=7-5\frac{3}{4}=6\frac{4}{4}-5\frac{3}{4}=1\frac{1}{4}$

입니다.

13 ㉠ $5\frac{2}{11}$ ㉡ $5\frac{7}{11}$ ㉢ $5\frac{5}{11}$ ㉣ $4\frac{7}{11}$

5와 계산 결과의 차가 작을수록 5에 가까운 수입니다.

㉠$-5=5\frac{2}{11}-5=\frac{2}{11}$

㉡$-5=5\frac{7}{11}-5=\frac{7}{11}$

㉢$-5=5\frac{5}{11}-5=\frac{5}{11}$

$5-$㉣$=5-4\frac{7}{11}=\frac{4}{11}$

따라서 $\frac{2}{11}<\frac{4}{11}<\frac{5}{11}<\frac{7}{11}$이므로 5에 가장 가까운 식은 ㉠입니다.

14 어떤 수를 □라 하면 $\square+\frac{9}{15}=6\frac{1}{15}$입니다.

$\square=6\frac{1}{15}-\frac{9}{15}=5\frac{16}{15}-\frac{9}{15}=5\frac{7}{15}$

➡ 바른 계산: $5\frac{7}{15}-\frac{9}{15}=4\frac{22}{15}-\frac{9}{15}=4\frac{13}{15}$

15 계산 결과 중 0이 아닌 가장 작은 값은 $\frac{1}{8}$입니다.

$4\frac{7}{8}-㉠\frac{㉡}{8}=\frac{1}{8}$

➡ $㉠\frac{㉡}{8}=4\frac{7}{8}-\frac{1}{8}=4\frac{6}{8}$이므로

㉠$=4$, ㉡$=6$입니다.

16 두 분수의 뺄셈 결과가 가장 작은 뺄셈식은

(가장 작은 수)$-$(가장 큰 수)일 때입니다.

따라서 $5\frac{\square}{11}$가 가장 작은 수인 경우는 $5\frac{4}{11}$,

$4\frac{\square}{11}$가 가장 큰 수인 경우는 $4\frac{6}{11}$이므로 계산 결과가 가장 작은 뺄셈식은

$5\frac{4}{11}-4\frac{6}{11}=4\frac{15}{11}-4\frac{6}{11}=\frac{9}{11}$

17 ㉠$-$㉡$=2$이고, ㉠과 ㉡은 7보다 작아야 하므로 나올 수 있는 ㉠과 ㉡의 값은 (6, 4), (5, 3), (4, 2), (3, 1)입니다.

따라서 ㉠$+$㉡이 가장 클 때의 값은 $6+4=10$입니다.

18 (테이프 세 장의 길이의 합)$=7\times3=21\,(cm)$

(겹쳐진 부분의 길이의 합)$=1\frac{1}{3}+1\frac{1}{3}=2\frac{2}{3}\,(cm)$

➡ (이어 붙인 테이프의 전체 길이)

$=21-2\frac{2}{3}=20\frac{3}{3}-2\frac{2}{3}=18\frac{1}{3}\,(cm)$

서술형
19 예 직사각형은 마주 보는 두 변의 길이가 같으므로

(직사각형의 네 변의 길이의 합)

$=\frac{9}{17}+\frac{9}{17}+\frac{12}{17}+\frac{12}{17}=\frac{42}{17}=2\frac{8}{17}\,(m)$입니다.

평가 기준	배점(5점)
직사각형의 네 변의 길이의 합을 구하는 방법을 알고 있나요?	2점
직사각형의 네 변의 길이의 합을 구했나요?	3점

서술형
20 예 (학교~공원)

$=$(집~공원)$+$(학교~은행)$-$(집~은행)

$=4\frac{7}{8}+5\frac{2}{8}-7\frac{3}{8}=9\frac{9}{8}-7\frac{3}{8}=2\frac{6}{8}\,(km)$

평가 기준	배점(5점)
학교에서 공원까지의 거리를 구하는 식을 세웠나요?	3점
학교에서 공원까지의 거리를 구했나요?	2점

사고력이 반짝

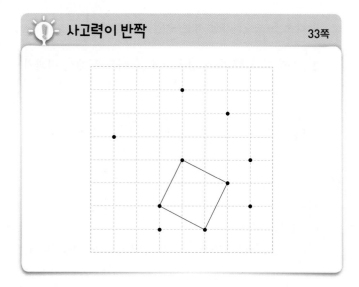

2 삼각형

삼각형은 평면도형 중 가장 간단한 형태로 평면도형에서 가장 기본이 되는 도형이면서 학생들에게 친숙한 도형이기도 합니다. 이미 3-1에서 직각삼각형과 4-1에서 예각과 둔각 및 삼각형의 세 각의 크기의 합을 배웠습니다. 이번 단원에서는 더 나아가 삼각형을 변의 길이에 따라 분류하고 또 각의 크기에 따라 분류해 보면서 삼각형에 대한 폭넓은 이해를 가질 수 있게 됩니다. 또 이후에 학습할 사각형, 다각형 등의 기초가 되므로 다양한 분류 활동 및 구체적인 조작 활동을 통해 학습의 기초를 다질 수 있도록 합니다.

※선분 ㄱㄴ과 같이 기호를 나타낼 때 선분 ㄴㄱ으로 읽어도 정답으로 인정합니다.

1 변의 길이에 따라 삼각형 분류하기　36쪽

1 (1) 가, 나, 마, 바　(2) 나, 바

2 (1) 6　(2) 4, 4

3 (1) (○)　(2) (×)

3 정삼각형은 세 변의 길이가 모두 같으므로 두 변의 길이가 같은 이등변삼각형이라고 할 수 있습니다.

2 이등변삼각형의 성질　37쪽

4 (1) 35　(2) 70, 70

5 (1) 예 　(2) 예

6 120°

4 (2) 한 각의 크기가 40°이므로
(나머지 두 각의 크기의 합)=180°−40°=140°
입니다. 나머지 두 각의 크기가 같으므로
□=140°÷2=70°입니다.

6 두 변의 길이가 7 cm로 같으므로 이등변삼각형입니다.
따라서 (각 ㄴㄱㄷ)=(각 ㄱㄴㄷ)=30°이므로
(각 ㄴㄷㄱ)=180°−30°−30°=120°입니다.

3 정삼각형의 성질　38쪽

7 (1) 60, 60　(2) 60, 60

8 예

9 2, 4, 1, 3

7 정삼각형의 세 각의 크기는 60°로 모두 같습니다.

8 세 변의 길이가 모두 같은 삼각형을 그립니다.

9 ① 자를 사용하여 한 변을 그립니다. ②~③ 그은 한 변을 반지름으로 하여 양 끝점에서 원을 그립니다. ④ 두 원이 만나는 점과 밑변을 연결하여 완성합니다.

4 각의 크기에 따라 삼각형 분류하기　39쪽

10 나, 마 / 다, 바, 아 / 가, 라, 사

11　예각삼각형　　　　둔각삼각형
예 　　예

10 세 각이 모두 예각인 삼각형을 예각삼각형, 한 각이 둔각인 삼각형을 둔각삼각형, 한 각이 직각인 삼각형을 직각삼각형이라고 합니다.

11 예각삼각형은 세 각이 모두 예각이 되도록 그립니다.
둔각삼각형은 한 각이 둔각이 되도록 그립니다.

5 두 가지 기준으로 분류하기
40쪽

12 (위에서부터) 나, 다, 라 / 가, 바, 마

13 ㉠ 이등변삼각형 ㉡ 둔각삼각형

13 두 변의 길이가 8 cm로 같으므로 이등변삼각형입니다.
한 각의 크기가 130°로 둔각이므로 둔각삼각형입니다.

기본에서 응용으로
41~46쪽

1 가, 나, 다, 라, 마, 바 **2** 나, 바

3 15 cm **4** 20 cm

5 이등변삼각형

6 풀이 참조 / 15 cm, 18 cm

7 24 cm **8** 30 cm

9 이등변삼각형

10 (위에서부터) 9, 50, 50

11

12 ⑩ 삼각형의 세 각의 크기의 합이 180°이므로 나머지 한 각의 크기는 180°−80°−40°=60°입니다.
따라서 크기가 같은 두 각이 없으므로 이등변삼각형이 아닙니다.

13 80 **14** 60°

15 120°

16 ⑩

17 ⑩

18 120° **19** 120°

20 ⑩

21 풀이 참조, 33 cm

22 30° **23** 7 cm

24 25°

25 가, 마, 바 / 나, 라 / 다

26 5개 **27** ㉡

28 직각삼각형 **29** 3칸

30 ⑩

31 나, 다, 마 / 가, 바, 사, 자, 차 / 라, 아

32 둔각삼각형 **33** ㉠, ㉢

34 ⑩ 정삼각형은 세 각이 모두 60°로 예각입니다. 따라서 정삼각형은 세 각이 모두 예각이므로 예각삼각형입니다.

35 이등변삼각형, 예각삼각형

36 이등변삼각형, 둔각삼각형

37 ⑩

1 두 변의 길이가 같은 삼각형을 찾습니다.

2 세 변의 길이가 같은 삼각형을 찾습니다.

3 정삼각형은 세 변의 길이가 같습니다.
➡ (세 변의 길이의 합)=5×3=15 (cm)

4 정삼각형은 세 변의 길이가 모두 같습니다.
➡ (정삼각형의 한 변의 길이)=60÷3=20 (cm)

5 막대를 영소는 8 cm, 준호는 12 cm, 민주는 8 cm 가지고 있으므로 만들 수 있는 삼각형은 이등변삼각형입니다.

6 (예) 세 변이 $4\,cm$, $4\,cm$, $7\,cm$인 경우

세 변의 길이의 합은 $4+4+7=15\,(cm)$입니다.

세 변이 $4\,cm$, $7\,cm$, $7\,cm$인 경우 세 변의 길이의

합은 $4+7+7=18\,(cm)$입니다.

단계	문제 해결 과정
①	길이가 같은 두 변이 $4\,cm$일 때 세 변의 길이의 합을 구했나요?
②	길이가 같은 두 변이 $7\,cm$일 때 세 변의 길이의 합을 구했나요?

7 만든 도형의 굵은 선의 길이는 정삼각형의 한 변의 길이의 6배입니다.

➡ (굵은 선의 길이)$=4\times6=24\,(cm)$

8 변 ㄹㅂ, 변 ㄹㅁ, 변 ㅁㅂ은 세 원의 지름으로 각각 $10\,cm$입니다. 따라서 삼각형 ㄹㅁㅂ은 정삼각형이므로 세 변의 길이의 합은 $10\times3=30\,(cm)$입니다.

9 점선을 따라 접으면 완전히 포개어지므로 두 각의 크기가 같고, 두 변의 길이가 같습니다.

10 이등변삼각형은 두 변의 길이가 같고, 두 각의 크기가 같습니다.

나머지 두 각의 크기는 $180°-80°=100°$, $100°\div2=50°$입니다.

11 주어진 선분의 양 끝 점에서 $70°$인 각을 그린 후, 두 각의 변이 만나는 점을 찾아 선분의 양 끝 점과 이어 삼각형을 그립니다.

12

단계	문제 해결 과정
①	나머지 한 각의 크기를 구했나요?
②	이등변삼각형이 아닌 이유를 설명했나요?

13 (각 ㄱㄴㄷ)$=180°-140°=40°$

삼각형 ㄱㄴㄷ은 이등변삼각형이므로

(각 ㄴㄱㄷ)$=$(각 ㄱㄴㄷ)$=40°$입니다.

➡ (각 ㄱㄷㄴ)$=180°-40°-40°=100°$

따라서 $\square=180°-100°=80°$입니다.

14 (각 ㄴㄱㄷ)$=$(각 ㄱㄴㄷ)$=180°-150°=30°$

➡ (각 ㄷㄱㄹ)$=90°-30°=60°$

15 세 변의 길이가 같으므로 정삼각형입니다. 정삼각형은

세 각의 크기가 모두 $60°$로 같습니다.

➡ ㉠$+$㉡$=60°+60°=120°$

16 자와 컴퍼스를 사용해서 세 변의 길이가 같은 삼각형을 그립니다. 또는 자와 각도기를 사용하여 세 각의 크기가 모두 $60°$인 삼각형을 그립니다.

17 공과 겹치지 않고, 공을 둘러싸고 있는 정삼각형을 그립니다.

18 정삼각형의 한 각의 크기는 $60°$입니다.

➡ (각 ㄴㄱㄹ)$=$(각 ㄴㄱㄷ)$+$(각 ㄷㄱㄹ)

$=60°+60°=120°$

19 일직선이 이루는 각도는 $180°$이고, 정삼각형의 한 각의 크기는 $60°$이므로 ㉠$=180°-60°=120°$입니다.

20 이웃하는 두 반지름이 이루는 각이 $15°$이므로 $15°$를 4번 포함하여 $60°$를 만들 수 있습니다.

21 (예) (나머지 한 각의 크기)$=180°-60°-60°=60°$로 세 각의 크기가 모두 $60°$이므로 정삼각형입니다.

정삼각형은 세 변의 길이가 같으므로

(세 변의 길이의 합)$=11\times3=33\,(cm)$입니다.

단계	문제 해결 과정
①	어떤 삼각형인지 찾았나요?
②	정삼각형의 세 변의 길이의 합을 구했나요?

22 (각 ㄱㄷㄹ)$=60°$이므로

(각 ㄱㄷㄴ)$=180°-60°=120°$입니다.

➡ 삼각형 ㄱㄴㄷ은 이등변삼각형이므로

(각 ㄱㄴㄷ)$=$(각 ㄴㄷㄱ)입니다.

따라서 각 ㄱㄴㄷ은 $180°-120°=60°$, $60°\div2=30°$입니다.

23 삼각형 ㄱㄴㄷ과 삼각형 ㄱㄹㅁ은 정삼각형이므로

(변 ㄹㅁ)$=$(변 ㄱㅁ)$=2\,cm$,

(변 ㄴㄷ)$=$(변 ㄱㄴ)$=5\,cm$입니다.

➡ (변 ㄹㅁ)$+$(변 ㄴㄷ)$=2+5=7\,(cm)$

24 삼각형 ㄱㄴㄷ은 이등변삼각형이므로

(각 ㄱㄴㄷ)$=$(각 ㄱㄷㄴ)입니다.

따라서 각 ㄱㄴㄷ은 $180°-30°=150°$, $150°\div2=75°$입니다.

삼각형 ㄹㄴㄷ은 이등변삼각형이므로
(각 ㄹㄴㄷ)=(각 ㄹㄷㄴ)입니다.
따라서 각 ㄹㄴㄷ은 180°−80°=100°,
100°÷2=50°입니다.
➡ (각 ㄱㄴㄹ)=75°−50°=25°

26 삼각형 가는 예각삼각형으로 예각이 3개이고, 삼각형
나는 둔각삼각형으로 예각이 2개입니다.
➡ 3+2=5(개)

27 세 각이 모두 예각인 삼각형을 찾습니다.

28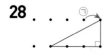

29

32 (나머지 한 각의 크기)=180°−55°−25°=100°로
둔각입니다.
➡ 한 각이 둔각인 삼각형은 둔각삼각형입니다.

33 두 변의 길이가 같으므로 이등변삼각형이고, 한 각의
크기가 90°이므로 직각삼각형입니다.

서술형
34

단계	문제 해결 과정
①	예각삼각형의 성질을 이해했나요?
②	정삼각형이 예각삼각형인 이유를 바르게 설명했나요?

35 두 각의 크기가 50°로 같으므로 이등변삼각형이고, 세
각의 크기가 모두 예각이므로 예각삼각형입니다.

36 (나머지 한 각의 크기)=180°−100°−40°=40°
➡ 두 각의 크기가 같으므로 이등변삼각형이고, 한 각
의 크기가 90°보다 크므로 둔각삼각형입니다.

37 한 각이 30°인 이등변삼각형은 30°, 75°, 75°인 삼각형과
30°, 30°, 120°인 삼각형이 있습니다. 이 중에서 예각
삼각형은 30°, 75°, 75°인 삼각형입니다.

응용에서 최상위로
47~50쪽

1 6	**1-1** 12 cm	**1-2** 44 cm
2 7 cm	**2-1** 9 cm	**2-2** 19 cm
3 4개	**3-1** 2개	**3-2** 6개
4 1단계		

2단계 12 / 6 / 2
3단계 (크고 작은 정삼각형의 개수)=12+6+2
=20(개) / 20개

4-1 16개

1 30=□+12+12, □=30−24, □=6 (cm)

1-1 (변 ㄱㄴ과 변 ㄱㄷ의 길이의 합)=44−20
=24 (cm)
변 ㄱㄴ과 변 ㄱㄷ의 길이가 같으므로
(변 ㄱㄴ)=24÷2=12 (cm)입니다.

1-2 이등변삼각형 ㄱㄴㄷ에서
(변 ㄱㄴ)=(변 ㄱㄷ)=7 cm이므로
(변 ㄴㄷ)=24−7−7=10 (cm)입니다.
(사각형의 네 변의 길이의 합)
=7+10+10+7+10=44 (cm)

2 (이등변삼각형의 세 변의 길이의 합)=8+8+5
=21 (cm)
➡ (정삼각형의 한 변의 길이)=21÷3=7 (cm)

2-1 (정삼각형의 세 변의 길이의 합)=7+7+7
=21 (cm)
(이등변삼각형의 세 변의 길이의 합)
=(변 ㄱㄴ)+(변 ㄴㄷ)+(변 ㄷㄱ)
=6+(변 ㄴㄷ)+6=21 (cm)
➡ (변 ㄴㄷ)=21−6−6=9 (cm)

2-2 (이등변삼각형의 세 변의 길이의 합)=17+17+23
=57 (cm)
(만든 정삼각형의 한 변의 길이)=57÷3=19 (cm)

3 ①-②-③, ①-②-④, ①-③-④, ②-③-④를 연결하여 직각삼각형 4개를 만들 수 있습니다.

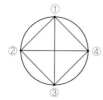

3-1 ①-③-⑤, ②-④-⑥을 연결하여 예각삼각형 2개를 만들 수 있습니다.

3-2 ①-②-⑥, ①-②-③, ①-⑥-⑤, ②-③-④, ③-④-⑤, ④-⑤-⑥을 연결하여 둔각삼각형 6개를 만들 수 있습니다.

4-1 찾을 수 있는 크고 작은 예각삼각형은

 입니다.

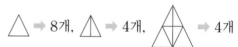

따라서 크고 작은 예각삼각형은 모두
8+4+4=16(개)입니다.

기출 단원 평가 Level ❶   51~53쪽

1 4개   **2** 다, 마

3 정삼각형   **4** 예

5 13 cm

6 6 cm, 9 cm

7 (위에서부터) 마, 가, 라 / 나, 바, 다

8 이등변삼각형, 둔각삼각형 **9** 120°

10

11 예 [그림: 15°, 30°, 15°, 150°]   **12** 140°

13 (1) 둔각삼각형 (2) 예각삼각형

14 정삼각형, 이등변삼각형, 예각삼각형

15 직각삼각형, 이등변삼각형

16 120°   **17** 30 cm

18 6 cm   **19** 10 cm

20 예 둔각삼각형은 예각이 2개, 둔각이 1개이고, 직각삼각형은 예각이 2개, 직각이 1개입니다. 따라서 예각이 있으면 예각삼각형, 둔각삼각형, 직각삼각형일 수 있습니다.

---

1 두 변의 길이가 같은 삼각형은 가, 나, 라, 바로 모두 4개입니다.

2 한 각이 둔각인 삼각형을 찾습니다.

3 정삼각형은 세 변의 길이가 같고, 세 각의 크기가 모두 60°로 같습니다.

4 2 cm인 한 변을 그리고, 같은 길이만큼 컴퍼스로 두 원을 그려서 만나는 점과 그린 한 변의 양 끝 점을 잇습니다.

5 이등변삼각형은 두 변의 길이가 같으므로 나머지 한 변의 길이는 5 cm입니다.
➡ (세 변의 길이의 합)=5+5+3=13 (cm)

6 이등변삼각형은 두 변의 길이가 같습니다.
삼각형의 세 변 중 두 변이 각각 6 cm, 9 cm이므로
6 cm, 6 cm, 9 cm 또는 6 cm, 9 cm, 9 cm인 삼
각형을 만들 수 있습니다.

8 두 각의 크기가 20°로 같으므로 이등변삼각형이고, 한
각의 크기가 140°로 둔각이므로 둔각삼각형입니다.

9 (각 ㄴㄷㄹ)=(각 ㄴㄷㄱ)+(각 ㄱㄷㄹ)
　　　　　=60°+60°=120°

10 사각형에서 둔각인 부분을 포함하여 선분을 그으면 둔
각삼각형을 만들 수 있습니다.

11 원의 반지름을 두 변으로 하는 삼각형은 이등변삼각형
이므로 크기가 같은 두 각은 15°, 15°입니다.
따라서 나머지 한 각의 크기는 180°−15°−15°=150°
이므로 30°를 5번 포함하여 150°를 나타낼 수 있습니다.

12 (각 ㄱㄷㄴ)=180°−110°=70°이므로
(각 ㄴㄱㄷ)=70°입니다.
(각 ㄱㄴㄷ)=180°−70°−70°=40°
　➡ ㉠=180°−40°=140°

13 (1) (나머지 한 각의 크기)=180°−40°−40°=100°
　　➡ 둔각삼각형입니다.
(2) (나머지 한 각의 크기)=180°−60°−35°=85°
　　➡ 예각삼각형입니다.

14 • 세 변의 길이가 12 cm로 모두 같으므
로 정삼각형입니다.
• 정삼각형은 이등변삼각형이라 할 수 있
습니다.
• 정삼각형은 세 각의 크기가 모두 60°이므로 예각삼
각형입니다.

15 • (나머지 한 각의 크기)=180°−45°−45°=90°
이므로 직각삼각형입니다.
• 두 각의 크기가 45°로 같으므로 이등변삼각형입니다.

16 (각 ㄴㄱㄷ)=(각 ㄴㄷㄱ)=20°이므로
(각 ㄱㄴㄷ)=180°−20°−20°=140°입니다.
(각 ㄹㄴㄷ)=(각 ㄹㄷㄴ)=20°이므로
(각 ㄱㄴㄹ)=140°−20°=120°입니다.

17 만든 도형의 굵은 선의 길이는 정삼각형 한 변의 길이의
6배입니다.
　➡ (굵은 선의 길이)=5×6=30 (cm)

18 (이등변삼각형의 세 변의 길이의 합)=5+5+8
　　　　　　　　　　　　　　　　=18 (cm)
　➡ (정삼각형의 한 변의 길이)=18÷3=6 (cm)

서술형
19 예 이등변삼각형은 두 변의 길이가 같으므로 변 ㄱㄷ을
□cm라 하면 25=□+□+5, □+□=20,
□=10 (cm)입니다.

평가 기준	배점(5점)
이등변삼각형의 성질을 이해했나요?	2점
변 ㄱㄷ의 길이를 바르게 구했나요?	3점

서술형
20

평가 기준	배점(5점)
예각이 있으나 예각삼각형이 아닌 경우를 찾았나요?	4점
예각삼각형이 아닌 이유를 설명했나요?	1점

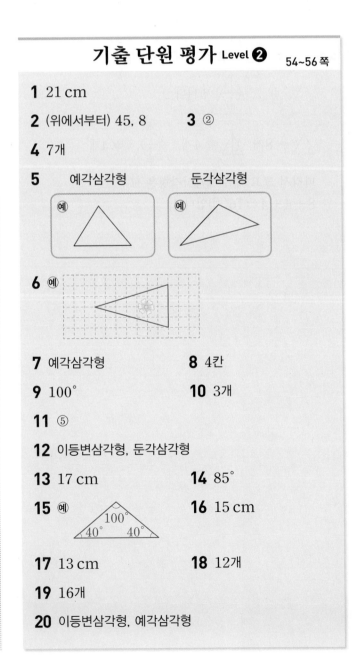

기출 단원 평가 Level ❷　54~56 쪽

1 21 cm

2 (위에서부터) 45, 8　　　**3** ②

4 7개

5

예각삼각형	둔각삼각형

6 예

7 예각삼각형　　　　　**8** 4칸

9 100°　　　　　　　**10** 3개

11 ⑤

12 이등변삼각형, 둔각삼각형

13 17 cm　　　　　　**14** 85°

15 예

16 15 cm

17 13 cm　　　　　　**18** 12개

19 16개

20 이등변삼각형, 예각삼각형

1 정삼각형은 세 변의 길이가 같으므로 세 변의 길이의 합은 $7+7+7=21$ (cm)입니다.

2 (나머지 한 각의 크기)$=180°-90°-45°=45°$
두 각의 크기가 같으므로 이등변삼각형입니다.
이등변삼각형은 두 변의 길이가 같습니다.

3 한 각이 둔각인 삼각형을 찾습니다.
② $95°$는 $90°$보다 크므로 둔각입니다.

4 예각이 가는 2개, 나는 3개, 다는 2개이므로 찾을 수 있는 예각은 모두 $2+3+2=7$(개)입니다.

5 예각삼각형: 세 각이 모두 예각이 되도록 삼각형을 그립니다.
둔각삼각형: 한 각이 둔각이 되도록 삼각형을 그립니다.

6 두 변의 길이가 같고, 세 각이 모두 예각인 삼각형을 그립니다.

7

8 1칸, 2칸을 움직였을 때: 예각삼각형
3칸을 움직였을 때: 직각삼각형

다른 풀이
㉠을 움직였을 때, 직각삼각형이 되는 점보다 더 오른쪽에 있는 점으로 움직이면 $90°$보다 큰 각이 됩니다.

9 잘라서 펼친 모양은 이등변삼각형입니다.

㉠을 제외한 나머지 두 각의 크기는 각각 $40°$입니다.
➡ ㉠$=180°-40°-40°=100°$

10 둔각삼각형: 가, 다, 라 ➡ 3개
참고 직각삼각형: 나, 예각삼각형: 마

11 나머지 두 각의 크기의 합은 $180°-35°=145°$입니다.
둔각삼각형의 한 각은 $90°$보다 커야 하므로 둔각이 아닌 나머지 한 각은 $145°-90°=55°$보다 작아야 합니다.

12 (각 ㄴㄷㄱ)$=180°-50°=130°$이므로
(각 ㄴㄱㄷ)$=180°-130°-25°=25°$입니다.
두 각의 크기가 같으므로 이등변삼각형이고, 한 각이 $130°$로 둔각이므로 둔각삼각형입니다.

13 (변 ㄱㄴ)$=$(변 ㄱㄷ)$=11$ cm
➡ (변 ㄴㄷ)$=39-11-11=17$ (cm)

14 삼각형 ㄱㄴㄷ은 이등변삼각형이므로
각 ㄱㄷㄴ은 $180°-110°=70°$, $70°÷2=35°$입니다.
삼각형 ㅁㄷㄹ은 정삼각형이므로 (각 ㅁㄷㄹ)$=60°$입니다.
따라서 ㉠$=180°-35°-60°=85°$입니다.

15 한 각이 $40°$인 이등변삼각형은 $40°$, $40°$, $100°$인 삼각형과 $40°$, $70°$, $70°$인 삼각형이 있습니다. 이 중 둔각삼각형은 $40°$, $40°$, $100°$인 삼각형입니다.

16 · 삼각형 ㄱㄴㄷ과 삼각형 ㄹㅁㄷ은 정삼각형이므로
(변 ㄱㄴ)$=$(변 ㄴㄷ)$=$(변 ㄷㄱ)$=6$ cm
(변 ㄹㅁ)$=$(변 ㅁㄷ)$=$(변 ㄷㄹ)$=3$ cm
· (변 ㄴㅁ)$=$(변 ㄴㄷ)$-$(변 ㅁㄷ)$=6-3=3$ (cm)
(변 ㄱㄹ)$=$(변 ㄱㄷ)$-$(변 ㄹㄷ)$=6-3=3$ (cm)
➡ (사각형 ㄱㄴㅁㄹ의 네 변의 길이의 합)
$=$(변 ㄱㄴ)$+$(변 ㄴㅁ)$+$(변 ㅁㄹ)$+$(변 ㄱㄹ)
$=6+3+3+3=15$ (cm)

17 (이등변삼각형의 세 변의 길이의 합)
$=9+15+15=39$ (cm)
➡ (만든 정삼각형의 한 변의 길이)$=39÷3$
$=13$ (cm)

18 ①에서 만들 수 있는 직각삼각형은 6개입니다. ②에서 만들 수 있는 직각삼각형은 4개, ③에서 만들 수 있는 직각삼각형은 2개이므로 모두 $6+4+2=12$(개)입니다.
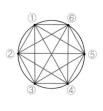
주의 ④, ⑤, ⑥에서 만들 수 있는 직각삼각형은 ①, ②, ③에서 만들 수 있는 직각삼각형과 같으므로 중복하여 세지 않습니다.

서술형
19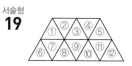

⑩ 작은 정삼각형 1개짜리: ①~⑫ ➡ 12개

4개짜리: (①, ⑥, ⑦, ⑧), (③, ⑧, ⑨, ⑩),

(⑤, ⑩, ⑪, ⑫), (②, ③, ④, ⑨) ➡ 4개

따라서 모두 12＋4＝16(개)입니다.

평가 기준	배점(5점)
1개짜리, 4개짜리 정삼각형은 각각 몇 개인지 구했나요?	4점
정삼각형은 모두 몇 개인지 바르게 구했나요?	1점

서술형
20 ⑩ 나머지 한 각의 크기가 $180°-65°-50°=65°$이

므로 두 각의 크기가 $65°$로 같은 이등변삼각형입니다.

또 세 각이 모두 예각이므로 예각삼각형입니다.

평가 기준	배점(5점)
나머지 한 각의 크기를 구했나요?	2점
어떤 삼각형인지 모두 구했나요?	3점

사고력이 반짝 57쪽

3 소수의 덧셈과 뺄셈

3-1에서 $\frac{1}{10}=0.1$임을 학습하였습니다. 이번에는 더 나아가 $\frac{1}{100}$, $\frac{1}{1000}$과 0.01, 0.001과의 관계를 알아보면서 소수 두 자리 수, 소수 세 자리 수의 읽고 쓰기 및 자릿값, 크기 비교 등의 학습을 합니다. 소수의 덧셈과 뺄셈은 자연수의 덧셈과 뺄셈처럼 십진위치 기수체계를 따르지만 계산 결과 오른쪽 끝 0은 생략하거나 소수점의 위치에 맞추어 계산하는 등의 차이점이 있습니다. 이러한 수 모형, 모눈종이, 수직선 등 다양한 활동 등을 통해 자연수의 연산과의 공통점과 차이점을 인식할 수 있도록 지도합니다. 소수는 분수에 비해 일상적으로 활용되는 빈도가 높으므로 분수와 소수와의 관계, 계산 원리 등을 완벽히 이해할 수 있도록 합니다.

1 소수 두 자리 수
60쪽

1 $\frac{27}{100}$ / 0.27   2 1.28 / 일 점 이팔

3 0.8, 0.03, 2.83

---

1 모눈 100칸 중 27칸이 색칠되어 있으므로
$\frac{27}{100}=0.27$입니다.

2 수직선의 작은 눈금 한 칸의 크기는 0.01입니다.

2 소수 세 자리 수
61쪽

4 (1) 일, 4 (2) 소수 첫째, 0.2 (3) 소수 둘째, 0.09
  (4) 소수 셋째, 0.008

5 (위에서부터) 1.475, 1.477 / 1.466, 1.486 /
  1.376, 1.576

6 (1) 0.192 (2) 3.208

---

4 4.298＝4＋0.2＋0.09＋0.008

5 ・0.001 작은 수, 큰 수는 소수 셋째 자리 숫자가 1 작은 수, 1 큰 수입니다.
  ・0.01 작은 수, 큰 수는 소수 둘째 자리 숫자가 1 작은 수, 1 큰 수입니다.
  ・0.1 작은 수, 큰 수는 소수 첫째 자리 숫자가 1 작은 수, 1 큰 수입니다.

6 (1) 192 m＝100 m＋90 m＋2 m
      ＝0.1 km＋0.09 km＋0.002 km
      ＝0.192 km
  (2) 3 km 208 m＝3 km＋200 m＋8 m
      ＝3 km＋0.2 km＋0.008 km
      ＝3.208 km

3 소수의 크기 비교
62쪽

7 ＜

8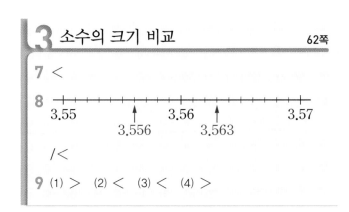

/＜

9 (1) ＞ (2) ＜ (3) ＜ (4) ＞

---

7 100칸 중 왼쪽 그림은 35칸, 오른쪽 그림은 42칸 색칠되어 있으므로 0.35＜0.42입니다.

8 수직선의 작은 눈금 한 칸의 크기는 0.001입니다.

9 (1) 3.24＞1.67 (2) 6.295＜6.318
    └3>1┘   └2<3┘
  (3) 0.74＜0.76 (4) 0.456＞0.450
    └4<6┘   └6>0┘

4 소수 사이의 관계 63쪽

① $\dfrac{1}{10}$, $\dfrac{1}{100}$, $\dfrac{1}{1000}$ / 10, 100, 1000

10 (위에서부터) 0.01, 0.1, 10, 100 / 0.007, 0.07, 7, 70

11 ⑴ 1.532 kg ⑵ 153.2 kg

12 ㉠

10 • 어떤 수를 $\dfrac{1}{10}$ 하면 소수점을 기준으로 수가 오른쪽으로 한 자리 이동합니다.
• 어떤 수를 10배 하면 소수점을 기준으로 수가 왼쪽으로 한 자리 이동합니다.

11 ⑵ 묶음 10개의 무게는 묶음 1개의 무게의 10배입니다.

12 ㉠ 12.47 ㉡, ㉢ 124.7

기본에서 응용으로 64~67쪽

1 6.08 / 6, 0, 8

2

3 ㉢

4 0.36 m / 0.24 m

5 ⑴ 0.28 ⑵ 0.4 ⑶ 57 **6** ③

7 2+0.8+0.01+0.005 **8** 4.528

9 30, 9 / 0.03, 0.009 / 4.039

10 ⑤

11 ⑴ 10.82̸0̸ ⑵ 0.06̸0̸ ⑶ 14.50̸0̸ ⑷ 20.07̸0̸

12 ⑴ > ⑵ <

13 2.957, 2.18, 2.1, 2.084

14 수린

15 ⑴ 10 ⑵ 100 ⑶ $\dfrac{1}{10}$

16 ㉡ **17** 0.132

18 100배

19 ⑴ 0.56, 5.6 ⑵ 708.1

20 풀이 참조 / 0.6 **21** 6.524 / 육 점 오이사

22 7.942 **23** ⑴ 0.479 ⑵ 15.72

24 5.7 **25** 3.052

1 육 점 영팔 ➡ 6.08

2 $0.37 = \dfrac{37}{100}$
0.01이 27개인 수는 0.27입니다.

3 ㉠, ㉡, ㉣의 4는 소수 둘째 자리 숫자이고 0.04를 나타냅니다.
㉢의 4는 소수 첫째 자리 숫자이고 0.4를 나타냅니다.

4 수직선의 작은 눈금 한 칸의 크기는 0.01입니다.

5 0.01이 ■▲개인 수는 0.■▲입니다.

6 ③ 소수점 아래는 자릿값을 읽지 않고 숫자만 읽습니다.
➡ 육 점 사삼일

8 4+0.5+0.02+0.008=4.528

10 ① 0.7 ② 7 ③ 0.07 ④ 70 ⑤ 0.007을 나타냅니다.
다른 풀이
숫자 7이 소수점으로부터 오른쪽에 있을수록 나타내는 수가 작습니다.

11 소수에서 오른쪽 끝자리에 있는 0만 생략할 수 있습니다.

12 ⑴ 육십일 점 팔구이 ➡ $61.892 > 61.751$
$\underset{8>7}{}$

⑵ 이십 점 영사육 ➡ $20.046 < 20.049$
$\underset{6<9}{}$

13 자연수 부분이 2로 같으므로 소수 첫째 자리부터 차례로 같은 자리의 수끼리 크기를 비교합니다.
➡ 2.957 > 2.18 > 2.1 > 2.084

14 3470 g ➡ 3.470 kg
$3.472 > 3.470$이므로 수린이의 가방이 더 무겁습니다.
$\underset{2>0}{}$

16 ㉠ 89.02의 $\frac{1}{10}$은 8.902

㉡ $8\frac{925}{1000}=8.925$ ➡ $8.902 < 8.925$
$$\underset{0<2}{}$$

17 0.01이 132개인 수는 1.32입니다.

1.32의 $\frac{1}{10}$인 수는 0.132입니다.

18 ㉠은 소수 첫째 자리 숫자로 0.4를 나타내고, ㉡은 소수 셋째 자리 숫자로 0.004를 나타냅니다.

0.4는 0.004의 소수점을 기준으로 수가 왼쪽으로 두 자리 이동한 것이므로 ㉠이 나타내는 수는 ㉡이 나타내는 수의 100배입니다.

19 (2) 10배의 10배는 100배와 같습니다.

서술형
20 예 0.476의 100배인 수는 0.476의 소수점을 기준으로 수를 왼쪽으로 두 자리 이동한 47.6입니다.

47.6에서 6은 소수 첫째 자리 숫자이므로 0.6을 나타냅니다.

단계	문제 해결 과정
①	0.476의 100배인 수를 구했나요?
②	숫자 6이 나타내는 수가 얼마인지 바르게 구했나요?

21 6보다 크고 7보다 작으므로 일의 자리 숫자는 6입니다.
□.□□□ ➡ 6.524

22 7보다 크고 8보다 작으므로 일의 자리 숫자는 7,
(소수 둘째 자리 숫자)=11−(일의 자리 숫자)
$\qquad\qquad\qquad =11-7=4$
(소수 셋째 자리 숫자)=(소수 둘째 자리 숫자)−2
$\qquad\qquad\qquad =4-2=2$
따라서 □.□□□ ➡ 7.942

23 (1) □의 100배가 47.9이면 □는 47.9의 $\frac{1}{100}$ 입니다. 47.9의 $\frac{1}{100}$은 0.479입니다.

(2) □의 $\frac{1}{10}$이 1.572이면 □는 1.572의 10배입니다. 1.572의 10배는 15.72입니다.

24 어떤 수의 $\frac{1}{100}$이 0.057이면 어떤 수는 0.057의 100배입니다. 0.057의 100배는 5.7이므로 어떤 수는 5.7입니다.

25 어떤 수의 10배가 $30+0.5+0.02=30.52$이면 어떤 수는 30.52의 $\frac{1}{10}$입니다.

30.52의 $\frac{1}{10}$은 3.052입니다.

5 소수 한 자리 수의 덧셈 68쪽

1 0.4, 0.7, 1.1

2 (1) 0.8 (2) 1.5 (3) 2 (4) 13.7

3 101 / 10.1

1 0.1씩 4칸을 간 다음, 오른쪽으로 0.1씩 7칸을 더 가면 0.1이 11칸이므로 1.1입니다.

2 (1)
$$\begin{array}{r} 0.2 \\ +\,0.6 \\ \hline 0.8 \end{array}$$
(2)
$$\begin{array}{r} 1 \\ 0.7 \\ +\,0.8 \\ \hline 1.5 \end{array}$$
(3)
$$\begin{array}{r} 1 \\ 0.8 \\ +\,1.2 \\ \hline 2 \end{array}$$
(4)
$$\begin{array}{r} 1\,1.4 \\ +\ \ 2.3 \\ \hline 1\,3.7 \end{array}$$

3 자연수의 덧셈과 같은 방법으로 계산한 후 소수점을 맞추어 찍습니다.

6 소수 한 자리 수의 뺄셈 69쪽

4 0.9, 0.5, 0.4

5 (1) 0.2 (2) 0.2 (3) 0.7 (4) 1.8

6 6.6 / 6.4 / 6.2 / 6

4 0.1씩 9칸을 간 다음, 왼쪽으로 0.1씩 5칸을 되돌아 오면 0.1이 4칸이므로 0.4입니다.

5 (1)
$$\begin{array}{r} 0.7 \\ -\,0.5 \\ \hline 0.2 \end{array}$$

(2)
$$\begin{array}{r} \overset{2}{\cancel{3}}.\overset{10}{0} \\ -\,2.8 \\ \hline 0.2 \end{array}$$

(3)
$$\begin{array}{r} 0.9 \\ -\,0.2 \\ \hline 0.7 \end{array}$$

(4)
$$\begin{array}{r} \overset{3}{\cancel{4}}.\overset{10}{2} \\ -\,2.4 \\ \hline 1.8 \end{array}$$

6 빼는 수가 0.2씩 커지면 계산 결과는 0.2씩 작아집니다.

7 소수 두 자리 수의 덧셈   70쪽

7 0.2, 0.02, 0.22

8 (1) 0.37 (2) 9.81 (3) 8.43 (4) 15.06

9 (위에서부터) 0.3 / 1, 0.5, 0.06 / 3.86, 3, 0.8, 0.06

7 모눈종이 한 칸의 크기는 0.01입니다. 색칠된 칸은 20칸, 2칸이므로 더하면 22칸이 됩니다.

8 (1)
$$\begin{array}{r} 0.0\,2 \\ +\,0.3\,5 \\ \hline 0.3\,7 \end{array}$$

(2)
$$\begin{array}{r} \overset{1}{}\;\;\;\; \\ 3.2\,7 \\ +\,6.5\,4 \\ \hline 9.8\,1 \end{array}$$

(3)
$$\begin{array}{r} \overset{1}{}\overset{1}{}\;\; \\ 3.6\,5 \\ +\,4.7\,8 \\ \hline 8.4\,3 \end{array}$$

(4)
$$\begin{array}{r} \overset{1}{}\;\;\;\; \\ 1\,1.7\,2 \\ +\;\;\,3.3\,4 \\ \hline 1\,5.0\,6 \end{array}$$

8 소수 두 자리 수의 뺄셈   71쪽

10 0.46, 0.24, 0.22

11 (1) 0.31 (2) 7 (3) 0.61 (4) 3.81

12 3.83 / 0.5 / 3.33

10 46칸을 색칠하고 24칸을 ×로 지워 22칸이 남았습니다.
➡ 0.46−0.24＝0.22

11 (1)
$$\begin{array}{r} 0.5\,5 \\ -\,0.2\,4 \\ \hline 0.3\,1 \end{array}$$

(2)
$$\begin{array}{r} 9.8\,3 \\ -\,2.8\,3 \\ \hline 7 \end{array}$$

(3)
$$\begin{array}{r} 0.9\,2 \\ -\,0.3\,1 \\ \hline 0.6\,1 \end{array}$$

(4)
$$\begin{array}{r} \overset{5}{\cancel{6}}.\overset{10}{2}\,8 \\ -\,2.4\,7 \\ \hline 3.8\,1 \end{array}$$

12 3 m 83 cm＝3 m＋0.8 m＋0.03 m＝3.83 m
50 cm＝0.5 m
➡ 3 m 83 cm−50 cm＝3.33 m

기본에서 응용으로   72~75쪽

26 4, 8, 12 / 1.2   **27** 2.2

28 18.9 kg   **29** 0.6, 0.4

30 5.3   **31** (1) < (2) <

32 10.7, 7.4, 3.3   **33** 팥, 3.7 kg

34 4.14 / 4.16 / 4.18

35
$$\begin{array}{r} \overset{1}{}\overset{1}{}\;\; \\ 0.8\,5 \\ +\,0.1\,6 \\ \hline 1.0\,1 \end{array}$$
예) 받아올림한 1을 계산하지 않았습니다.

36 1.25   **37** 2, 3, 1

38 17.58 km   **39** (위에서부터) 8, 3, 7

40 3.61, 1.61   **41** 0.13

42 1.66 L   **43** 5.29

44 1.88   **45** 풀이 참조 / 3.18

46 아정   **47** 8.52

48 0.53   **49** 6, 7, 8, 9

50 6   **51** 3개

27 ㉠ 0.1이 9개인 수는 0.9입니다.

㉡ 일의 자리 숫자가 1, 소수 첫째 자리 숫자가 3인 수는 1.3입니다.

➡ $0.9+1.3=2.2$

28 (고구마의 무게)+(감자의 무게)$=7.5+11.4$
$$=18.9\,(\text{kg})$$

29 $6+4=10$이므로 $0.6+0.4=1.0(=1)$입니다.

30 $8.5-3.2=5.3$

31 (1) $0.9-0.3=0.6$, $0.8-0.1=0.7$
➡ $0.6<0.7$

(2) $3-2.6=0.4$, $4.4-3.7=0.7$
➡ $0.4<0.7$

32 두 수의 차가 가장 크려면 가장 큰 수에서 가장 작은 수를 빼야 합니다.

$10.7>9.5>8.2>7.4$ ➡ $10.7-7.4=3.3$

33 $13.2>9.5$이므로 팥을 $13.2-9.5=3.7\,(\text{kg})$ 더 많이 샀습니다.

34 0.02씩 커지는 수를 더하면 계산 결과도 0.02씩 커집니다.

서술형
35

단계	문제 해결 과정
①	바르게 계산했나요?
②	잘못된 이유를 바르게 썼나요?

36 $0.81>0.46>0.44$이므로 가장 큰 수는 0.81, 가장 작은 수는 0.44입니다.

➡ $0.81+0.44=1.25$

37
$$\begin{array}{r} \overset{1}{2}.06 \\ +\,3.85 \\ \hline 5.91 \end{array} \qquad \begin{array}{r} \overset{1}{5}.23 \\ +\,0.58 \\ \hline 5.81 \end{array} \qquad \begin{array}{r} \overset{1}{1}.54 \\ +\,4.39 \\ \hline 5.93 \end{array}$$

➡ $5.93>5.91>5.81$

38 (어제 달린 거리)+(오늘 달린 거리)
$$=6.86+10.72$$
$$=17.58\,(\text{km})$$

39
$$\begin{array}{r} 2.㉠8 \\ +\,4.2㉡ \\ \hline ㉢.11 \end{array}$$

$8+㉡=11$ ➡ $㉡=11-8=3$

$1+㉠+2=11$ ➡ $㉠=11-3=8$

$1+2+4=㉢$ ➡ $㉢=7$

40 두 소수의 뺄셈 결과가 자연수인 경우에는 소수 부분이 같습니다.

➡ $3.61-1.61=2$

41 수직선에서 작은 눈금 한 칸의 크기는 0.01이므로 ㉠=4.35, ㉡=4.48입니다.

➡ $㉡-㉠=4.48-4.35=0.13$

42 (마신 물의 양)=(마시기 전 물의 양)-(남은 물의 양)
$$=2-0.34=1.66\,(\text{L})$$

43
$$\begin{array}{r} 1\text{이 }12\text{개} \Rightarrow 12 \\ \underline{0.01\text{이 }12\text{개} \Rightarrow 0.12} \\ 12.12 \end{array}$$

➡ $12.12-6.83=5.29$

44 $\square=11.14-4.25-5.01=6.89-5.01=1.88$

서술형
45 (예) 어떤 수를 $\square$라 하면 $\square+0.57=4.32$,
$\square=4.32-0.57=3.75$입니다.
따라서 바르게 계산하면 $3.75-0.57=3.18$입니다.

단계	문제 해결 과정
①	어떤 수를 바르게 구했나요?
②	바르게 계산한 값을 구했나요?

46 진영이는 소수점의 자리를 맞추지 않고 계산하여 틀렸습니다.

47 $8.6>8.2>8.12$이므로

$$\begin{array}{r} 8.6 \\ +\,8.12 \\ \hline 16.72 \end{array} \quad\Rightarrow\quad \begin{array}{r} \overset{0}{1}\overset{10}{6}.72 \\ -\,8.2 \\ \hline 8.52 \end{array}$$

➡ $8.6+8.12-8.2=8.52$

48 ㉠ 0.18의 10배인 수 ➡ 1.8,

㉡ 1270의 $\dfrac{1}{1000}$인 수 ➡ 1.27

➡ $1.8-1.27=0.53$

49 $4.65+3.88=8.53$이므로 $8.53<8.\square3$입니다.
따라서 $5<\square$이므로 $\square$ 안에 들어갈 수 있는 수는 6, 7, 8, 9입니다.

50 $9.4-5.62=3.78$이므로 $3.78>3.\square8$입니다.
따라서 $7>\square$이므로 $\square$ 안에 들어갈 수 있는 수는 0, 1, 2, 3, 4, 5, 6입니다.
➡ $\square$ 안에 들어갈 수 있는 가장 큰 수는 6입니다.

51 $3.21+4.31=7.52$, $3.87+4.05=7.92$이므로
$7.52<7.\square2<7.92$입니다.
따라서 $\square$ 안에 들어갈 수 있는 수는 6, 7, 8로 모두 3개
입니다.

응용에서 최상위로
76~79쪽

1 4.008, 4.009

1-1 0.951, 0.952, 0.953   1-2 4개

2 4.35 m   2-1 66.75 kg

2-2 12.88 km   3 669.24

3-1 659.34   3-2 1.98

4 1단계 ⑲ $32.75-4.5-5.6-10.4$
$=28.25-5.6-10.4$
$=22.65-10.4=12.25\,(\text{m})$

2단계 $21.04-12.81=8.23\,(\text{m})$ /
12.25 m, 8.23 m

4-1 8.02 m

1　　1이 4개 ➡ 4
　　0.001이 7개 ➡ 0.007
　　　　　　　　4.007

따라서 4.007보다 크고 4.01보다 작은 소수 세 자리
수는 4.008, 4.009입니다.

1-1　　0.1이 9개 ➡ 0.9
　　0.01이 5개 ➡ 0.05
　0.001이 4개 ➡ 0.004
　　　　　　　0.954

따라서 0.95보다 크고 0.954보다 작은 소수 세 자리
수는 0.951, 0.952, 0.953입니다.

1-2 $\dfrac{1}{100}=0.01$, $\dfrac{1}{1000}=0.001$

　　　1이 12개 ➡ 12
　　0.01이　9개 ➡　0.09
　0.001이　5개 ➡　0.005
　　　　　　　　　12.095

따라서 12.095보다 크고 12.1보다 작은 소수 세 자리
수는 12.096, 12.097, 12.098, 12.099로 모두 4개
입니다.

2 $1\,\text{cm}=0.01\,\text{m}$이므로 $65\,\text{cm}=0.65\,\text{m}$입니다.
(승현이가 가지고 있는 끈의 길이)
$=2.5-0.65=1.85\,(\text{m})$
➡ (두 사람이 가지고 있는 끈의 길이)
$=2.5+1.85=4.35\,(\text{m})$

2-1 $1\,\text{g}=0.001\,\text{kg}$이므로 $3750\,\text{g}=3.75\,\text{kg}$입니다.
(지수의 몸무게)$=35.25-3.75=31.5\,(\text{kg})$
➡ (두 사람의 몸무게의 합)$=35.25+31.5$
$=66.75\,(\text{kg})$

2-2 $1\,\text{m}=0.001\,\text{km}$이므로 $2640\,\text{m}=2.64\,\text{km}$입니다.
(산 입구에서 정상까지의 거리)
$=3.8+2.64=6.44\,(\text{km})$
이고, 등산하는 거리는 산 입구에서 정상까지 왕복한
거리이므로
(성진이네 가족이 등산하는 거리)
$=6.44+6.44=12.88\,(\text{km})$입니다.

3 가장 큰 소수 두 자리 수: 873.02
가장 작은 소수 두 자리 수: 203.78
➡ $873.02-203.78=669.24$

3-1 가장 큰 소수 두 자리 수: 864.02
가장 작은 소수 두 자리 수: 204.68
➡ $864.02-204.68=659.34$

3-2 가장 큰 소수 두 자리 수: 975.03
두 번째로 큰 소수 두 자리 수: 973.05
➡ $975.03-973.05=1.98$

4-1 (체험실의 가로)$=28.27-7.5-6.25-6.5$
$=20.77-6.25-6.5$
$=14.52-6.5$
$=8.02\,(\text{m})$

기출 단원 평가 Level ❶

80~82쪽

1 이 점 사삼　　**2** 0.02

3 0.008, 0.08, 8, 80　　**4** (1) > (2) >

5 0.774

6 0.8, 0.03 / 0.5 / 2.33, 2, 0.3, 0.03

7 2.45, 0.75, 3.2

8 (1) 3.65　(2) 0.65　(3) 25.65　(4) 11.29

9 (1) 0.25　(2) 0.4　(3) 97

10 0.13 kg

11
$$\begin{array}{r} \overset{7}{\cancel{4}}\overset{10}{\cancel{8}}.\overset{10}{\cancel{1}}6 \\ -\ \ 3.78 \\ \hline 44.38 \end{array}$$

12 9.46　　**13** 10.18, 10.1, 20.28

14 3.32　　**15** 1.143

16 17.296　　**17** 17.17 km

18 529.65

19 0.1 / ⑳ 자연수 부분은 0으로 같으므로 소수 첫째 자리 수를 비교해 보면 0<1입니다. 따라서 더 큰 수는 0.1입니다.

20 0.69

---

1 소수를 읽을 때 소수점 아래는 자릿값을 읽지 않고 숫자만 차례로 읽습니다.

2 8.527에서 2는 소수 둘째 자리 숫자이고 0.02를 나타냅니다.

3 • 어떤 수를 $\frac{1}{10}$ 하면 소수점을 기준으로 수가 오른쪽으로 한 자리 이동합니다.
　• 어떤 수를 10배를 하면 소수점을 기준으로 수가 왼쪽으로 한 자리 이동합니다.

4 (1) 8.63 > 8.617　(2) 17.154 > 17.152
　　　　　3>1　　　　　　　　　4>2

5 수직선의 작은 눈금 한 칸의 크기는 0.001입니다.
　0.77에서 오른쪽으로 4칸 더 갔으므로 0.774입니다.

---

7 2 m 45 cm＝2 m＋0.4 m＋0.05 m＝2.45 m
　75 cm＝0.7 m＋0.05 m＝0.75 m
　➡ 2 m 45 cm＋75 cm＝3.2 m

8 (1)
$$\begin{array}{r} \overset{1}{\ }\ \ \\ 1.26 \\ +2.39 \\ \hline 3.65 \end{array}$$
　(2)
$$\begin{array}{r} \overset{1}{\ }\overset{10}{\ }\ \\ 2.45 \\ -1.8\ \\ \hline 0.65 \end{array}$$
　(3)
$$\begin{array}{r} \overset{1}{\ }\ \ \\ 13.75 \\ +11.9\ \\ \hline 25.65 \end{array}$$
　(4)
$$\begin{array}{r} \overset{1}{\ }\overset{10}{\ }\ \overset{7}{\ }\overset{10}{\ } \\ 2\cancel{0}.8\cancel{3} \\ -\ 9.54 \\ \hline 11.29 \end{array}$$

9 0.01이 ■▲개인 수는 0.■▲입니다.

10 (상자의 무게)
　＝(물건을 넣은 상자의 무게)－(물건의 무게)
　＝1－0.87＝0.13 (kg)

11 소수점의 자리를 맞추지 않고 계산하여 틀렸습니다.

12 4.96 > 4.52 > 4.5이므로
　가장 큰 수는 4.96, 가장 작은 수는 4.5입니다.
　➡ 4.96＋4.5＝9.46

13 합이 가장 크려면 가장 큰 수와 두 번째로 큰 수를 골라 덧셈식을 만듭니다.
　10.18 > 10.1 > 8.9 > 8.27
　➡ 10.18＋10.1＝20.28

14 □＝1.94＋4.1－2.72＝6.04－2.72＝3.32

15 어떤 수의 100배가 114.3이면 어떤 수는 114.3의 $\frac{1}{100}$입니다. 114.3의 $\frac{1}{100}$은 1.143이므로 어떤 수는 1.143입니다.

16 • 17보다 크고 18보다 작으므로 자연수 부분은 17
　• 소수 둘째 자리 숫자는 소수 첫째 자리 숫자보다 7 큰 수이므로 2＋7＝9
　• 17.29□의 10배인 수는 172.9□이므로 소수 둘째 자리 숫자 □＝6
　따라서 조건을 모두 만족하는 소수 세 자리 수는 17.296

17 1 m＝0.001 km이므로 38250 m＝38.25 km
➡ (버스를 타고 간 거리)
＝(전체 거리)−(기차를 타고 간 거리)
＝55.42−38.25＝17.17 (km)

18 가장 큰 소수 두 자리 수: 765.32
가장 작은 소수 두 자리 수: 235.67
➡ 765.32−235.67＝529.65

서술형
19

평가 기준	배점(5점)
더 큰 수를 구했나요?	3점
그렇게 생각한 이유를 바르게 썼나요?	2점

서술형
20 예 어떤 수를 □라 하면 □＋3.27＝7.23이므로
□＝7.23−3.27＝3.96입니다.
따라서 바르게 계산하면 3.96−3.27＝0.69입니다.

평가 기준	배점(5점)
어떤 수를 바르게 구했나요?	3점
바르게 계산한 값을 구했나요?	2점

기출 단원 평가 Level ❷
83~85쪽

1 7.251 / 칠 점 이오일 **2** ④

3 ㉢ **4** (1) 4.58 (2) 0.391

5 0.06 **6** ③

7 강아지 **8** (1) ＜ (2) ＜

9 14.41 **10** 1000배

11 5.48 **12** 4.3 m

13 28.71 **14** (위에서부터) 8, 7, 1

15 0.413 **16** 5.88 L

17 5개 **18** 0.99

19 0.7 **20** 5개

1 $\frac{7251}{1000}$ 은 소수로 7.251이라 쓰고 칠 점 이오일이라고 읽습니다.

2 소수 둘째 자리 숫자를 각각 구하면
① 3, ② 7, ③ 5, ④ 9, ⑤ 6입니다.

3 ㉠, ㉡, ㉣은 5가 소수 첫째 자리에 있으므로 0.5,
㉢은 5가 소수 둘째 자리에 있으므로 0.05를 나타냅니다.

4 (1) 4 m 58 cm＝4 m＋50 cm＋8 cm
＝4 m＋0.5 m＋0.08 m
＝4.58 m
(2) 391 m＝300 m＋90 m＋1 m
＝0.3 km＋0.09 km＋0.001 km
＝0.391 km

5 0.01이 15개인 수 ➡ 0.15
0.01이 9개인 수 ➡ 0.09
➡ 0.15−0.09＝0.06

6 ③ 21.91의 100배는 소수점을 기준으로 수가 왼쪽으로 두 자리 이동하므로 2191입니다.

7 3.55＞3.049이므로 강아지가 고양이보다 더 무겁습니다.
　5＞0

8 (1) 0.7＋1.2＝1.9, 0.6＋1.4＝2 ➡ 1.9＜2
(2) 1.45＋0.19＝1.64, 1.63＋0.02＝1.65
➡ 1.64＜1.65

9 수직선의 작은 눈금 한 칸의 크기는 0.01이므로
㉠＝7.16, ㉡＝7.25입니다.
➡ ㉠＋㉡＝7.16＋7.25＝14.41

10 ㉠은 일의 자리 숫자로 2를 나타내고, ㉡은 소수 셋째 자리 숫자로 0.002를 나타냅니다. 2는 0.002가 소수점을 기준으로 왼쪽으로 세 자리 이동한 것으로 ㉠이 나타내는 수는 ㉡이 나타내는 수의 1000배입니다.

11 5.8＞5.62＞5.3이므로
➡ 5.8＋5.3−5.62＝11.1−5.62＝5.48

12 (색 테이프 2개의 길이의 합)

$\quad = 2.54 + 2.54 = 5.08 \, (\text{m})$

$\quad \Rightarrow$ (남은 색 테이프의 길이)

$\qquad =$ (색 테이프 2개의 길이의 합) $-$ (잘라낸 길이)

$\qquad = 5.08 - 0.78 = 4.3 \, (\text{m})$

13 10배의 10배는 100배와 같고, 100배의 $\frac{1}{10}$은 10배

와 같습니다. 따라서 2.871의 10배는 28.71입니다.

14
$\begin{array}{r} ㉠.6㉡ \\ +\ 7.㉢5 \\ \hline 1\,5.8\,2 \end{array}$　　$㉡+5=12 \Rightarrow ㉡=7$
$1+6+㉢=8 \Rightarrow ㉢=1$
$㉠+7=15 \Rightarrow ㉠=8$

15 $\frac{1}{10}=0.1$, $\frac{1}{100}=0.01$

어떤 수의 10배가 $4+0.1+0.03=4.13$이면 어떤

수는 4.13의 $\frac{1}{10}$입니다.

4.13의 $\frac{1}{10}$은 0.413이므로 어떤 수는 0.413입니다.

16 $520 \, \text{mL} = 0.52 \, \text{L}$

(진우가 마신 우유의 양) $= 3.2 - 0.52 = 2.68 \, (\text{L})$

$\quad \Rightarrow$ (혜진이와 진우가 일주일 동안 마신 우유의 양)

$\qquad = 3.2 + 2.68 = 5.88 \, (\text{L})$

17
$\begin{array}{r} 0.1이\ 6개 \Rightarrow 0.6 \\ 0.01이\ 9개 \Rightarrow 0.09 \\ 0.001이\ 4개 \Rightarrow 0.004 \\ \hline 0.694 \end{array}$

따라서 0.694보다 크고 0.7보다 작은 소수 세 자리 수

는 0.695, 0.696, 0.697, 0.698, 0.699로 모두

5개입니다.

18 가장 큰 소수 두 자리 수: 975.04

두 번째로 큰 소수 두 자리 수: 974.05

$\Rightarrow 975.04 - 974.05 = 0.99$

서술형
19 예 9.147의 100배인 수는 소수점을 기준으로 수가 왼

쪽으로 두 자리 이동한 914.7입니다.

따라서 소수 첫째 자리 숫자는 7이고 0.7을 나타냅니다.

평가 기준	배점(5점)
9.147의 100배인 수를 구했나요?	3점
소수 첫째 자리 숫자가 나타내는 수를 구했나요?	2점

서술형
20 예 $4.7 - 1.26 = 3.44$이므로 $3.44 < 3.\square4$입니다.

따라서 $4 < \square$이므로 $\square$ 안에 들어갈 수 있는 수는 5,

6, 7, 8, 9로 모두 5개입니다.

평가 기준	배점(5점)
뺄셈을 바르게 계산했나요?	3점
$\square$ 안에 들어갈 수있는 수를 모두 구했나요?	2점

4 사각형

일상생활에서 운동장의 철봉이나 책장 등에서 수직과 평행을 찾을 수 있습니다. 수직과 평행은 실생활에서 밀접할 뿐 아니라 수학적인 측면에서도 중요한 의미를 가집니다. 도형의 구성 요소인 선분이나 직선의 관계를 규정하거나 사각형의 이름을 정할 때에도 절대적으로 필요합니다. 이 단원에서는 3-1에서 각과 직각 등을 통해 직각삼각형, 직사각형, 정사각형에 대해 배운 내용을 바탕으로 수직과 평행을 학습한 후 사각형을 분류해 봄으로써 여러 가지 사각형의 성질을 이해할 수 있습니다. 이후 다각형을 학습함으로써 평면도형에 대한 마무리를 하게 됩니다.

※선분 ㄱㄴ과 같이 기호를 나타낼 때 선분 ㄴㄱ으로 읽어도 정답으로 인정합니다.

1 수직과 수선 88쪽

1 (○) (   ) (○) (   )

2 (1) 2개 (2) 1개

3 예 삼각자   예 각도기

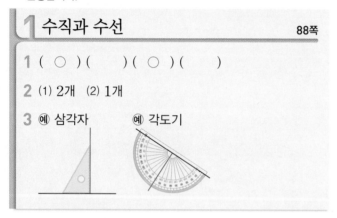

1 두 직선이 서로 수직으로 만날 때 한 직선을 다른 직선에 대한 수선이라고 합니다.

2 파란색 변과 직각으로 만나는 변을 찾습니다.

(1)    (2)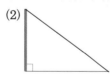

2 평행과 평행선 89쪽

4 (1) 직선 가와 직선 나   (2) 직선 다와 직선 라

5 변 ㄱㄹ

6 (   ) (○) (   )

4 한 직선에 수직인 두 직선을 찾습니다.

(1)   (2)

5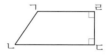

변 ㄴㄷ과 변 ㄷㄹ이 서로 수직이고 변 ㄷㄹ과 변 ㄱㄹ이 서로 수직이므로 변 ㄴㄷ과 변 ㄱㄹ은 평행합니다.

6 그은 두 직선이 만나지 않는 것을 찾습니다.

3 평행선 사이의 거리 90쪽

7 ②   8 3 cm

9 (1) 예   (2) 예

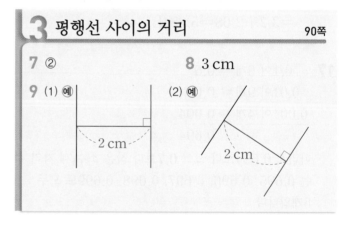

7 평행선 사이에 수직인 선분을 찾으면 ②입니다.

8 변 ㄱㄴ과 변 ㄹㄷ이 서로 평행하므로 두 변 사이에 수직인 선분을 긋고, 수직인 선분의 길이를 잽니다.

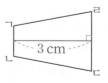

9 수직인 선분의 길이가 2 cm가 되도록 평행선을 긋습니다.

91~94쪽

1 직선 가와 직선 다, 직선 나와 직선 라

2 가, 라

3 셀 수 없이 많이 그을 수 있습니다.

4 선분 ㄱㄹ

5 2개

6

7 6개

8 풀이 참조 / 50°

9 18°

10 40°

11 은진

12

13 직선 마 / 풀이 참조

14 나

15

16

17 5쌍

18 변 ㅇㅅ, 변 ㅂㅁ, 변 ㄹㄷ

19 1.5 cm

20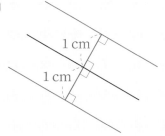

21 풀이 참조 / 12 cm

22 6.5 cm

23 2 cm

24 6 cm

25 8 cm

1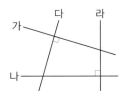

두 직선이 만나서 이루는 각이 직각인 두 직선을 찾습니다.

2

두 변이 서로 직각으로 만나는 곳이 있는 도형은 가와 라입니다.

3 한 직선에 수직인 직선은 셀 수 없이 많으므로 직선 가에 대한 수선은 셀 수 없이 많이 그을 수 있습니다.

4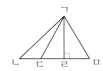

변 ㄴㅁ에 수직인 선분은 선분 ㄱㄹ입니다.

5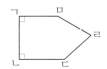

변 ㄱㄴ과 만나서 이루는 각이 직각인 변은 변 ㄱㅁ과 변 ㄴㄷ으로 2개입니다.

6 직각 삼각자의 직각 부분이나 각도기를 사용하여 수선을 긋습니다.

> 참고 한 점을 지나고 한 직선에 수직인 직선은 1개밖에 없습니다.

7  ➡ 6개

서술형
8 예 직선 가와 직선 나가 만나서 이루는 각이 90°이므로 ㉠의 각도는 90° − 40° = 50°입니다.

단계	문제 해결 과정
①	두 직선이 만나서 이루는 각도가 90°임을 알고 있나요?
②	㉠의 각도를 바르게 구했나요?

9 직선 ㄱㄴ은 직선 ㄷㄹ에 대한 수선이므로 각 ㄷㄹㄴ은 90°입니다. 따라서 (각 ㅁㄹㅂ) = 90° ÷ 5 = 18°입니다.

10

㉡ = 90°, ㉢ = 180° − 130° = 50°
삼각형의 세 각의 크기의 합은 180°이므로
㉠ = 180° − 90° − 50° = 40°입니다.

11 은진: 두 직선이 이루는 각이 직각일 때, 두 직선은 서
　　　로 수직이라고 합니다.

12

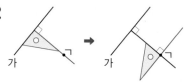

서술형
13

ⓔ 직선 라와 수직인 직선은 직선 가이고, 직선 가와 수
직인 또 다른 직선은 직선 마입니다. 따라서 직선 라와
직선 마는 평행합니다.

단계	문제 해결 과정
①	직선 라와 평행한 직선을 찾았나요?
②	직선 라와 평행한 이유를 바르게 설명했나요?

14 가: 2쌍, 나: 4쌍

16 주어진 두 선분과 각각 평행한 선분을 그어 사각형을 완
성합니다.

17 평행한 두 직선을 모두 찾습니다.

19

1.5 cm

평행선의 한 직선에서 다른 직선에 수직인 선분을 긋고,
그은 수직인 선분의 길이를 잽니다.

20 주어진 직선의 위쪽과 아래쪽에 각각 1개씩 긋습니다.

서술형
21 ⓔ 직선 가와 직선 나의 평행선 사이의 거리는 4 cm이
고 직선 나와 직선 다의 평행선 사이의 거리는 8 cm이
므로 직선 가와 직선 다의 평행선 사이의 거리는
4＋8＝12 (cm)입니다.

단계	문제 해결 과정
①	직선 가와 직선 나, 직선 나와 직선 다의 평행선 사이의 거리를 알고 있나요?
②	직선 가와 직선 다의 평행선 사이의 거리를 바르게 구했나요?

22 (직선 가와 직선 나의 평행선 사이의 거리)
　　＝(직선 가와 직선 다의 평행선 사이의 거리)
　　　－(직선 나와 직선 다의 평행선 사이의 거리)
　　＝11－4.5＝6.5 (cm)

23

ㄱ　　　ㅂ

2 cm

ㄴ

ㄷ　　　ㄹ

ㅁ

평행한 두 변은 변 ㄱㅂ과 변 ㄷㄹ이므로 이 두 변에 수
직인 선분의 길이를 구합니다.

24 평행한 두 변은 변 ㄱㄹ과 변 ㄴㄷ이고, 이 두 변의 평행
선 사이의 거리는 변 ㄷㄹ의 길이이므로 6 cm입니다.

25 평행한 두 변은 변 ㄱㄹ과 변 ㄴㄷ이고 이 두 변의 평행
선 사이의 거리는 변 ㄹㄷ의 길이입니다.
(각 ㄱㄷㄹ)＝180°－90°－45°＝45°이므로 삼각형
ㄱㄷㄹ은 이등변삼각형입니다.
따라서 (변 ㄹㄷ)＝(변 ㄹㄱ)＝8 cm입니다.

4 사다리꼴

❶ 사다리꼴

1 나, 다

2 예

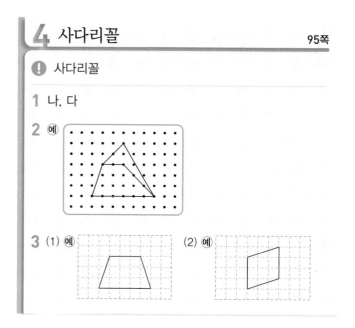

3 (1) **예**　　　　　　(2) **예**

---

1 평행한 변이 한 쌍이라도 있는 사각형을 찾습니다.

2 적어도 한 쌍의 변이 평행하도록 한 꼭짓점을 옮깁니다.

3 주어진 선분을 사용하여 적어도 한 쌍의 변이 서로 평행하게 사각형을 그립니다.

5 평행사변형

❶ 두에 ○표

4 나, 마, 바

5 평행사변형

6 (1) (위에서부터) 7, 8　　(2) (왼쪽부터) 120, 60

---

4 다는 평행한 변이 없습니다. 가, 라: 한 쌍

5 마주 보는 두 쌍의 변이 서로 평행한 사각형은 평행사변형입니다.

6 평행사변형은 마주 보는 두 변의 길이와 마주 보는 두 각의 크기가 같습니다.

6 마름모

7 2개

8 예

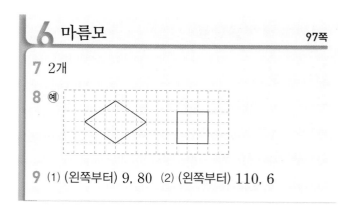

9 (1) (왼쪽부터) 9, 80　　(2) (왼쪽부터) 110, 6

---

7 네 변의 길이가 모두 같은 사각형은 가, 다입니다.

> **주의**　나, 라와 같은 사각형은 평행사변형이지만 네 변의 길이가 같지 않으므로 마름모는 될 수 없습니다.

8 주어진 선분과 모든 변의 길이가 같도록 사각형을 그립니다.

9 (1) 마름모는 네 변의 길이가 모두 같고 마주 보는 두 각의 크기가 같습니다.
　　(2) 마름모는 이웃한 두 각의 크기의 합이 180°입니다.

7 여러 가지 사각형

10 가, 나, 다, 라, 마 / 가, 다, 마 / 마 / 가, 마 / 마

11 사다리꼴, 평행사변형, 직사각형

12 사다리꼴, 평행사변형, 마름모, 직사각형, 정사각형

---

11 마주 보는 두 쌍의 변이 서로 평행하므로 사다리꼴, 평행사변형이고, 네 각이 모두 직각이므로 직사각형입니다.

12 마주 보는 두 쌍의 변이 서로 평행하므로 사다리꼴, 평행사변형입니다. 네 변의 길이가 모두 같고 네 각이 모두 직각이므로 마름모, 직사각형, 정사각형입니다.

기본에서 응용으로

99 ~ 102쪽

26 ㉠, ㉢

27 4개

28 사다리꼴입니다. / 예 평행한 변이 있기 때문입니다.

29 사다리꼴

30 42 cm

31 (위에서부터) 80, 100

32 ㉠, ㉢

33 풀이 참조 / 26 cm

34 12 cm

35 24 cm

36 50°

37 (왼쪽부터) 3, 90

38 마름모가 아닙니다. / 예 네 변의 길이가 같지 않기 때문입니다.

39 마름모

40 20 cm

41 72°

42 6 cm

43 50°

44 ㉢

45 직사각형은 정사각형이 아닙니다. / 예 직사각형 중에는 네 변의 길이가 같지 않은 것도 있기 때문입니다.

46

47 사다리꼴, 평행사변형, 직사각형에 ○표

48 직사각형, 정사각형

26

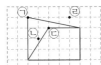

적어도 한 쌍의 변이 서로 평행하도록 그려지는 것은 ㉠과 ㉢입니다.

27 사다리꼴은 ①, ②, ③, ⑤로 4개입니다.

28

단계	문제 해결 과정
①	사다리꼴의 성질을 이해했나요?
②	사다리꼴인 이유를 바르게 설명했나요?

29 마주 보는 한 쌍의 변이 평행하므로 사다리꼴입니다.

---

30 변 ㄹㄷ은 12 cm이므로 사다리꼴 ㄱㄴㄷㄹ의 네 변의 길이의 합은 $13 + 11 + 12 + 6 = 42$ (cm)입니다.

31

이웃한 두 각의 크기의 합이 $180°$이므로
㉠$= 180° - 80° = 100°$이고,
마주 보는 두 각의 크기가 같으므로 ㉢$= 80°$입니다.

32 ㉢ 평행사변형은 이웃하는 두 변의 길이가 항상 같은 것은 아닙니다.

33 예 평행사변형은 마주 보는 두 변의 길이가 같으므로 네 변의 길이의 합은 $5 + 8 + 5 + 8 = 26$ (cm)입니다.

단계	문제 해결 과정
①	마주 보는 두 변의 길이가 같음을 알고 있나요?
②	네 변의 길이의 합을 바르게 구했나요?

34 평행사변형은 마주 보는 두 쌍의 변의 길이가 같으므로 (변 ㄱㄴ)$= 6$ cm입니다.
(변 ㄴㄷ)$+$(변 ㄱㄹ)$= 36 - 12 = 24$ (cm)이므로
(변 ㄴㄷ)$= 24 \div 2 = 12$ (cm)입니다.

35 정삼각형은 세 변의 길이가 같으므로
(변 ㄹㄷ)$= 4$ (cm)
평행사변형은 마주 보는 두 변의 길이가 같으므로
(변 ㄱㄹ)$=$(변 ㄴㄷ)$= 6$ (cm),
(변 ㄱㄴ)$=$(변 ㄹㄷ)$= 4$ (cm)입니다.
➡ (사각형 ㄱㄴㅁㄹ의 네 변의 길이의 합)
$=$(변 ㄱㄴ)$+$(변 ㄴㅁ)$+$(변 ㅁㄹ)$+$(변 ㄹㄱ)
$= 4 + 10 + 4 + 6 = 24$ (cm)

36 평행사변형은 이웃한 두 각의 크기의 합이 $180°$이므로
(각 ㄴㄷㄹ)$= 180° - 40° = 140°$입니다.
(각 ㄴㄷㄹ)$=$(각 ㄴㄷㄱ)$+$(각 ㄱㄷㄹ)이므로
(각 ㄱㄷㄹ)$= 140° - 90° = 50°$입니다.

37 마름모는 마주 보는 꼭짓점끼리 이은 선분이 서로 수직으로 만나고 이등분합니다.

38

단계	문제 해결 과정
①	마름모의 성질을 이해했나요?
②	마름모가 아닌 이유를 바르게 설명했나요?

39 평행사변형과 직사각형은 네 변의 길이가 모두 같지 않습니다.

40 마름모는 네 변의 길이가 모두 같으므로
(네 변의 길이의 합)=5+5+5+5=20 (cm)입니다.

41

마름모는 이웃한 두 각의 크기의 합이 180°이므로
ⓛ=180°−72°=108°
➡ ㉠=180°−108°=72°

42 정삼각형은 세 변의 길이가 모두 같으므로
(철사의 길이)=8×3=24 (cm)입니다.
마름모는 네 변의 길이가 모두 같으므로
(마름모의 한 변의 길이)=24÷4=6 (cm)입니다.

43 마름모는 네 변의 길이가 모두 같으므로 삼각형 ㄴㄷㄹ
은 이등변삼각형입니다. 마름모는 마주 보는 두 각의
크기가 같으므로 (각 ㄴㄷㄹ)=80°입니다.
➡ (각 ㄴㄹㄷ)+(각 ㄷㄴㄹ)=180°−80°=100°,
(각 ㄴㄹㄷ)=100°÷2=50°

44 ㉢ 마름모는 네 변의 길이가 같은 사각형이므로 정사각
형은 마름모라고 할 수 있습니다.

서술형
45

단계	문제 해결 과정
①	직사각형의 성질을 알고 있나요?
②	정사각형이 아닌 이유를 바르게 설명했나요?

46 마주 보는 두 쌍의 변이 서로 평행한 사각형은 평행사
변형, 마름모, 직사각형, 정사각형이고 그중 네 변의 길
이가 모두 같은 사각형은 마름모, 정사각형입니다.

47 두 개씩 길이가 같은 막대로 만들 수 있는 사각형은 사
다리꼴, 평행사변형, 직사각형입니다. 마름모와 정사각
형은 네 변의 길이가 모두 같아야 하므로 만들 수 없습
니다.

48 마주 보는 두 쌍의 변이 서로 평행한 사각형은 평행사
변형, 마름모, 직사각형, 정사각형이고 그중 네 각의 크
기가 모두 같은 사각형은 직사각형, 정사각형입니다.

응용에서 최상위로

103~106쪽

1 26 cm		**1-1** 23 cm		**1-2** 13 cm	
2 13개		**2-1** 10개		**2-2** 18개	
3 40°		**3-1** 60°		**3-2** 30°	

4 1단계

예 직선 가, 직선 나 사이에 그은 수선이 이루는 각도
는 90°이고, 한 직선이 이루는 각도는 180°입니다. ㉠
을 제외한 세 각의 크기를 위에서부터 차례로 구하면
90°−50°=40°, 90°, 180°−70°=110°입니다.
2단계 예 사각형의 네 각의 크기의 합은 360°이므로
㉠=360°−40°−90°−110°=120°입니다.
/ 120°

1 (변 ㄱㅇ과 변 ㅂㅅ의 평행선 사이의 거리)
=(변 ㄱㄴ)+(변 ㄷㄹ)+(변 ㅁㅂ)
=7+14+5=26 (cm)

1-1 (변 ㄱㄴ과 변 ㄹㄷ의 평행선 사이의 거리)
=(변 ㄱㅇ)+(변 ㅅㅂ)+(변 ㅁㄹ)
=5+6+12=23(cm)

1-2 (변 ㄱㄴ과 변 ㅍㅌ의 평행선 사이의 거리)
=(변 ㄱㄹ)+(변 ㅁㅇ)+(변 ㅇㅋ)+(변 ㅎㅍ)
=47 (cm)
(변 ㅇㅋ)
=(변 ㄱㄴ과 변 ㅍㅌ의 평행선 사이의 거리)
−(변 ㄱㄹ)−(변 ㅁㅇ)−(변 ㅎㅍ)
=47−18−11−5=13 (cm)

2

도형 2개짜리: ㉠ⓛ, ㉢㉣, ㉤ⓗ, ㉦㉧, ⓛㄷ, ⓛㅁ,
㉣ㅅ, ㅅㅂ → 8개
도형 4개짜리: ㉠ⓛㄷㄹ, ㉤ⓗㅅㅇ, ㉠ⓛㅁㅂ, ㉢㉣㉧㉦
→ 4개
도형 8개짜리: ㉠ⓛㄷㄹㅁㅂㅅㅇ → 1개
➡ 8+4+1=13(개)

2-1

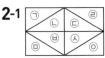

도형 2개짜리: ㉠㉡, ㉢㉣, ㉤㉥, ㉦㉧ → 4개
도형 4개짜리: ㉠㉡㉢㉣, ㉤㉥㉦㉧, ㉠㉡㉤㉥, ㉢㉣㉦
㉧, ㉡㉢㉥㉦ → 5개
도형 8개짜리: ㉠㉡㉢㉣㉤㉥㉦㉧ → 1개
➡ 4+5+1=10(개)

2-2

도형 1개짜리: ㉠, ㉡, ㉢, ㉣, ㉤, ㉥ → 6개
도형 2개짜리: ㉠㉣, ㉡㉤, ㉢㉥, ㉠㉡, ㉡㉢, ㉣㉤,
㉤㉥ → 7개
도형 3개짜리: ㉠㉡㉢, ㉣㉤㉥ → 2개
도형 4개짜리: ㉠㉡㉣㉤, ㉡㉢㉤㉥ → 2개
도형 6개짜리: ㉠㉡㉢㉣㉤㉥ → 1개
➡ 6+7+2+2+1=18(개)

3 평행사변형은 이웃한 두 각의 크기의 합이 180°이므로
(각 ㄴㄷㄹ)=180°−130°=50°입니다.
정사각형은 모든 각의 크기가 90°이므로
(각 ㄹㄷㅁ)=90°입니다.
따라서 한 직선이 이루는 각도는 180°이므로
㉠=180°−50°−90°=40°입니다.

3-1 평행사변형은 마주 보는 두 각의 크기가 같으므로
(각 ㄴㄷㄹ)=(각 ㄴㄱㄹ)=60°입니다.
마름모는 이웃한 두 각의 크기의 합이 180°이므로
(각 ㄹㄷㅁ)=180°−120°=60°입니다.
따라서 한 직선이 이루는 각도는 180°이므로
㉠=180°−60°−60°=60°입니다.

3-2 평행사변형은 이웃한 두 각의 크기의 합이 180°이므로
(각 ㄴㄷㄹ)=180°−50°=130°입니다.
한 바퀴가 이루는 각도는 360°이므로
(각 ㄴㄷㅂ)=360°−130°−80°=150°입니다.
평행사변형은 마주 보는 두 각의 크기가 같으므로
(각 ㄴㅁㅂ)=(각 ㄴㄷㅂ)=150°입니다.
한 직선이 이루는 각도는 180°이므로
㉠=180°−150°=30°입니다.

기출 단원 평가 Level ❶ 107~109 쪽

1 직선 가, 직선 다   **2** 2개

3 ( ) ( )
( ) (○)   **4** ②, ④

5 8 cm   **6** (위에서부터) 50, 7

7 가, 나, 다, 라 / 가, 다, 라 / 가, 라

8 2.5 cm

9

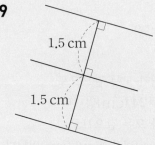

10 예

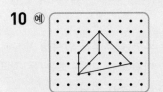

11 24 cm   **12** 70°

13 5개   **14** ㉡

15 10 cm   **16** 정사각형 / 4 cm

17 34 cm   **18** 14개

19 55°

20 예 정사각형은 네 변의 길이가 모두 같기 때문에 마름
모입니다. 그러나 마름모는 네 변의 길이는 모두 같
지만 네 각의 크기가 모두 90°가 아닌 경우도 있으므로
정사각형이 될 수 없습니다.

1

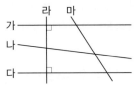

직선 라와 만나서 직각을 이루는 직선은 직선 가와 직
선 다입니다.

2

변 ㄹㄷ과 만나서 이루는 각이 직각인 변은 변 ㄱㄹ, 변 ㄴㄷ으로 모두 2개입니다.

3 삼각자에서 직각을 낀 변 중 한 변을 직선 가에 맞추고 직각을 낀 다른 한 변을 따라 그립니다.

4 아무리 길게 늘여도 서로 만나지 않는 두 직선을 찾습니다.

5 평행한 두 변은 길이가 12 cm인 변과 길이가 18 cm인 변이므로 이 두 변의 평행선 사이의 거리는 8 cm입니다.

6

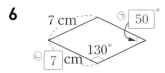

마름모는 네 변의 길이가 같고, 이웃한 두 각의 크기의 합이 180°입니다. 따라서
㉠=180°−130°=50°,
㉡=7 cm입니다.

8

변 ㄱㄴ과 변 ㄷㄹ이 서로 평행하므로 두 변 사이에 수직인 선분을 긋고 그 선분의 길이를 잽니다.

9 주어진 직선에서 거리가 1.5 cm가 되도록 위, 아래에 평행한 직선을 각각 긋습니다.

10 평행사변형은 마주 보는 두 쌍의 변이 서로 평행한 사각형입니다.

11 평행사변형은 마주 보는 두 변의 길이가 같으므로
(평행사변형의 네 변의 길이의 합)
=5+7+5+7=24 (cm)입니다.

12 마름모는 네 변의 길이가 같으므로 삼각형 ㄱㄴㄷ은 이등변삼각형입니다.
➡ (각 ㄴㄷㄱ)+(각 ㄴㄷㄷ)=180°−40°=140°,
(각 ㄴㄷㄱ)=140°÷2=70°

13 길이가 같은 4개의 막대로 만들 수 있는 사각형은 사다리꼴, 평행사변형, 마름모, 직사각형, 정사각형입니다.

14 ㉡ 직사각형은 네 각의 크기는 모두 직각이지만 네 변의 길이가 같지 않은 것도 있기 때문에 정사각형이라고 할 수 없습니다.

15 (직선 가와 직선 나의 평행선 사이의 거리)=6 cm
(직선 나와 직선 다의 평행선 사이의 거리)=4 cm
➡ (직선 가와 직선 다의 평행선 사이의 거리)
=6+4=10 (cm)

16 직사각형을 그림과 같이 자르면 한 변의 길이가 4 cm인 정사각형이 됩니다.

17 마름모는 네 변의 길이가 같으므로
(변 ㄹㄷ)=(변 ㄷㅁ)=(변 ㅁㅂ)=(변 ㅂㄹ)=5 (cm)
평행사변형은 마주 보는 두 변의 길이가 같으므로
(변 ㄱㄹ)=(변 ㄴㄷ)=7 (cm),
(변 ㄱㄴ)=(변 ㄹㄷ)=5 (cm)
➡ (사각형 ㄱㄴㅁㅂ의 네 변의 길이의 합)
=(변 ㄱㄴ)+(변 ㄴㅁ)+(변 ㅁㅂ)+(변 ㅂㄱ)
=5+12+5+12=34 (cm)

18

도형 2개짜리: ①③, ③④, ④⑤, ⑤⑥, ⑥⑦, ②⑦,
④⑨, ⑥⑪, ⑧⑨, ⑨⑩, ⑩⑪, ⑪⑫ → 12개
도형 8개짜리: ③④⑤⑥⑨⑩⑪⑫,
④⑤⑥⑦⑧⑨⑩⑪ → 2개
➡ 12+2=14(개)

19 예 직선 ㄷㄹ은 직선 ㄱㄴ에 대한 수선이므로
(각 ㄷㄹㄴ)=90°입니다. 따라서 ㉠=90°−35°=55°입니다.

평가 기준	배점(5점)
각 ㄷㄹㄴ이 90°임을 알고 있나요?	3점
㉠의 각도를 바르게 구했나요?	2점

20

평가 기준	배점(5점)
정사각형이 마름모인 이유를 바르게 썼나요?	2점
마름모가 정사각형이 아닌 이유를 바르게 썼나요?	3점

기출 단원 평가 Level ❷ 110~112쪽

1 정아	**2** 선분 ㅁㄴ
3 마	**4** 5개
5 	**6** ㉢
	7 10 cm
	8 ㉣
9 마름모	**10** 135°
11 (위에서부터) 90, 5	**12** ①, ②, ⑤
13 11 cm	**14** 마름모, 정사각형
15 5쌍	**16** 7 cm
17 30°	**18** 85°
19 7.5 cm	**20** 10개

1

진주: 평행한 직선 가와 직선 나, 직선 다와 직선 마로 2쌍입니다.

정아: 직선 라와 직선 나는 직각을 이루는 부분이 없습니다.

2

변 ㄱㄷ과 수직인 선분을 찾습니다.

3 평행선의 수를 각각 구하면
가: 1쌍, 나: 2쌍, 다: 2쌍, 라: 2쌍, 마: 3쌍으로 마가 가장 많습니다.

4

⇒ 5개

5 네 변의 길이가 같고 네 각이 모두 직각이 되도록 그립니다.

6 ㉢ 한 직선에 평행한 선분은 셀 수 없이 많이 그을 수 있습니다.

7 평행한 두 변은 6 cm인 변과 18 cm인 변이고 이 두 변의 평행선 사이의 거리는 10 cm입니다.

8 사다리꼴: 가, 나, 다, 라, 마, 바 /
평행사변형: 나, 라, 바 / 직사각형: 바
네 변의 길이가 모두 같고, 네 각이 모두 직각인 정사각형은 찾을 수 없습니다.

9 네 변의 길이가 모두 같은 마름모가 만들어집니다.

10 평행사변형에서 이웃하는 두 각의 크기의 합은 180°입니다.
따라서 ㉠=180°−45°=135°입니다.

11 마름모는 마주 보는 꼭짓점끼리 이은 선분이 서로 수직으로 만나고 이등분합니다.

12 마주 보는 두 쌍의 변이 서로 평행하므로 평행사변형이고 사다리꼴입니다. 네 각의 크기가 모두 직각이고, 마주 보는 두 변의 길이가 같으므로 직사각형입니다.

13 마름모는 네 변의 길이가 같으므로 마름모의 한 변의 길이는 44÷4=11 (cm)입니다.

14 마주 보는 두 각의 크기가 같은 사각형은 평행사변형, 마름모, 직사각형, 정사각형이고 그중 네 변의 길이가 모두 같은 사각형은 마름모, 정사각형입니다.

15 평행한 두 직선을 모두 찾습니다.

16 평행사변형은 마주 보는 두 변의 길이가 같으므로
(네 변의 길이의 합)=6+6+8+8=28 (cm)
정사각형은 네 변의 길이가 같으므로
(한 변의 길이)=28÷4=7 (cm)

17 평행사변형은 이웃한 두 각의 크기의 합이 180°이므로
(각 ㄴㄷㅂ)=180°−120°=60°
직사각형은 네 각의 크기가 90°이므로 (각 ㅂㄷㄹ)=90°
한 직선이 이루는 각도는 180°이므로
㉠=180°−60°−90°=30°입니다.

18

평행선에 수선을 그으면 ㉡=90°−40°=50°,
㉢=180°−45°=135°입니다.
사각형의 네 각의 크기의 합은 360°이므로
㉠=360°−50°−135°−90°=85°입니다.

서술형
19 ㉞ 평행선 사이의 거리는 평행선 사이의 수직인 선분의
길이의 합이므로 평행선 사이의 거리는
(변 ㄱㄴ)+(변 ㄷㄹ)=4+3.5=7.5 (cm)입니다.

평가 기준	배점(5점)
변 ㄱㅂ과 변 ㄹㅁ의 평행선 사이의 거리를 구하는 식을 세웠나요?	3점
변 ㄱㅂ과 변 ㄹㅁ의 평행선 사이의 거리를 바르게 구했나요?	2점

서술형
20

㉞ 도형 2개짜리: ③⑤, ④⑩, ⑧⑭, ⑪⑬ → 4개
도형 4개짜리: ①②③④, ⑤⑥⑦⑧, ⑨⑩⑪⑫, ⑬⑭⑮⑯
　　　　　　 → 4개
도형 8개짜리: ④⑧⑤⑧⑩⑪⑬⑭ → 1개
도형 16개짜리: ①②③④⑤⑥⑦⑧⑨⑩⑪⑫⑬⑭⑮⑯ → 1개
따라서 찾을 수 있는 크고 작은 마름모는 모두
4+4+1+1=10(개)입니다.

평가 기준	배점(5점)
조각 수에 따라 마름모의 개수를 바르게 구했나요?	3점
마름모는 모두 몇 개인지 바르게 구했나요?	2점

사고력이 반짝　　　113쪽

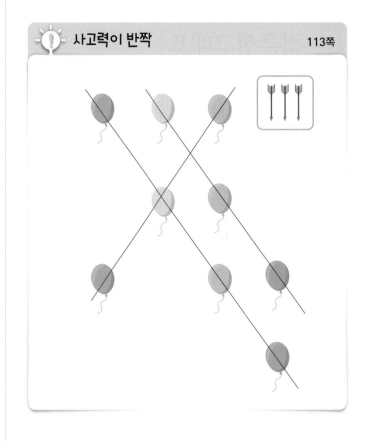

5 꺾은선그래프

그래프는 조사한 자료 값을 한눈에 정리하여 나타낸 것입니다. 그중 꺾은선그래프는 시간에 따를 자료 값을 꺾은선으로 나타내어 알아보기 쉽게 나타낸 것으로 각종 보고서나 신문 등에서 자주 사용되고 있습니다. 꺾은선그래프는 시간의 흐름에 따라 변화하는 자료 값을 나타낸 것이므로 측정하지 않은 값을 예상해 볼 수 있는 장점이 있습니다. 따라서 꺾은선그래프를 배움으로써 다양한 표현 방법과 자료를 해석하는 능력을 기를 수 있습니다. 3-2에서는 그림그래프를 4-1에서는 막대그래프를 학습한 내용을 바탕으로 자료의 내용에 따라 꺾은선그래프로 나타냄으로써 자료 표현 능력을 기를 수 있도록 합니다.

1 꺾은선그래프 알아보기 116쪽

1 시각 / 온도

2 1℃

3 (나) 그래프

2 세로 눈금 5칸이 5 ℃를 나타내므로 세로 눈금 한 칸은 5÷5＝1 (℃)를 나타냅니다.

3 자료의 변화 정도를 알아볼 때 좋은 것은 꺾은선그래프입니다.

2 꺾은선그래프 내용 알아보기 117쪽

4 (나) 그래프

5 3학년과 4학년 사이

4 필요 없는 부분을 물결선으로 줄여서 나타내면 키의 변화를 더 뚜렷하게 알 수 있습니다.

5 3학년과 4학년 사이의 선이 가장 많이 기울어져 있습니다.

3 꺾은선그래프로 나타내기 118쪽

6 예 40 kg

7 예 0.1 kg

8

정현이의 몸무게

6 7월부터 12월까지 정현이의 몸무게가 40 kg보다 많이 나가기 때문에 40 kg 아래 부분까지는 필요 없는 부분입니다.

7 몸무게를 소수 첫째 자리 숫자까지 조사하였으므로 0.1 kg으로 정하는 것이 좋습니다.

4 꺾은선그래프의 활용 119쪽

9 영어

10 8월과 9월 사이

11 72점

9 영어 점수 그래프의 선이 위로 기울어지다가 9월부터 아래로 기울어집니다.

10 수학 점수의 꺾은선그래프에서 8월과 9월 사이에 선의 기울기가 가장 심합니다.

11 영어 점수가 가장 높은 때는 점이 가장 높이 찍혀 있는 9월입니다. 9월에 수학 점수는 72점입니다.

1 (나) 그래프

2 같은 점 예 가로는 월, 세로는 무게를 나타냅니다.
다른 점 예 (가) 그래프는 자료 값을 막대로, (나) 그래프는 자료 값을 선분으로 나타내었습니다.

3 시각 / 온도

4 1 °C

5 온도의 변화

6 예 17 °C

7 ㉠, ㉣, ㉡ / ㉡, ㉢, ㉤

8 (나) / 풀이 참조

9 예 점점 줄어들었습니다.

10 180대

11 100대

12 ㉡

13 화요일과 수요일 사이

14 320 mL

15 ㉡

16 풀이 참조 / 7 kg

17 ㉠

18 예
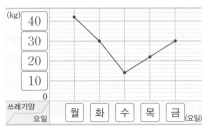
쓰레기양

19 화요일과 수요일 사이

20 예 335 kWh

21 예
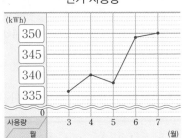
전기 사용량

22 7월

23 420, 530, 450, 470, 500

24 예
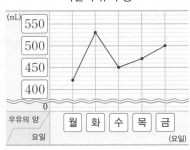
마신 우유의 양

25 화요일

26 꺾은선그래프

27
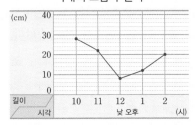
막대의 그림자 길이

28 예 길어질 것입니다.

29
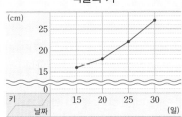
식물의 키

30 예 식물의 키의 변화 정도를 한눈에 알아볼 수 있습니다.

31 늘어났습니다에 ○표

32 336개

33 3 °C

34 78회

35 재훈

36 재훈

37 22, 24, 28, 34, 42

38 150잔

39 150000원

40 3주 차

41 328타

42
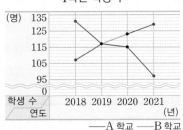
4학년 학생 수
—A 학교 —B 학교

43 A 학교

44 2019년과 2021년 사이

45 2021년

---

1 각 월별로 강아지의 무게를 비교하기에는 막대그래프가 좋고, 월별 강아지의 무게의 변화 정도를 알아볼 때는 꺾은선그래프가 좋습니다.

3 일반적으로 꺾은선그래프를 그릴 때 가로에는 시간의 흐름을, 세로에는 변화하는 양을 나타냅니다.

4 세로 눈금 5칸이 5 °C이므로
(세로 눈금 한 칸)$=5 \div 5=1$ (°C)입니다.

6 오후 2시는 19 °C이고 오후 3시는 15 °C이므로 오후 2시 30분은 그 중간인 17 °C였을 것 같습니다.

교실의 온도

7 자료의 양을 비교할 때는 막대그래프가 좋고, 자료의 변화를 알아볼 때는 꺾은선그래프가 좋습니다.

서술형
8 예 (가)는 자료의 양을 비교하기 좋은 막대그래프로 나타내고, (나)는 시간의 흐름에 따른 변화를 알아보기 좋은 꺾은선그래프로 나타내는 것이 좋습니다.

단계	문제 해결 과정
①	꺾은선그래프로 나타내기 더 좋은 그래프를 찾았나요?
②	왜 그렇게 생각했는지 이유를 바르게 썼나요?

9 꺾은선이 오른쪽 아래로 기울어졌으므로 휴대전화 판매량은 점점 줄어들었습니다.

10 1월의 휴대전화 판매량: 340대,
5월의 휴대전화 판매량: 160대
➡ (휴대전화 판매량 차)$=340-160=180$(대)

11 3월은 280대, 4월은 220대, 5월은 160대이므로 60대씩 줄어들었습니다. 따라서 6월의 휴대전화 판매량은 $160-60=100$(대)입니다.

12 ⓒ 세로 눈금 5칸이 100 mL이므로 세로 눈금 한 칸은 $100 \div 5=20$ (mL)입니다. 따라서 금요일에 컵 속에 남아 있는 물은 120 mL입니다.

13 선이 가장 많이 아래로 기울어진 때는 화요일과 수요일 사이입니다.

14 토요일에 컵 속에 남아 있는 물이 80 mL이므로 토요일까지 줄어든 물의 양은 $400-80=320$ (mL)입니다.

15 ⓒ 세로 눈금 한 칸의 크기: 1 kg
2019년과 2020년 사이의 눈금 간격은 2칸이므로 2 kg만큼 차이납니다.

서술형
16 예 쌀 소비량이 가장 많은 때는 2017년으로 74 kg이고, 쌀 소비량이 가장 적은 때는 2021년으로 67 kg입니다. 따라서 쌀 소비량이 가장 많은 때와 가장 적은 때의 차는 $74-67=7$ (kg)입니다.

단계	문제 해결 과정
①	소비량이 가장 많은 때와 가장 적은 때는 각각 몇 kg인지 구했나요?
②	소비량이 가장 많은 때와 가장 적은 때의 차를 구했나요?

17 쓰레기양을 2 kg 단위로 조사하였으므로 세로 눈금 한 칸은 2 kg이 알맞습니다.

18 가로에 요일, 세로에 쓰레기양을 나타내어 꺾은선그래프로 나타냅니다.

19 선의 기울기가 가장 심한 때는 화요일과 수요일 사이입니다.

20 그래프로 나타내는 데 꼭 필요한 부분은 336 kWh부터 350 kWh입니다.

21 336 kWh부터 350 kWh까지 꼭 필요한 부분이므로 0 kWh부터 335 kWh까지는 물결선으로 나타냅니다.

22 7월의 전기 사용량이 350 kWh로 가장 많습니다.

24 요일별 마신 우유의 양의 변화이므로 꺾은선그래프로 나타내는 것이 좋습니다. 이때 0 mL부터 400 mL까지는 필요 없으므로 물결선으로 나타냅니다.

25 화요일에는 월요일보다 110 mL 더 많이 마셨습니다.
다른 풀이
선이 가장 많이 기울어진 때는 월요일과 화요일 사이입니다.

26 시각별 막대의 그림자 길이의 변화를 알아보기에는 꺾은선그래프가 좋습니다.

27 각 시각별 막대의 그림자 길이를 점으로 표시한 후 선으로 이어서 꺾은선그래프를 그립니다.

28 낮 12시부터 막대의 그림자 길이가 계속 길어지고 있으므로 오후 3시에도 막대의 그림자 길이는 길어질 것입니다.

31 기온이 올라간 때는 5일과 10일 사이입니다. 5일과 10일 사이의 아이스크림 판매량은 늘어났습니다.

32 기온이 가장 높은 때는 34 ℃인 8월 10일입니다. 8월 10일의 아이스크림 판매량은 336개입니다.

33 아이스크림 판매량의 변화가 가장 큰 때는 선의 기울기가 가장 심한 15일과 20일 사이입니다.
15일에 29 ℃, 20일에 26 ℃이므로 이때의 기온의 차는 $29-26=3$ (℃)입니다.

34 수요일에 세 학생의 윗몸 말아 올리기 횟수는 각각
미주: 16회, 재훈: 32회, 승지: 30회입니다.
➡ $16+32+30=78$(회)

35 일요일에 월요일보다 점이 높게 찍힌 학생을 찾습니다.

> **참고** 미주의 일요일 윗몸 말아 올리기 횟수는 월요일 윗몸 말아 올리기 횟수보다 6회 적습니다. 승지의 일요일 윗몸 말아 올리기 횟수는 월요일 윗몸 말아 올리기 횟수보다 14회 적습니다.

36 재훈이의 윗몸 말아 올리기 횟수는 꾸준히 늘어나고 있으므로 재훈이를 반 대표로 뽑으면 우승할 가능성이 큽니다.

37 세로 눈금 5칸은 10잔이므로
(세로 눈금 한 칸의 크기)$=10\div5=2$(잔)입니다.

38 (월요일부터 금요일까지의 커피 판매량)
$=22+24+28+34+42=150$(잔)

39 커피 한 잔의 가격이 1000원이므로
(5일 동안 판매된 금액)
$=150\times1000=150000$(원)입니다.

40 두 꺾은선이 만나는 때는 연습한 지 3주 차 때입니다.

41 재호의 타수가 동희의 타수보다 4타만큼 더 많은 때는 4주 차 때입니다.
4주 차 때 재호의 타수는 166타, 동희의 타수는 162타이므로 (타수의 합)$=166+162=328$(타)입니다.

42 표에서 A 학교의 2018년도 학생 수는 131명, 2021년도 학생 수는 97명입니다.

B 학교의 2018년도 학생 수는 107명, 2021년도 학생 수는 129명입니다.

43 A 학교의 학생 수를 나타내는 선이 오른쪽 아래로 점점 기울어지고 있습니다.

44 B 학교의 학생 수를 나타내는 선이 A 학교의 학생 수를 나타내는 선보다 위쪽에 그려진 때를 찾습니다.

45 두 그래프 사이의 간격이 클수록 값의 차가 큽니다.

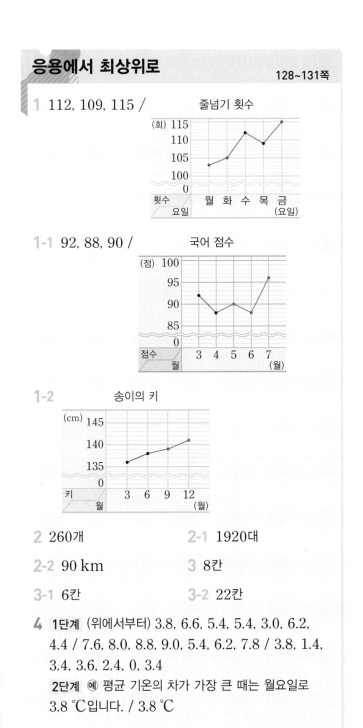

응용에서 최상위로
128~131쪽

1 112, 109, 115 /

1-1 92, 88, 90 /

1-2

2 260개   **2-1** 1920대

2-2 90 km   **3** 8칸

3-1 6칸   **3-2** 22칸

4 **1단계** (위에서부터) 3.8, 6.6, 5.4, 5.4, 3.0, 6.2, 4.4 / 7.6, 8.0, 8.8, 9.0, 5.4, 6.2, 7.8 / 3.8, 1.4, 3.4, 3.6, 2.4, 0, 3.4
2단계 예 평균 기온의 차가 가장 큰 때는 월요일로 3.8 ℃입니다. / 3.8 ℃

1 표에서 월요일은 103회, 화요일은 105회이므로 꺾은선 그래프에 나타냅니다. 꺾은선그래프에서 수요일은 112회, 목요일은 109회이므로 표의 빈칸에 써넣습니다.
금요일은 목요일보다 6회 더 많이 했으므로
$109+6=115$(회)입니다.

1-1 꺾은선그래프에서 3월은 92점, 4월은 88점이므로 표의 빈칸에 써넣습니다. 표에서 6월은 88점, 7월은 96점이므로 꺾은선그래프에 나타냅니다. 5월은 4월보다 2점 올랐으므로 $88+2=90$(점)입니다.

1-2 6월에는 138 cm이고 9월은 6월보다 1 cm 자랐으므로 $138+1=139$ (cm)입니다.
12월은 9월보다 2 cm 자랐으므로
$139+2=141$ (cm)입니다.

2 5월: 200개, 6월: 230개, 8월: 290개
판매량의 변화가 일정하므로 매월 $230-200=30$(개)씩 늘어나고 있는 것입니다. 따라서 7월의 음료수 판매량은 $230+30=260$(개)입니다.

2-1 8월: 1980대, 10월: 1860대, 11월: 1800대
매월 $1860-1800=60$(대)씩 줄어들고 있으므로
9월의 자동차 판매량은 $1980-60=1920$(대)입니다.

2-2 한 시간마다 조사한 것이고 세로 눈금이 4칸(20 km), 2칸(10 km)씩 번갈아 가며 늘어나는 규칙입니다.
따라서 6시간 후에 달린 거리는 $70+20=90$ (km)입니다.

3 세로 눈금 5칸은 10 kg이므로
(세로 눈금 한 칸의 크기)$=10\div5=2$ (kg)입니다.
3학년일 때는 24 kg, 4학년일 때는 32 kg이므로
(몸무게의 차)$=32-24=8$ (kg)입니다.
따라서 세로 눈금 한 칸의 크기를 1 kg으로 하여 그래프를 다시 그린다면 $8\div1=8$(칸) 차이가 납니다.

3-1 세로 눈금 5칸은 15초이므로
(세로 눈금 한 칸의 크기)$=15\div5=3$(초)입니다.
목요일에는 30초, 금요일에는 42초이므로
(기록의 차)$=42-30=12$(초)입니다.
따라서 세로 눈금 한 칸의 크기를 2초로 하여 그래프를 다시 그린다면 $12\div2=6$(칸) 차이가 납니다.

3-2 세로 눈금 5칸은 100개이므로
(세로 눈금 한 칸의 크기)$=100\div5=20$(개)입니다.
생산량이 가장 많은 때는 2020년에 2140개,
생산량이 가장 적은 때는 2017년에 1920개이므로
(생산량의 차)$=2140-1920=220$(개)입니다.
따라서 세로 눈금 한 칸의 크기를 10개로 하여 그래프를 다시 그린다면 $220\div10=22$(칸) 차이가 납니다.

기출 단원 평가 Level ❶ 132~134쪽

1 ㉠, ㉣, ㉤ / ㉡, ㉢, ㉣
2 ㉢
3 연도 / 인구
4 (나) 그래프
5 50명
6 400명
7

입장객 수

8 2010년과 2020년 사이
9 2020년 / 3600명
10 예 3000명
11 예 늘어날 것입니다.
12 17, 22, 29, 25
13 예 15 ℃
14 예

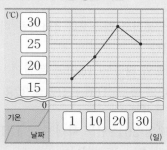

제주도의 6월 평균 기온

15 12 ℃

16

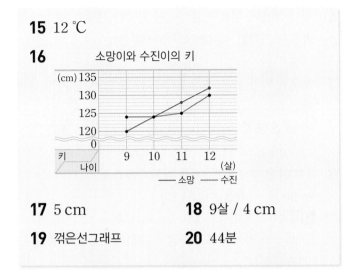

소망이와 수진이의 키

17 5 cm　　　　　**18** 9살 / 4 cm

19 꺾은선그래프　　　**20** 44분

1 막대그래프는 자료의 양을 비교할 때, 꺾은선그래프는 자료의 변화 정도를 알아볼 때 좋습니다.

2 ⓒ 세로 눈금 5칸은 30판이므로
(세로 눈금 한 칸의 크기)=30÷5=6(판)입니다.

4 필요 없는 부분은 물결선으로 생략하면 인구의 변화를 더 뚜렷하게 알 수 있습니다.

5 세로 눈금 5칸은 250명이므로 세로 눈금 한 칸의 크기는 250÷5=50(명)입니다.

6 2018년도의 인구는 2000명이고, 2021년의 인구는 1600명입니다.
따라서 3년 동안 줄어든 인구는
2000−1600=400(명)입니다.

8 선이 가장 많이 기울어진 때는 2010년과 2020년 사이입니다.

9 점이 가장 높게 찍힌 곳을 찾습니다.

10 2010년이 2400명이고 2020년이 3600명입니다.
2015년은 그 중간인 3000명이었을 것 같습니다.

11 박물관의 입장객 수가 계속 늘어나고 있으므로
2030년에 박물관의 입장객 수도 늘어날 것으로 예상할 수 있습니다.

13 그래프를 그리는 데 꼭 필요한 부분은 17 ℃부터
29 ℃입니다.

14 15 ℃ 미만은 필요 없으므로 물결선으로 나타냅니다.

15 가장 높은 때는 20일에 29 ℃, 가장 낮은 때는 1일에
17 ℃입니다. 따라서 (기온의 차)=29−17=12 (℃)
입니다.

16 9살: 120 cm, 10살: 124 cm
매년 124−120=4 (cm)씩 자라고 있으므로
11살: 124+4=128 (cm),
12살: 128+4=132 (cm)입니다.

17 소망이의 키가 가장 클 때는 12살 때입니다.
수진이는 11살 때 125 cm, 12살 때 130 cm이므로
130−125=5 (cm)만큼 자랐습니다.

18 두 그래프 사이의 간격이 클수록 값의 차가 큽니다.
9살 때 두 그래프 사이의 간격이 가장 크고,
124−120=4 (cm)만큼 차이가 납니다.

서술형
19 예 연도별 졸업생 수의 변화는 시간에 따른 변화를 알아보는 것이므로 꺾은선그래프로 나타내는 것이 좋습니다.

평가 기준	배점(5점)
어떤 그래프로 나타내는 것이 좋을지 찾았나요?	2점
그 이유를 바르게 썼나요?	3점

서술형
20 예 세로 눈금이 2칸(4분), 3칸(6분)씩 번갈아 가며 늘어나는 규칙입니다. 따라서 일요일의 컴퓨터 사용 시간은 40+4=44(분)입니다.

평가 기준	배점(5점)
컴퓨터 사용 시간이 늘어나는 규칙을 찾았나요?	3점
일요일 날의 컴퓨터 사용 시간을 구했나요?	2점

기출 단원 평가 Level ❷ 135~137쪽

1 (나) **2** 100상자

3 1400상자 **4** 2017년

5 효민 **6** 5시

7 0.7 ℃ **8** 0.3 ℃

9 오후 2시 42분 **10** 목요일

11 8분

12 오전 5시 2분 / 오후 3시 12분

13 14, 18, 15 /

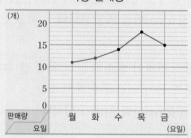

사탕 판매량

14 70개 **15** 21000원

16 26 ℃ / 34 ℃

17

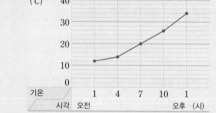

어느 도시의 기온

18 6칸 **19** 12 km

20 14회

---

1 (가)는 자료의 양을 비교하기 좋은 막대그래프, (나)는 시간의 흐름에 따른 변화를 알아보기 좋은 꺾은선그래프로 나타내는 것이 좋습니다.

2 세로 눈금 5칸은 500상자이므로 세로 눈금 한 칸의 크기는 $500 \div 5 = 100$(상자)입니다.

4 점이 가장 아래 찍힌 때를 찾습니다. 2017년의 사과 생산량은 600상자로 가장 적습니다.

5 세로 눈금 한 칸의 크기는 0.1 ℃이므로 6시에 연서의 체온은 36.6 ℃입니다.

6 선이 오른쪽 위로 기울어지기 시작한 시각이 체온이 높아지기 시작한 시각이므로 5시입니다.

7 체온이 가장 높은 때는 7시로 37.0 ℃이고, 가장 낮은 때는 5시로 36.3 ℃입니다.
➡ (체온의 차)$= 37.0 - 36.3 = 0.7$ (℃)

8 5시 체온: 36.3 ℃, 6시 체온: 36.6 ℃
➡ $36.6 - 36.3 = 0.3$ (℃)
다른 풀이
5시와 6시 사이의 세로 눈금 칸 수의 차이를 세어 봅니다.

9 물 들어오는 시각이 오전 4시 38분인 날은 화요일입니다. 화요일 날의 물 빠지는 시각은 오후 2시 42분입니다.

10 꺾은선의 기울기가 오른쪽 위로 기울어져 있으므로 물이 빠지는 시각이 점점 늦어지고 있습니다.

11 물 들어오는 시각을 나타낸 그래프에서 화요일과 수요일은 4칸 차이가 납니다. 따라서 세로 눈금 한 칸의 크기가 2분이므로 $4 \times 2 = 8$(분) 차이가 납니다.

12 물 들어오는 시각은 8분씩 늦어졌고, 물 빠지는 시각은 10분씩 늦어졌습니다.
따라서 금요일에 물 들어오는 시각은 오전 4시 54분보다 8분 느린 오전 5시 2분, 물 빠지는 시각은 오후 3시 2분보다 10분 느린 오후 3시 12분으로 예상할 수 있습니다.

14 (월요일부터 금요일까지 사탕 판매량)
$= 11 + 12 + 14 + 18 + 15 = 70$(개)

15 5일 동안의 사탕 판매량은 70개이고, 사탕 한 개의 가격이 300원이므로
(5일 동안 판매된 금액)$= 300 \times 70 = 21000$(원)입니다.

16 (오전 10시의 기온)$= 20 + 6 = 26$ (℃)
(오후 1시의 기온)$= 26 + 8 = 34$ (℃)

18 오전 4시: 14 ℃, 오전 7시: 20 ℃이므로
(기온의 차)$= 20 - 14 = 6$ (℃)입니다.
따라서 세로 눈금 한 칸의 크기를 1 ℃로 하여 그래프를 그린다면 $6 \div 1 = 6$(칸) 차이가 납니다.

19 ㉔ 1분일 때 2 km, 2분일 때 4 km, 3분일 때 6 km, 4분일 때 8 km를 갔습니다. 매분 2 km씩 갔으므로 6분일 때 10+2=12 (km)를 갔습니다.

평가 기준	배점(5점)
일정하게 몇 km씩 갔는지 구했나요?	3점
6분일 때 몇 km를 갔는지 구했나요?	2점

20 ㉔ 미국과 러시아의 위성발사 횟수의 차가 가장 큰 때는 두 그래프 사이의 간격이 가장 큰 2019년입니다. 2019년의 세로 눈금의 칸 수의 차는 14칸이고, 세로 눈금 한 칸의 크기는 1회이므로 횟수의 차는 14회입니다.

평가 기준	배점(5점)
횟수의 차가 가장 큰 해를 찾았나요?	2점
그때의 횟수의 차를 바르게 구했나요?	3전

6 다각형

1, 2학년 때에는 □, △, ○ 모양을 사각형, 삼각형, 원이라 하고, 변과 꼭짓점의 개념과 함께 오각형, 육각형을 학습하였습니다. 3학년 때에는 선의 종류와 각을 알아보면서 직각삼각형, 직사각형, 정사각형의 개념과 원을 4-1에는 각도와 삼각형, 사각형의 내각의 합과 평면도형의 이동을 배웠습니다. 이렇듯 앞에서 배운 도형들을 다각형으로 분류하고 여러 가지 모양을 만들고 채워 보는 활동을 통해 문제 해결 및 도형에 대해 학습한 내용을 총괄적으로 평가해 볼 수 있는 단원입니다. 생활 주변에서 다각형을 찾아보고 다각형을 구성하는 다양한 활동 등을 통해 수학의 유용성과 심미성을 경험할 수 있도록 지도합니다.

※선분 ㄱㄴ과 같이 기호를 나타낼 때 선분 ㄴㄱ으로 읽어도 정답으로 인정합니다.

1 다각형　　　　140쪽

❶ 6에 ○표 / 6에 ○표

1 (　　) (　　) (○) (○)

2 (1) 칠각형　(2) 십각형

3 (1) 예

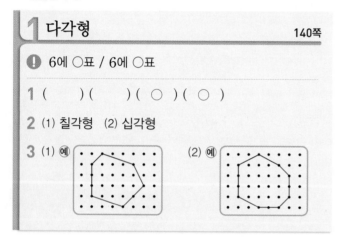

1 선분으로만 둘러싸인 도형을 찾습니다.

2 변이 7개인 다각형은 칠각형, 변이 10개인 다각형은 십각형입니다.

3 (1) 변이 6개가 되도록 다각형을 그립니다.
　(2) 변이 8개가 되도록 다각형을 그립니다.

2 정다각형　　　　141쪽

❶ 정다각형

4 가, 라　　　　　　5 정육각형 / 정삼각형

6 (1) (위에서부터) 6, 108　(2) (위에서부터) 135, 3

4 변의 길이가 모두 같고 각의 크기가 모두 같은 도형은 가, 라입니다.

5 정다각형 중에서 변의 수가 6개이면 정육각형, 변의 수가 3개이면 정삼각형입니다.

6 정다각형은 변의 길이가 모두 같고 각의 크기가 모두 같습니다.

3 대각선　　　　142쪽

❶ 대각선

7 11개　　　　　　8 나, 다

9 (왼쪽부터) 90, 8

7
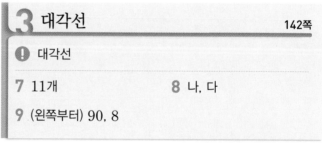

사각형의 대각선의 수는 2개, 삼각형의 대각선의 수는 0개, 육각형의 대각선의 수는 9개
➡ (대각선의 수의 합)=2+0+9=11(개)

8 나는 정오각형, 다는 직사각형입니다.
정오각형, 직사각형은 모든 대각선의 길이가 같습니다.

9 정사각형은 두 대각선이 수직으로 만나고, 한 대각선이 다른 대각선을 똑같이 반으로 나눕니다.

4 모양 만들기
143쪽

10 정육각형, ⑩ 6개의 변으로 둘러싸인 다각형입니다. /
정사각형, ⑩ 4개의 변으로 둘러싸인 다각형입니다.

11 3개

12 ⑩

10 정육각형: ⑩ 6개의 각의 크기가 같습니다.
　　　　　　6개의 변의 길이가 같습니다.
　　정사각형: ⑩ 4개의 각의 크기가 같습니다.
　　　　　　4개의 변의 길이가 같습니다.

11 나 모양 조각은 라 모양 조각 3개로 만들 수
있습니다.

다른 풀이
라 조각은 나 조각의 긴 변에 2개, 짧은 변에 1개를 놓
을 수 있습니다.

5 모양 채우기
144쪽

13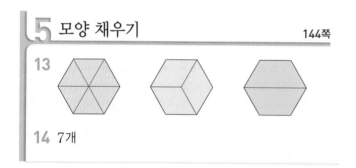

14 7개

14 다 모양 조각 2개를 이어 붙이면
　　모양이 됩니다.

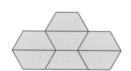

기본에서 응용으로
145~150쪽

1 나, 마, 아

2 (위에서부터) 구각형, 십각형 / 7, 9 / 7

3 다

4 ①, ⑤

5 영주

6 정육각형

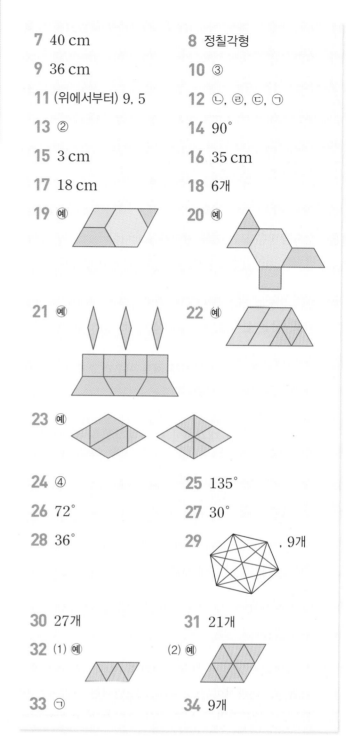

7 40 cm

8 정칠각형

9 36 cm

10 ③

11 (위에서부터) 9, 5

12 ⓒ, ⓔ, ⓓ, ⑦

13 ②

14 90°

15 3 cm

16 35 cm

17 18 cm

18 6개

19 ⑩

20 ⑩

21 ⑩

22 ⑩

23 ⑩

24 ④

25 135°

26 72°

27 30°

28 36°

29 , 9개

30 27개

31 21개

32 (1) ⑩

(2) ⑩

33 ⑦

34 9개

1 나, 마, 아는 선분으로만 둘러싸인 도형이 아니므로 다
각형이 아닙니다.

2 변의 수에 따라 다각형의 이름이 정해집니다.
다각형의 변의 수와 꼭짓점의 수는 같습니다.

3 가, 나, 라는 변의 수가 6개인 육각형입니다. 다는 변의
수가 5개이므로 오각형입니다.

4 정다각형은 변의 길이가 모두 같고 각의 크기가 모두
같습니다. ①은 정사각형, ⑤는 정팔각형입니다.

5 정다각형은 변의 길이가 모두 같고 각의 크기도 모두 같아야 합니다.

6 6개의 선분으로 둘러싸인 다각형이므로 육각형이고, 변의 길이와 각의 크기가 모두 같으므로 정육각형입니다.

7 정팔각형은 변이 8개이고 변의 길이가 모두 같습니다.
➡ (모든 변의 길이의 합)$=8\times5=40$ (cm)

8 정다각형은 모든 변의 길이가 같습니다.
따라서 변의 수는 $21\div3=7$(개)이므로 정칠각형입니다.

9 정육각형과 정오각형의 한 변의 길이는 $4\,$cm로 같으므로 (굵은 선의 길이)$=4\times9=36$ (cm)입니다.

10 ③ 삼각형은 모든 꼭짓점이 서로 이웃하고 있기 때문에 대각선을 그을 수 없습니다.

11 평행사변형은 한 대각선이 다른 대각선을 똑같이 반으로 나눕니다.

12 대각선을 직접 그어 봅니다.
대각선의 수는 각각 사각형: 2개, 칠각형: 14개, 정오각형: 5개, 육각형: 9개이므로 ⓒ, ⓔ, ⓒ, ㉠ 순으로 대각선의 수가 많습니다.
다른 풀이
도형의 꼭짓점의 수가 많을수록 그을 수 있는 대각선의 수가 많습니다.

13 두 대각선의 길이가 같은 사각형은 직사각형, 정사각형이고, 두 대각선이 서로 수직으로 만나는 사각형은 마름모, 정사각형이므로 두 가지 조건을 모두 만족하는 사각형은 ② 정사각형입니다.

14 색종이를 서로 이웃하지 않은 꼭짓점끼리 만나도록 접었으므로 접힌 부분은 정사각형의 대각선입니다.
➡ 정사각형은 두 대각선이 서로 수직입니다.

15 네 변의 길이가 모두 같으므로 마름모입니다. 마름모는 한 대각선이 다른 대각선을 똑같이 반으로 나누므로 (선분 ㄱㅁ)$=6\div2=3$ (cm)입니다.

16 정오각형의 대각선의 길이는 모두 같고, 그을 수 있는 대각선의 수는 5개입니다.
➡ (대각선의 길이의 합)$=7\times5=35$ (cm)

17 평행사변형은 한 대각선이 다른 대각선을 똑같이 반으로 나누므로 (선분 ㅁㄷ)$=5\,$cm입니다.
(선분 ㄴㄹ)
$=$(두 대각선의 길이의 합)$-$(선분 ㄱㅁ)$-$(선분ㄷㅁ)
$=28-5-5=18$ (cm)

18 다 모양 조각 1개는 라 모양 조각 2개로 만들  수 있습니다. 따라서 다 모양 조각 3개를 만들려면 라 모양 조각은 $2\times3=6$(개)가 필요합니다.

22 ▱ 모양 조각에 한 대각선을 그으면 △ 모양 조각 2개가 됩니다.

23 다음과 같이 만들 수도 있습니다.
예

24 다각형으로 바닥을 빈틈없이 채우려면 꼭짓점을 중심으로 $360°$가 되어야 합니다. 정오각형은 한 각이 $108°$이므로 꼭짓점을 중심으로 $360°$를 만들 수 없습니다. 3개를 모으면 빈틈이 생기고, 4개를 모으면 겹치는 부분이 생깁니다.

25 정팔각형은 사각형 3개로 나누어지므로 정팔각형의 모든 각의 크기의 합은 $360°\times3=1080°$입니다.
➡ (정팔각형의 한 각의 크기)$=1080°\div8=135°$

26 • 정오각형은 삼각형 3개로 나누어지므로 정오각형의 모든 각의 크기의 합은 $180°\times3=540°$입니다.
• 정오각형의 한 각의 크기는 $540°\div5=108°$이므로 ㉠$=180°-108°=72°$입니다.

27 • 정육각형은 사각형 2개로 나누어지므로 정육각형의 모든 각의 크기의 합은 $360°\times2=720°$입니다.
➡ (정육각형의 한 각의 크기)$=720°\div6=120°$
• 각 ㄷㄱㅂ이 $90°$이므로
(각 ㄴㄱㄷ)$=120°-90°=30°$입니다.

28 • 정오각형은 삼각형 3개로 나누어지므로 정오각형의 모든 각의 크기의 합은 $180°\times3=540°$입니다.
➡ (정오각형의 한 각의 크기)$=540°\div5=108°$
• (변 ㄱㅁ)$=$(변 ㅁㄹ)이므로 삼각형 ㄱㅁㄹ은 이등변삼각형입니다. 따라서 (각 ㅁㄱㄹ)$=$(각 ㅁㄹㄱ)이므로 ㉠은 $180°-108°=72°$, $72°\div2=36°$입니다.

29 육각형은 대각선을 9개 그을 수 있습니다.

30 변의 수가 9개이고, 꼭짓점의 수가 9개인 다각형은
구각형입니다.
구각형의 한 꼭짓점에서 그을 수 있는 대각선의 수는
$9-3=6$(개)입니다.
➡ (구각형의 대각선의 수)$=6\times9\div2=27$(개)

31 한 꼭짓점에서 그을 수 있는 대각선의 수는 칠각형은
$7-3=4$(개)이고, 십각형은 $10-3=7$(개)입니다.
(칠각형의 대각선의 수)$=4\times7\div2=14$(개)
(십각형의 대각선의 수)$=7\times10\div2=35$(개)
➡ (대각선의 수의 차)$=35-14=21$(개)

33

34 정삼각형은 세 변의 길이가 같습니다. 오른쪽 정삼각형
의 한 변의 길이가 $12\,cm$이므로 다음과 같이 한 변에
정삼각형 모양 조각을 3개씩 놓을 수 있습니다.

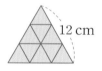
12 cm

응용에서 최상위로
151~154쪽

1 $72°$	**1-1** $60°$	**1-2** $135°$
2 $6\,cm$	**2-1** $3\,cm$	**2-2** $22\,cm$
3 정구각형	**3-1** 정십일각형	**3-2** $1440°$

4 1단계 예  $360°\times3=1080°$

2단계 예 $1080°\div8=135°$ / $135°$

4-1 $150°$

1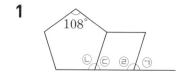

정오각형은 각의 크기가 모두 같으므로 ㉡$=108°$,
㉢$=180°-$㉡
$=180°-108°=72°$,
평행사변형은 이웃한 두 각의 크기의 합이 $180°$이므로
㉣$=180°-72°=108°$
➡ ㉠$=180°-108°=72°$

1-1

정육각형은 각의 크기가 모두 같으므로 ㉡$=120°$,
㉢$=180°-$㉡
$=180°-120°=60°$
평행사변형은 이웃한 두 각의 크기의 합이 $180°$이므로
㉣$=180°-60°=120°$
➡ ㉠$=180°-120°=60°$

1-2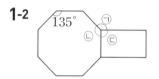

정팔각형은 각의 크기가 모두 같으므로 ㉡$=135°$,
직사각형은 네 각이 모두 직각이므로 ㉢$=90°$
➡ ㉠$=360°-$㉡$-$㉢$=360°-135°-90°=135°$

2 가는 길이가 같은 변이 4개이므로 모든 변의 길이의 합
은 $9\times4=36\,(cm)$입니다.
나는 길이가 같은 변이 6개이므로 나의 한 변의 길이는
$36\div6=6\,(cm)$입니다.

2-1 가: 정삼각형, 나: 정칠각형
(가의 세 변의 길이의 합)$=7\times3=21\,(cm)$
➡ (나의 한 변의 길이)$=21\div7=3\,(cm)$

2-2 정팔각형은 길이가 같은 변이 8개이므로
(철사 전체의 길이)$=11\times8=88\,(cm)$입니다.
정사각형은 길이가 같은 변이 4개이므로
(정사각형의 한 변의 길이)$=88\div4=22\,(cm)$입니다.

3 정사각형 정오각형 정육각형 정칠각형 정팔각형 정구각형

$$\underset{+3}{2}\ \ \underset{+4}{5}\ \ \underset{+5}{9}\ \ \underset{+6}{14}\ \ \underset{+7}{20}\ \ 27$$

정답과 풀이 **51**

3-1 정사각형 정오각형 정육각형 정칠각형 정팔각형 정구각형

대각선의 수가 3, 4, 5 ……씩 늘어나는 규칙이므로 정십각형은 대각선이 $27+8=35$(개), 정십일각형은 대각선이 $35+9=44$(개)입니다.

3-2 정십각형은 대각선의 수가
$2+3+4+5+6+7+8=35$(개)입니다.
정십각형은 사각형 4개로 나누어지므로 모든 각의 크기의 합은 $360°×4=1440°$입니다.

4-1 주어진 도형은 정삼각형과 직사각형으로 나눌 수 있습니다.

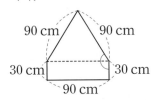

정삼각형의 한 각의 크기는 $60°$이므로
(표시한 각의 크기)$=60°+90°=150°$입니다.

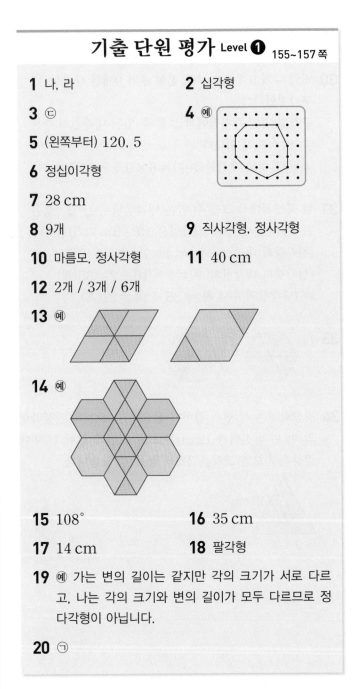

기출 단원 평가 Level ❶ 155~157쪽

1 나, 라 **2** 십각형

3 ㉢

5 (왼쪽부터) 120, 5

6 정십이각형

7 28 cm

8 9개 **9** 직사각형, 정사각형

10 마름모, 정사각형 **11** 40 cm

12 2개 / 3개 / 6개

13 ㉠

14 ㉠

15 108° **16** 35 cm

17 14 cm **18** 팔각형

19 ㉠ 가는 변의 길이는 같지만 각의 크기가 서로 다르고, 나는 각의 크기와 변의 길이가 모두 다르므로 정다각형이 아닙니다.

20 ㉠

1 가는 곡선으로 이루어져 있고, 다는 직선과 곡선으로 이루어져 있으므로 다각형이 아닙니다.

2 변이 10개인 다각형은 십각형입니다.

3 대각선은 다각형에서 이웃하지 않는 두 꼭짓점을 이은 선분입니다. ㉢은 두 꼭짓점을 이은 선분이 아니므로 대각선이 아닙니다.

4 팔각형은 8개의 선분으로 둘러싸인 도형입니다.

5 정다각형은 변의 길이가 모두 같고 각의 크기가 모두 같습니다.

6 변이 12개인 다각형이므로 십이각형이고, 변의 길이와 각의 크기가 모두 같으므로 정십이각형입니다.

7 변이 7개인 정다각형은 정칠각형입니다.
➡ (모든 변의 길이의 합)=4×7=28 (cm)

8

이웃하지 않은 두 꼭짓점을 선분으로 모두 이어 보면 대각선은 모두 9개입니다.

다른 풀이
육각형의 한 꼭짓점에서 그을 수 있는 대각선의 수는 6−3=3(개)입니다.
➡ (육각형의 대각선의 수)=3×6÷2=9(개)

11 ·직사각형은 한 대각선이 다른 대각선을 똑같이 반으로 나누므로 (선분 ㄴㅁ)=10 cm입니다.
➡ (한 대각선의 길이)=10+10=20 (cm)
·직사각형은 두 대각선의 길이가 같으므로
(두 대각선의 길이의 합)=20×2=40 (cm)

12

14 먼저 가 모양 조각으로 채운 다음 나, 다, 라 모양 조각으로 나누면 쉽습니다.

15 정오각형은 삼각형 3개로 나누어지므로 모든 각의 크기의 합은 180°×3=540°입니다.
➡ (정오각형의 한 각의 크기)=540°÷5=108°

16 정오각형과 마름모의 한 변의 길이는 5 cm로 같습니다.
➡ (굵은 선의 길이)=5×7=35 (cm)

17 (철사 전체의 길이)=6×7=42 (cm)
➡ (정삼각형의 한 변의 길이)=42÷3=14 (cm)

18
사각형	오각형	육각형	칠각형	팔각형
2	5	9	14	20

+3　+4　+5　+6

서술형
19
평가 기준	배점(5점)
정다각형의 성질을 이해했나요?	2점
가와 나가 정다각형이 아닌 이유를 바르게 썼나요?	3점

서술형
20 예 꼭짓점의 수가 많은 다각형일수록 더 많은 대각선을 그을 수 있습니다. 꼭짓점의 수는 각각
㉠ 십일각형: 11개, ㉡ 정오각형: 5개,
㉢ 십각형: 10개, ㉣ 팔각형: 8개이므로
㉠ 십일각형이 가장 많은 대각선을 그을 수 있습니다.

평가 기준	배점(5점)
대각선의 수가 가장 많은 다각형을 찾는 방법을 알고 있나요?	3점
대각선의 수가 가장 많은 것을 구했나요?	2점

기출 단원 평가 Level ❷ 158~160 쪽

1 ⑤ 　　　　　**2** 구각형

3 20개 　　　　**4** (1) × (2) ×

5 정팔각형 　　**6** ③

7 15개 　　　　**8** 90°

9 가, 라, 마

10 예

11 8개

12 (　　) (×) (　　)

13 3 cm 　　　　**14** 18 cm

15 15 cm 　　　**16** 135°

17 150° 　　　　**18** 900°

19 이등변삼각형 　**20** 2 cm

정답과 풀이 **53**

1 변의 길이가 모두 같고 각의 크기가 모두 같은 다각형은 ⑤입니다.

2 선분으로 둘러싸여 있는 도형은 다각형입니다.
변이 9개인 다각형은 구각형입니다.

3 다각형은 변의 수와 꼭짓점의 수가 같습니다.
십각형의 변의 수는 10개, 꼭짓점의 수는 10개이므로
㉠+㉡=10+10=20(개)입니다.

4 (1) 직사각형은 네 변의 길이가 같지 않습니다.
(2) 정다각형은 네 각의 크기가 모두 같습니다.

5 정다각형은 모든 변의 길이가 같습니다.
따라서 변의 수는 32÷4=8(개)이므로 정팔각형입니다.

6 대각선을 직접 그어 봅니다.

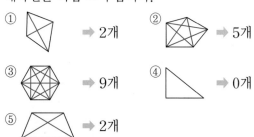

다른 풀이
꼭짓점의 수가 많은 다각형일수록 더 많은 대각선을 그을 수 있습니다.

7 한 꼭짓점에서 그을 수 있는 대각선의 수는 오각형은
5−3=2(개)이고 팔각형은 8−3=5(개)입니다.
(오각형의 대각선의 수)=2×5÷2=5(개)
(팔각형의 대각선의 수)=5×8÷2=20(개)
➡ (대각선의 수의 차)=20−5=15(개)

8 네 변의 길이가 같으므로 마름모입니다. 마름모의 두 대각선은 수직으로 만납니다.

9 정다각형에 대한 설명입니다. 가는 정육각형, 라는 정삼각형, 마는 정사각형입니다.

11 먼저 다 조각으로 모양을 채운 뒤, 2개를 제외하고 나머지 조각을 라 조각으로 나눕니다.

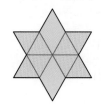

12 왼쪽부터 차례대로 정사각형, 정오각형, 정육각형입니다. 정오각형의 한 각의 크기는 108°이므로 꼭짓점을 중심으로 360°를 만들 수 없습니다.

13 굵은 선의 길이는 정오각형의 한 변의 길이의 8배와 같습니다.
➡ (정오각형의 한 변의 길이)=24÷8=3 (cm)

14 직사각형은 두 대각선의 길이가 같고, 한 대각선이 다른 대각선을 똑같이 반으로 나눕니다.
(선분 ㄴㅁ)=(선분 ㅁㄹ)=(선분 ㄱㅁ)=(선분 ㅁㄷ)
=5 cm
➡ (삼각형 ㅁㄴㄷ의 세 변의 길이의 합)=5+8+5
=18 (cm)

15 정삼각형의 한 변의 길이는 9÷3=3 (cm)이고,
정삼각형과 정오각형의 한 변의 길이가 같으므로
정오각형의 한 변의 길이는 3 cm입니다.
➡ (정오각형의 모든 변의 길이의 합)=3×5=15 (cm)

16

• 정팔각형은 사각형 3개로 나누어지므로 모든 각의 크기의 합은 360°×3=1080°이고,
한 각의 크기 ㉡=1080°÷8=135°입니다.
• 정사각형은 네 각이 모두 직각이므로 ㉢=90°입니다.
➡ ㉠=360°−㉡−㉢
=360°−135°−90°=135°

17 • 정육각형은 사각형 2개로 나누어지므로 정육각형의 모든 각의 크기의 합은 360°×2=720°입니다.
➡ (정육각형 한 각의 크기)=720°÷6=120°
=㉡
• (변 ㄱㄴ)=(변 ㄴㄷ)이므로 삼각형 ㄱㄴㄷ은 이등변 삼각형입니다.
(각 ㄱㄴㄷ)=120°이므로
㉠은 180°−120°=60°, 60°÷2=30°입니다.
➡ ㉠+㉡=30°+120°=150°

18 정다각형의 대각선의 수는 다음과 같습니다.

정사각형   정오각형   정육각형   정칠각형
2   5   9   14
     +3   +4   +5

따라서 대각선이 14개인 정다각형은 정칠각형입니다.
정칠각형은 삼각형 5개로 나누어지므로 모든 각의 크기의 합은 $180° × 5 = 900°$입니다.

서술형
19 예 직사각형은 두 대각선의 길이가 같고, 한 대각선이 다른 대각선을 반으로 나누므로 4개의 삼각형은 두 변의 길이가 모두 같습니다. 따라서 만들어진 삼각형은 모두 이등변삼각형입니다.

평가 기준	배점(5점)
직사각형의 대각선의 성질을 설명했나요?	2점
만들어진 삼각형은 어떤 삼각형인지 찾았나요?	3점

서술형
20 예 마름모는 네 변의 길이가 같으므로 모든 변의 길이의 합은 $5 × 4 = 20 (cm)$입니다. 따라서 정십각형의 한 변의 길이는 $20 ÷ 10 = 2 (cm)$입니다.

평가 기준	배점(5점)
마름모의 모든 변의 길이의 합을 구했나요?	2점
정십각형의 한 변의 길이를 구했나요?	3점

1 분수의 덧셈과 뺄셈

서술형 문제

2~5쪽

1 **이유** 예 자연수 부분끼리 빼고, 분수 부분끼리 뺀 결과를 더해야 하는 데 빼서 틀렸습니다.

바른 계산 $5\frac{7}{10} - 2\frac{3}{10}$

$$= (5-2) + (\frac{7}{10} - \frac{3}{10}) = 3 + \frac{4}{10}$$

$$= 3\frac{4}{10}$$

2 ㉠   **3** 2   **4** 4개

5 $5\frac{1}{9}$ **6** $17\frac{1}{5}$ cm   **7** 시장, $\frac{5}{10}$ km

8 $3\frac{2}{7}$

1

단계	문제 해결 과정
①	잘못 계산한 이유를 바르게 설명했나요?
②	바르게 계산했나요?

2 예 ㉠ $1\frac{4}{7} + 3\frac{5}{7} = (1+3) + (\frac{4}{7} + \frac{5}{7})$

$$= 4 + 1\frac{2}{7} = 5\frac{2}{7}$$

㉡ $6\frac{2}{7} - 1\frac{3}{7} = 5\frac{9}{7} - 1\frac{3}{7} = 4\frac{6}{7}$

따라서 $5\frac{2}{7} > 4\frac{6}{7}$이므로 ㉠이 더 큽니다.

단계	문제 해결 과정
①	㉠, ㉡을 각각 계산했나요?
②	더 큰 것의 기호를 썼나요?

3 예 $3\frac{7}{9} - 2\frac{8}{9} = 2\frac{16}{9} - 2\frac{8}{9} = \frac{8}{9}$,

$1\frac{1}{9} - \frac{2}{9} = \frac{10}{9} - \frac{2}{9} = \frac{8}{9}$이므로 $\frac{8}{9}$씩 커지는 규칙입니다.

따라서 빈 곳에 알맞은 수는 $1\frac{1}{9} + \frac{8}{9} = 2$입니다.

단계	문제 해결 과정
①	규칙을 찾았나요?
②	빈 곳에 알맞은 수를 구했나요?

4 예 $1\frac{5}{9} + 1\frac{\square}{9}$에서 □=4일 때 계산 결과가 3이므로 □ 안에 들어갈 수 있는 수는 4보다 크고 9보다 작은 수입니다.

따라서 □ 안에 들어갈 수 있는 수는 5, 6, 7, 8이므로 모두 4개입니다.

단계	문제 해결 과정
①	$1\frac{5}{9} + 1\frac{\square}{9}$의 값이 3이 되는 □를 찾았나요?
②	□ 안에 들어갈 수 있는 수의 개수를 구했나요?

5 예 가장 큰 대분수는 $8\frac{6}{9}$이고 가장 작은 대분수는 $3\frac{5}{9}$ 입니다.

따라서 두 분수의 차는

$$8\frac{6}{9} - 3\frac{5}{9} = (8-3) + (\frac{6}{9} - \frac{5}{9})$$

$$= 5 + \frac{1}{9} = 5\frac{1}{9}$$입니다.

단계	문제 해결 과정
①	가장 큰 대분수와 가장 작은 대분수를 구했나요?
②	두 분수의 차를 구했나요?

6 예 테이프 3장의 길이의 합은 $6 \times 3 = 18$(cm)이고, 겹쳐진 부분의 길이의 합은

$$\frac{2}{5} + \frac{2}{5} = \frac{4}{5}$$(cm)입니다.

따라서 이어 붙인 테이프의 전체 길이는

$$18 - \frac{4}{5} = 17\frac{5}{5} - \frac{4}{5} = 17\frac{1}{5}$$(cm)입니다.

단계	문제 해결 과정
①	테이프 3장의 길이의 합과 겹쳐진 부분의 길이의 합을 각각 구했나요?
②	이어 붙인 테이프의 전체 길이를 구했나요?

7 예 (학교~약국~서점)$= 1\frac{4}{10} + 2\frac{2}{10} = 3\frac{6}{10}$(km)

(학교~시장~서점)$= 1\frac{3}{10} + 1\frac{8}{10}$

$$= 2 + 1\frac{1}{10} = 3\frac{1}{10}$$(km)

따라서 $3\frac{6}{10} > 3\frac{1}{10}$이므로 시장을 지나 가는 길이

$3\frac{6}{10} - 3\frac{1}{10} = \frac{5}{10}$(km) 더 가깝습니다.

단계	문제 해결 과정
①	학교에서 약국을 지나 서점에 가는 길의 거리와 시장을 지나 서점에 가는 길의 거리를 각각 구했나요?
②	어느 곳을 지나 가는 길이 몇 km 더 가까운지 구했나요?

8 예 $3\dfrac{5}{7}\heartsuit\dfrac{6}{7}=3\dfrac{5}{7}-\dfrac{6}{7}+\dfrac{3}{7}$

$\qquad\qquad =2\dfrac{12}{7}-\dfrac{6}{7}+\dfrac{3}{7}=2\dfrac{6}{7}+\dfrac{3}{7}$

$\qquad\qquad =2+\dfrac{9}{7}=3\dfrac{2}{7}$

단계	문제 해결 과정
①	약속에 맞게 식을 세웠나요?
②	바르게 계산했나요?

다시 점검하는 기출 단원 평가 Level ❶ 6~8쪽

1 4, 7 / 11 / 11, 1, 2

2 (1) $3\dfrac{5}{7}$ (2) $\dfrac{5}{8}$ (3) 6, $\dfrac{2}{5}$ (4) 1, $\dfrac{4}{9}$

3 ㉡ **4** $1\dfrac{11}{15}$

5 (○) ( ) ( )

6 (위에서부터) $1\dfrac{6}{8}$, $1\dfrac{4}{11}$

7 $4\dfrac{2}{10}$ km **8** $2\dfrac{3}{5}$ cm

9 < **10** $4\dfrac{1}{6}$ kg

11 $5\dfrac{8}{13}$ **12** 현미, 수수

13 $1\dfrac{16}{20}$ **14** $2\dfrac{8}{10}$ kg

15 10 / $\dfrac{1}{11}$ **16** $14\dfrac{2}{10}$

17 예 $4=1\dfrac{3}{8}+2\dfrac{5}{8}$, $4=2\dfrac{4}{8}+1\dfrac{4}{8}$

18 3 m **19** $2\dfrac{6}{7}$

20 $14\dfrac{2}{7}$

2 (1) $1\dfrac{3}{7}+2\dfrac{2}{7}=(1+2)+\left(\dfrac{3}{7}+\dfrac{2}{7}\right)$

$\qquad\qquad =3\dfrac{5}{7}$

(2) $1-\dfrac{3}{8}=\dfrac{8}{8}-\dfrac{3}{8}=\dfrac{5}{8}$

3 ㉠ $\dfrac{3}{11}+\dfrac{4}{11}=\dfrac{7}{11}$

㉡ $\dfrac{2}{11}+\dfrac{9}{11}=\dfrac{11}{11}=1$

㉢ $\dfrac{5}{11}+\dfrac{5}{11}=\dfrac{10}{11}$

㉣ $\dfrac{6}{11}+\dfrac{2}{11}=\dfrac{8}{11}$

4 $6\dfrac{3}{15}-4\dfrac{7}{15}=5\dfrac{18}{15}-4\dfrac{7}{15}=1\dfrac{11}{15}$

5 ・ $7-1\dfrac{1}{4}$ 은 $(7-1)=6$ 이고, $\dfrac{1}{4}$ 은 1보다 작으므로 계산 결과는 5와 6 사이입니다.

・ $3\dfrac{2}{5}+2\dfrac{4}{5}$ 는 분수 부분의 합이 1보다 크므로 계산 결과는 6보다 큽니다.

・ $6\dfrac{1}{7}-1\dfrac{4}{7}$ 은 분수 부분끼리 뺄 수 없으므로 1을 받아내림해야 합니다.

따라서 계산 결과는 5보다 작습니다.

6 두 수의 합 또는 세 수의 합이 3이 되는 수를 구합니다.

・ $1\dfrac{2}{8}+㉠=3$,

$㉠=3-1\dfrac{2}{8}=2\dfrac{8}{8}-1\dfrac{2}{8}=1\dfrac{6}{8}$

・ $\dfrac{5}{11}+㉡+1\dfrac{2}{11}=3$,

$㉡=3-\dfrac{5}{11}-1\dfrac{2}{11}$

$\quad=2\dfrac{11}{11}-\dfrac{5}{11}-1\dfrac{2}{11}$

$\quad=2\dfrac{6}{11}-1\dfrac{2}{11}=1\dfrac{4}{11}$

7 (집~학교)=(집~은행)+(은행~학교)

$\qquad =2\dfrac{4}{10}+1\dfrac{8}{10}=3+1\dfrac{2}{10}$

$\qquad =4\dfrac{2}{10}$ (km)

8 $4 - 1\frac{2}{5} = 3\frac{5}{5} - 1\frac{2}{5} = 2\frac{3}{5}$ (cm)

9 $6\frac{2}{7} - 2\frac{4}{7} = 5\frac{9}{7} - 2\frac{4}{7} = 3\frac{5}{7}$

$2\frac{2}{7} + 1\frac{6}{7} = (2+1) + (\frac{2}{7} + \frac{6}{7})$

$\qquad\qquad = 3 + 1\frac{1}{7} = 4\frac{1}{7}$

10 (책을 넣은 가방의 무게)

= (가방의 무게) + (책의 무게)

$= 1\frac{2}{6} + 2\frac{5}{6} = 3 + 1\frac{1}{6} = 4\frac{1}{6}$ (kg)

11 가장 큰 수: 8, 가장 작은 수: $2\frac{5}{13}$

➡ (가장 큰 수) − (가장 작은 수)

$= 8 - 2\frac{5}{13} = 7\frac{13}{13} - 2\frac{5}{13} = 5\frac{8}{13}$

12 (현미) + (수수) $= 2\frac{3}{5} + 1\frac{2}{5} = 3 + \frac{5}{5} = 4$ (kg)

이므로 현미와 수수를 섞어야 합니다.

13 $4\frac{3}{20} - \square = 2\frac{7}{20}$ 이므로 $4\frac{3}{20} - 2\frac{7}{20} = \square$

➡ $\square = 4\frac{3}{20} - 2\frac{7}{20} = 3\frac{23}{20} - 2\frac{7}{20} = 1\frac{16}{20}$

14 (강아지의 무게)

= (강아지를 안고 잰 무게) − (현우의 몸무게)

$= 45\frac{3}{10} - 42\frac{5}{10}$

$= 44\frac{13}{10} - 42\frac{5}{10}$

$= 2\frac{8}{10}$ (kg)

15 1은 $\frac{11}{11}$ 이므로

$1 - \frac{\square}{11} = \frac{11}{11} - \frac{\square}{11} = \frac{11-\square}{11}$ 입니다.

분모가 11인 분수 중에서 가장 작은 분수는 $\frac{1}{11}$ 입니다.

➡ $\frac{11-\square}{11} = \frac{1}{11}$, $11 - \square = 1$, $\square = 11 - 1$,

$\square = 10$

16 수직선에서 작은 눈금 한 칸의 크기는 $\frac{1}{10}$ 입니다.

㉠: $6\frac{5}{10}$, ㉡: $7\frac{7}{10}$

➡ ㉠ + ㉡ $= 6\frac{5}{10} + 7\frac{7}{10}$

$\qquad\qquad = 13 + 1\frac{2}{10}$

$\qquad\qquad = 14\frac{2}{10}$

17 4를 분모가 8인 두 대분수의 합으로 나타내려면 두 대분수의 자연수끼리의 합이 3, 분수 부분끼리의 합이 1이 되도록 만듭니다.

18 (색칠한 부분의 길이) $= 5\frac{1}{4} + 6\frac{2}{4} - 8\frac{3}{4}$

$\qquad\qquad\qquad\qquad = 11\frac{3}{4} - 8\frac{3}{4} = 3$ (m)

서술형
19 예 $4\frac{4}{7} \boxed{} 2\frac{6}{7} = 4\frac{4}{7} - 2\frac{6}{7} + \frac{8}{7}$

$\qquad\qquad = 3\frac{11}{7} - 2\frac{6}{7} + \frac{8}{7}$

$\qquad\qquad = 1\frac{5}{7} + \frac{8}{7}$

$\qquad\qquad = 1 + 1\frac{6}{7} = 2\frac{6}{7}$

평가 기준	배점(5점)
약속에 맞게 식을 바르게 썼나요?	2점
바르게 계산했나요?	3점

서술형
20 예 합이 가장 큰 덧셈식을 만들려면 가장 큰 분수와 두 번째로 큰 분수를 더해야 합니다.

가장 큰 수: $8\frac{4}{7}$,

두 번째로 큰 수: $5\frac{5}{7}$

➡ $8\frac{4}{7} + 5\frac{5}{7} = 13 + 1\frac{2}{7} = 14\frac{2}{7}$

평가 기준	배점(5점)
가장 큰 분수와 두 번째로 큰 분수를 찾았나요?	3점
합이 가장 큰 덧셈식을 만들어 합을 구했나요?	2점

1 $1\dfrac{2}{11}$

2 (위에서부터) 3, 14 / 2, 7 / 2, 7

3 $3\dfrac{7}{17}$

4 방법 1 예 자연수에서 1만큼을 분수로 바꾸어 계산합니다. $3\dfrac{2}{6}-\dfrac{3}{6}=2\dfrac{8}{6}-\dfrac{3}{6}=2\dfrac{5}{6}$

　　방법 2 예 가분수로 바꾸어 분자 부분만 뺍니다.
$$3\dfrac{2}{6}-\dfrac{3}{6}=\dfrac{20}{6}-\dfrac{3}{6}=\dfrac{17}{6}=2\dfrac{5}{6}$$

5 ㉠, ㉢, ㉡

6 $1\dfrac{3}{14}$

7 $2\dfrac{4}{5}$ cm

8 1, 2, 3

9 $\dfrac{1}{7}$, $\dfrac{5}{7}$

10 $16\dfrac{6}{13}$ cm

11 $3\dfrac{7}{12}$

12 ㉡

13 2개, $1\dfrac{3}{13}$ m

14 21

15 6, 5 / $\dfrac{6}{11}$

16 $1\dfrac{18}{23}$

17 $2\dfrac{2}{7}$ m

18 8, 6, 3, 4, $5\dfrac{2}{7}$

19 $4\dfrac{4}{10}$

20 $1\dfrac{5}{8}$시간

---

1 $\dfrac{10}{11}-\dfrac{6}{11}=\dfrac{4}{11}$, $\dfrac{4}{11}+\dfrac{9}{11}=\dfrac{13}{11}=1\dfrac{2}{11}$

3 $\dfrac{1}{17}$이 18개인 수는 $\dfrac{18}{17}=1\dfrac{1}{17}$입니다.

따라서 $1\dfrac{1}{17}$보다 $2\dfrac{6}{17}$만큼 더 큰 수는

$1\dfrac{1}{17}+2\dfrac{6}{17}=3+\dfrac{7}{17}=3\dfrac{7}{17}$입니다.

5 ㉠ $2\dfrac{14}{17}+5\dfrac{9}{17}=7+1\dfrac{6}{17}=8\dfrac{6}{17}$

　　㉡ $6\dfrac{12}{17}+1\dfrac{8}{17}=7+1\dfrac{3}{17}=8\dfrac{3}{17}$

　　㉢ $3\dfrac{15}{17}+4\dfrac{6}{17}=7+1\dfrac{4}{17}=8\dfrac{4}{17}$

➡ $8\dfrac{6}{17}>8\dfrac{4}{17}>8\dfrac{3}{17}$

6 □ $=3\dfrac{9}{14}-2\dfrac{6}{14}=1\dfrac{3}{14}$

7 $23\dfrac{2}{5}-20\dfrac{3}{5}=22\dfrac{7}{5}-20\dfrac{3}{5}=2\dfrac{4}{5}$(cm)

8 $\dfrac{8}{12}+\dfrac{□}{12}=\dfrac{8+□}{12}$이고 덧셈의 계산 값으로 나올 수 있는 가장 큰 진분수는 $\dfrac{11}{12}$입니다.

따라서 □ 안에 들어갈 수 있는 수는 1, 2, 3입니다.

9 두 수의 분자는 7보다 작습니다. 7보다 작은 두 수 중에서 합이 6인 경우는 (1, 5), (2, 4), (3, 3)이고 그중 차가 4인 경우는 (1, 5)입니다.

따라서 두 진분수는 $\dfrac{1}{7}$, $\dfrac{5}{7}$입니다.

10 (가로)+(세로)$=4\dfrac{7}{13}+3\dfrac{9}{13}=7+\dfrac{16}{13}$

$$=7+1\dfrac{3}{13}=8\dfrac{3}{13}\text{(cm)}$$

(직사각형의 네 변의 길이의 합)$=8\dfrac{3}{13}+8\dfrac{3}{13}$

$$=16\dfrac{6}{13}\text{(cm)}$$

11 $10\dfrac{2}{12}-1\dfrac{11}{12}=9\dfrac{14}{12}-1\dfrac{11}{12}=8\dfrac{3}{12}$이므로

$8\dfrac{3}{12}=4\dfrac{8}{12}+㉠,$

㉠ $=8\dfrac{3}{12}-4\dfrac{8}{12}=7\dfrac{15}{12}-4\dfrac{8}{12}=3\dfrac{7}{12}$

12 7과 계산 결과의 차가 작을수록 7에 가까운 수입니다.

㉠ $-7=7\dfrac{3}{8}-7=\dfrac{3}{8}$,

$7-$ ㉡ $=7-6\dfrac{7}{8}=\dfrac{1}{8}$,

㉢ $-7=7\dfrac{2}{8}-7=\dfrac{2}{8}$,

㉣ $-7=7\dfrac{6}{8}-7=\dfrac{6}{8}$

따라서 $\dfrac{1}{8}<\dfrac{2}{8}<\dfrac{3}{8}<\dfrac{6}{8}$이므로 7에 가장 가까운 식은 ㉡입니다.

13 (상자 1개를 포장하고 남는 리본의 길이)

$$= 4 - 1\frac{5}{13} = 3\frac{13}{13} - 1\frac{5}{13} = 2\frac{8}{13}(\text{m})$$

(상자 2개를 포장하고 남는 리본의 길이)

$$= 2\frac{8}{13} - 1\frac{5}{13} = 1\frac{3}{13}(\text{m})$$

$1\frac{3}{13}$ m로는 더 이상 상자 포장을 할 수 없으므로 포장할 수 있는 상자는 2개이고 $1\frac{3}{13}$ m가 남습니다.

14 ㉠－㉡＝7이고, ㉠과 ㉡은 15보다 작아야 하므로
(나올 수 있는 ㉠과 ㉡의 값)＝(14, 7), (13, 6), (12, 5), (11, 4), (10, 3), (9, 2), (8, 1)입니다.
이때 ㉠＋㉡이 가장 클 때의 값은 14＋7＝21입니다.

15 계산 결과가 가장 작은 뺄셈식은 빼는 수가 가장 큰 수일 때입니다.

만들 수 있는 가장 큰 수는 $6\frac{5}{11}$이므로

$$7 - 6\frac{5}{11} = 6\frac{11}{11} - 6\frac{5}{11} = \frac{6}{11}$$입니다.

16 어떤 수를 □라 하면 $□ + 1\frac{4}{23} = 4\frac{3}{23}$,

$$□ = 4\frac{3}{23} - 1\frac{4}{23} = 3\frac{26}{23} - 1\frac{4}{23} = 2\frac{22}{23}$$

따라서 바르게 계산하면 $2\frac{22}{23} - 1\frac{4}{23} = 1\frac{18}{23}$입니다.

17 (묶기 전의 끈의 길이의 합)＝$5\frac{3}{7} + 4\frac{6}{7} = 10\frac{2}{7}(\text{m})$

(묶인 부분의 길이)＝$10\frac{2}{7} - 8 = 2\frac{2}{7}(\text{m})$

18 만들 수 있는 분모가 7인 가장 큰 대분수는 $8\frac{6}{7}$이고

가장 작은 대분수는 $3\frac{4}{7}$입니다.

➡ $8\frac{6}{7} - 3\frac{4}{7} = 5\frac{2}{7}$

^{서술형}
19 예 눈금 한 칸의 크기는 $\frac{1}{10}$이므로 ㉠은 $2\frac{5}{10}$입니다.

따라서 ㉠보다 $1\frac{9}{10}$만큼 더 큰 수는

$$2\frac{5}{10} + 1\frac{9}{10} = 3 + 1\frac{4}{10} = 4\frac{4}{10}$$입니다.

평가 기준	배점(5점)
눈금 한 칸의 크기를 구했나요?	1점
㉠이 나타내는 수를 구했나요?	2점
㉠보다 $1\frac{9}{10}$만큼 더 큰 수를 구했나요?	2점

^{서술형}
20 예 (어머니가 운동을 한 시간)

$$= (\text{아버지가 운동을 한 시간}) - 1\frac{5}{8}$$

$$= 2\frac{3}{8} - 1\frac{5}{8} = 1\frac{11}{8} - 1\frac{5}{8} = \frac{6}{8}(\text{시간})$$

(영우가 운동을 한 시간)

$$= (\text{어머니가 운동을 한 시간}) + \frac{7}{8}$$

$$= \frac{6}{8} + \frac{7}{8} = \frac{13}{8} = 1\frac{5}{8}(\text{시간})$$

평가 기준	배점(5점)
어머니가 운동을 한 시간을 구했나요?	2점
영우가 운동을 한 시간을 구했나요?	3점

2 삼각형

1 ⓔ 예각삼각형은 세 각이 모두 예각인 삼각형이므로 나, 다, 바, 아입니다. 따라서 모두 4개입니다.

단계	문제 해결 과정
①	예각삼각형의 성질을 바르게 이해했나요?
②	예각삼각형의 개수를 구했나요?

2 ⓔ 이등변삼각형의 두 변의 길이는 같으므로
(변 ㄱㄴ) = (변 ㄱㄷ)이고 (변 ㄱㄴ) + (변 ㄱㄷ)
= 30 − 12 = 18(cm)입니다.
따라서 (변 ㄱㄷ) = 18 ÷ 2 = 9(cm)입니다.

단계	문제 해결 과정
①	이등변삼각형의 성질을 바르게 이해했나요?
②	변 ㄱㄷ의 길이를 구했나요?

3 ⓔ 삼각형의 세 각의 크기의 합은 180°이므로 나머지 한 각의 크기는 180° − 45° − 30° = 105°입니다.
따라서 한 각의 크기가 90°보다 크므로 둔각삼각형입니다.

단계	문제 해결 과정
①	나머지 한 각의 크기를 구했나요?
②	무슨 삼각형인지 구했나요?

4 ⓔ 이등변삼각형의 세 변의 길이의 합은
19 + 13 + 13 = 45(cm)입니다. 따라서 정삼각형의 한 변의 길이는 45 ÷ 3 = 15(cm)입니다.

단계	문제 해결 과정
①	이등변삼각형의 세 변의 길이의 합을 구했나요?
②	정삼각형의 한 변의 길이를 구했나요?

5 ⓔ 삼각형의 세 각의 크기의 합은 180°이므로 나머지 한 각의 크기를 구해 봅니다.

180° − 40° − 60° = 80°,
180° − 35° − 110° = 35°,
180° − 55° − 100° = 25°입니다.
이등변삼각형은 두 각이 같아야 하므로 두 각의 크기가 같은 삼각형은 35°, 110°입니다.

단계	문제 해결 과정
①	각각 나머지 한 각의 크기를 구했나요?
②	이등변삼각형이 될 수 있는 것을 찾았나요?

6 ⓔ (변 ㄱㄴ) = (변 ㄱㄷ)이므로 이등변삼각형입니다.
(각 ㄱㄷㄴ) = 180° − 140° = 40°이고,
(각 ㄱㄴㄷ) = (각 ㄱㄷㄴ) = 40°이므로
(각 ㄴㄱㄷ) = 180° − 40° − 40° = 100°입니다.
따라서 한 각이 둔각이므로 둔각삼각형입니다.

단계	문제 해결 과정
①	이등변삼각형임을 알고 이유를 바르게 설명했나요?
②	둔각삼각형임을 알고 이유를 바르게 설명했나요?

7 ⓔ (각 ㄴㄷㄱ) = 60°이므로
(각 ㄱㄷㄹ) = 180° − 60° = 120°입니다.
삼각형 ㄱㄷㄹ은 이등변삼각형이므로
(각 ㄷㄹㄱ) + (각 ㄷㄱㄹ) = 180° − 120° = 60°입니다. 따라서 (각 ㄷㄹㄱ) = 60° ÷ 2 = 30°입니다.

단계	문제 해결 과정
①	각 ㄱㄷㄹ의 크기를 구했나요?
②	각 ㄷㄹㄱ의 크기를 구했나요?

8 ⓔ 만든 모양의 굵은 선은 정삼각형의 한 변의 길이의 12배이므로 한 변의 길이는 120 ÷ 12 = 10(cm)입니다.
따라서 작은 정삼각형의 세 변의 길이의 합은
10 × 3 = 30(cm)입니다.

단계	문제 해결 과정
①	정삼각형의 한 변의 길이를 구했나요?
②	정삼각형의 세 변의 길이의 합을 구했나요?

다시 점검하는 기출 단원 평가 Level ❶ 16~18쪽

1 3개	**2** 5, 60
3 다	**4**

4
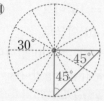

5 ㉣

6 34 cm

7 50°	**8** 4 cm

9 30°

10 예
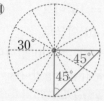

11 이등변삼각형, 예각삼각형

12 예

13 20 cm	**14** 7, 10
15 8개	**16** 20°
17 54 cm	**18** 110°

19 둔각삼각형, 이등변삼각형

20 25°

---

1 둔각삼각형은 한 각이 90°보다 큰 삼각형입니다.
둔각삼각형: 나, 라, 바 ➡ 3개

> **참고** 예각삼각형: 가, 마
> 직각삼각형: 다

2 정삼각형은 세 변의 길이가 같고, 세 각의 크기가 60°로 모두 같습니다.

3 가는 둔각삼각형, 나는 직각삼각형, 다는 예각삼각형입니다. 예각의 수는 각각 2개, 2개, 3개이므로 다가 가장 많습니다.

4 예각삼각형은 세 각이 모두 예각인 삼각형입니다. 사각형에서 둔각인 두 꼭짓점을 서로 연결하면 2개의 예각삼각형이 됩니다.

5 ㉠, ㉡, ㉢은 예각삼각형, ㉣은 둔각삼각형이 됩니다.

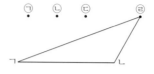

6 이등변삼각형은 두 변의 길이가 같습니다.
(변 ㄴㄷ) = (변 ㄱㄷ) = 13 cm이므로 세 변의 길이의 합은 8 + 13 + 13 = 34(cm)입니다.

7 두 변의 길이가 같으므로 이등변삼각형입니다.
한 각이 80°이므로
(나머지 두 각의 크기의 합) = 180° − 80° = 100°
➡ ㉠ = 100° ÷ 2 = 50°

8 가는 정삼각형이고 나는 이등변삼각형입니다.
가: 8 × 3 = 24(cm)
나: 9 + 9 + 10 = 28(cm)
➡ 28 − 24 = 4(cm)

9 (각 ㄱㄷㄴ) = 180° − 60° = 120°
삼각형 ㄱㄴㄷ은 이등변삼각형이므로
㉠ + (각 ㄴㄱㄷ) = 180° − 120° = 60°
➡ ㉠ = (각 ㄴㄱㄷ) = 60° ÷ 2 = 30°

10 원의 반지름을 두 변으로 하는 삼각형은 이등변삼각형이므로 크기가 같은 두 각은 45°, 45°입니다.
나머지 한 각의 크기는 180° − 45° − 45° = 90°이므로 주어진 세 각을 이용하여 나타낼 수 있습니다.

11 (각 ㄴㄱㄷ) = 180° − 65° − 50° = 65°이므로 두 각의 크기가 같은 이등변삼각형입니다. 또 세 각이 모두 예각이므로 예각삼각형입니다.

12 이등변삼각형이면서 둔각삼각형이므로 크기가 같은 두 각이 각각 40°인 이등변삼각형을 그립니다.

13 (정사각형의 네 변의 길이의 합) = 15 × 4 = 60(cm)
➡ (정삼각형의 한 변의 길이) = 60 ÷ 3 = 20(cm)

14 이등변삼각형은 두 변의 길이가 같습니다. 삼각형의 세 변 중 두 변이 각각 7 cm, 10 cm이므로 이등변삼각형은 7 cm, 7 cm, 10 cm 또는 7 cm, 10 cm, 10 cm입니다.
따라서 ●가 될 수 있는 수는 7, 10입니다.

15

삼각형 1개짜리: ①, ②, ③, ④ ➡ 4개
삼각형 2개짜리: ①②, ②③, ③④, ①④ ➡ 4개
➡ 4 + 4 = 8(개)

16 (각 ㄱㄴㄷ) = (각 ㄱㄷㄴ) = 180° − 110° = 70°
(각 ㄴㄱㄷ) = 180° − 70° − 70° = 40°
따라서 ㉠ = (각 ㄴㄱㄷ) ÷ 2 = 40° ÷ 2 = 20°입니다.

17
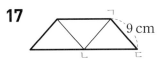
이등변삼각형 ㄱㄴㄷ에서
(변 ㄱㄴ) = (변 ㄱㄷ) = 9 cm이므로
(변 ㄴㄷ) = 30 − 9 − 9 = 12(cm)
만든 도형의 굵은 선은 이등변삼각형의 긴 변 3개, 짧은 변 2개의 길이의 합과 같습니다.
➡ (굵은 선의 길이)
= 12 + 9 + 12 + 12 + 9 = 54(cm)

18 삼각형 ㄱㄴㄷ이 이등변삼각형이므로
(각 ㄴㄷㄱ) + (각 ㄴㄱㄷ) = 180° − 50° = 130°
(각 ㄴㄱㄷ) = 130° ÷ 2 = 65°
삼각형 ㄱㄷㄹ이 이등변삼각형이므로
(각 ㄹㄱㄷ) + (각 ㄹㄷㄱ) = 180° − 90° = 90°
(각 ㄹㄱㄷ) = 90° ÷ 2 = 45°
➡ (각 ㄴㄱㄹ) = (각 ㄴㄱㄷ) + (각 ㄹㄱㄷ)
= 65° + 45° = 110°

서술형
19 ㉠ 나머지 한 각의 크기는 180° − 40° − 100° = 40°입니다. 한 각의 크기가 둔각이므로 둔각삼각형이고, 두 각의 크기가 40°로 같으므로 이등변삼각형입니다.

평가 기준	배점(5점)
나머지 한 각의 크기를 구했나요?	2점
어떤 삼각형인지 모두 구했나요?	3점

서술형
20 ㉠ 이등변삼각형 ㄱㄴㄷ에서
(각 ㄴㄱㄷ) + (각 ㄴㄷㄱ) = 180° − 50° = 130°,
(각 ㄴㄷㄱ) = 65°이고, 이등변삼각형 ㄱㄷㄹ에서
(각 ㄹㄷㄱ) + (각 ㄹㄱㄷ) = 180° − 100° = 80°,
(각 ㄹㄷㄱ) = 40°이므로
(각 ㄴㄷㄹ) = 65° − 40° = 25°입니다.

평가 기준	배점(5점)
각 ㄴㄷㄱ, 각 ㄹㄷㄱ의 크기를 각각 구했나요?	2점
각 ㄴㄷㄹ의 크기를 구했나요?	3점

1 10		**2** 180°	
3 120		**4** 18	
5 105		**6** ㉠, ㉢	
7 이등변삼각형, 둔각삼각형		**8** 11 cm	
9 50°		**10** ㉢	
11 21 cm		**12** 60°	
13 예각삼각형, 정삼각형, 이등변삼각형			
14 13개		**15** 24 cm	
16 90°		**17** 2개, 6개	
18 150°		**19** 29 cm	
20 18 cm, 21 cm			

1 두 각의 크기가 같으므로 이등변삼각형입니다.
이등변삼각형은 두 변의 길이가 같습니다.

2 정삼각형의 한 각은 60°이므로 ㉠ = 60°,
㉡ = 180° − 60° = 120°
➡ ㉠ + ㉡ = 60° + 120° = 180°

3 정삼각형은 세 각의 크기가 모두 60°로 같습니다.
따라서 ☐ = 180° − 60° = 120°입니다.

4 이등변삼각형이므로 두 변의 길이의 합은
62 − 26 = 36(cm)입니다.
➡ ☐ = 36 ÷ 2 = 18(cm)

5 이등변삼각형의 나머지 두 각의 크기의 합은
180° − 30° = 150°이므로 한 각의 크기는
150° ÷ 2 = 75°입니다.
따라서 ☐ = 180° − 75° = 105°입니다.

6 ㉠ 정삼각형은 세 각이 모두 60° → 예각삼각형
㉡ 두 각의 크기가 30°이므로 나머지 한 각은
180° − 30° − 30° = 120° → 둔각삼각형
㉢ 나머지 한 각은 180° − 50° − 60° = 70°
→ 예각삼각형
따라서 예각삼각형은 ㉠, ㉢입니다.

7 두 변의 길이가 같은 이등변삼각형이므로
(각 ㄱㄴㄷ) = (각 ㄴㄷㄱ) = 20°입니다.
(각 ㄴㄱㄷ) = 180° − 20° − 20° = 140°로 둔각이
므로 둔각삼각형입니다.

8 (각 ㄱㄷㄴ) = 180° − 30° − 75° = 75°이므로
삼각형 ㄱㄴㄷ은 이등변삼각형입니다.
따라서 (변 ㄱㄷ) = 11 cm입니다.

9 (변 ㄱㄴ) = (변 ㄱㄷ)이고, (각 ㄱㄴㄷ) = (각 ㄱㄷㄴ)
이므로 삼각형 ㄱㄴㄷ은 이등변삼각형입니다.
따라서 (각 ㄴㄱㄷ) = 180° − 40° − 40° = 100°,
㉠ = 100° ÷ 2 = 50°입니다.

10 ㉠ (나머지 한 각) = 180° − 80° − 40° = 60°
 → 예각삼각형
㉡ (나머지 한 각) = 180° − 70° − 50° = 60°
 → 예각삼각형
㉢ (나머지 한 각) = 180° − 55° − 30° = 95°
 → 둔각삼각형
따라서 둔각삼각형은 ㉢입니다.

11 이등변삼각형의 세 변의 길이의 합은
26 + 26 + 11 = 63(cm)이고, 정삼각형은 세 변의
길이가 같으므로 한 변의 길이를 63 ÷ 3 = 21(cm)
로 해야 합니다.

12 나머지 한 각의 크기는 180° − 60° − 60° = 60°입니다.

13 세 각이 모두 60°로 같으므로 정삼각형이고, 정삼각형
은 세 변의 길이가 모두 같으므로 이등변삼각형이기도
합니다. 또 세 각이 모두 예각이므로 예각삼각형입니다.

14

작은 정삼각형 1개짜리: ①~⑨ → 9개
작은 정삼각형 4개짜리: ①②③④, ②⑤⑥⑦,
 ④⑦⑧⑨→ 3개
작은 정삼각형 9개짜리: ①②③④⑤⑥⑦⑧⑨
 → 1개
➡ 9 + 3 + 1 = 13(개)

15 (각 ㄱㄴㄷ) = (각 ㄹㄷㅁ) = 30°
(각 ㄱㅁㄹ) = (각 ㄹㄱㄴ)
 = 180° − 30° − 90° = 60°
(각 ㄱㅁㄷ) = 180° − (각 ㄱㅁㄹ) − (각 ㄹㄱㄴ)
 = 180° − 60° − 60° = 60°이고
(각 ㅁㄱㄷ) = (각 ㄱㄷㅁ) = 90° − 30° = 60°이므
로 삼각형 ㄱㅁㄷ은 정삼각형입니다.
➡ (삼각형 ㄱㅁㄷ의 세 변의 길이의 합)
 = 8 × 3 = 24(cm)

16 삼각형 ㄱㄴㄷ은 이등변삼각형이므로
(각 ㄴㄷㄱ) + (각 ㄴㄱㄷ) = 180° − 120° = 60°
(각 ㄴㄷㄱ) = 60° ÷ 2 = 30°입니다.
삼각형 ㅁㄷㄹ은 정삼각형이므로 (각 ㅁㄷㄹ) = 60°입
니다.
따라서 ㉠ = 180° − 30° − 60° = 90°입니다.

17 • 이웃하지 않은 세 점을 연결하면 예각
삼각형이 만들어집니다.
①-③-⑤, ②-④-⑥ ➡ 2개

• 서로 이웃한 세 점을 연결하면 둔각삼
각형이 만들어집니다.
①-②-③, ②-③-④,
③-④-⑤, ④-⑤-⑥,
⑤-⑥-①, ⑥-①-② ➡ 6개

18 삼각형 ㄹㅁㄷ은 정삼각형이므로 (변 ㄷㄹ) = (변 ㅁㄷ)
사각형 ㄱㄴㄷㄹ은 정사각형이므로 (변 ㄷㄹ) = (변 ㄴㄷ)
즉, (변 ㅁㄷ) = (변 ㄴㄷ)이므로 삼각형 ㅁㄴㄷ은 이등
변삼각형입니다. 삼각형 ㅁㄴㄷ에서
(각 ㄴㄷㅁ) = 90° − 60° = 30°이므로
(각 ㄷㄴㅁ) = 150° ÷ 2 = 75°입니다.
같은 방법으로 계산하면
삼각형 ㄹㄱㅁ에서 (각 ㄱㅁㄹ) = 75°입니다.
따라서 (각 ㄴㅁㄱ) + 75° + 60° + 75° = 360°,
(각 ㄴㅁㄱ) = 360° − 210° = 150°입니다.

서술형
19 ⑩ 나머지 한 각의 크기는
180° − 60° − 60° = 60°이므로 정삼각형입니다.
따라서 정삼각형의 한 변의 길이는
87 ÷ 3 = 29(cm)입니다.

평가 기준	배점(5점)
나머지 한 각의 크기를 구하여 어떤 삼각형인지 구했나요?	3점
한 변의 길이를 구했나요?	2점

20 ㉠ 세 변이 5 cm, 5 cm, 8 cm인 경우 세 변의 길이
의 합은 5＋5＋8＝18(cm)입니다.
세 변이 5 cm, 8 cm, 8 cm인 경우 세 변의 길이의
합은 5＋8＋8＝21(cm)입니다.
따라서 세 변의 길이의 합이 될 수 있는 경우는
18 cm, 21 cm입니다.

평가 기준	배점(5점)
세 변의 길이의 합을 한 가지 구했나요?	3점
세 변의 길이의 합을 또 한 가지 구했나요?	2점

3 소수의 덧셈과 뺄셈

서술형 문제

1 7개	**2** 1000배
3 0.6	**4** 1.01
5 5.71＋3.9＝9.61	**6** 4개
7 479.16	**8** 예서네 집, 0.17 km
9 2.65	**10** 48.06 cm

1 ㉠ 5.992보다 크고 6보다 작은 소수 세 자리 수는
5.993, 5.994, 5.995, 5.996, 5.997, 5.998, 5.999
입니다.
따라서 소수 세 자리 수는 모두 7개입니다.

단계	문제 해결 과정
①	5.992보다 크고 6보다 작은 소수 세 자리 수를 모두 구했나요?
②	소수는 모두 몇 개인지 구했나요?

2 ㉠ ㉠은 일의 자리 숫자로 4를 나타내고 ㉡은 소수 셋
째 자리 숫자로 0.004를 나타냅니다.
4는 0.004가 소수점을 기준으로 수가 왼쪽으로 세 자
리 이동한 것입니다.
따라서 ㉠이 나타내는 수는 ㉡이 나타내는 수의 1000
배입니다.

단계	문제 해결 과정
①	㉠과 ㉡이 나타내는 수를 구했나요?
②	㉠이 나타내는 수는 ㉡이 나타내는 수의 몇 배인지 구했나요?

3 ㉠ 8.026의 100배인 수는 소수점을 기준으로 수가 왼
쪽으로 두 자리 이동한 802.6입니다.
따라서 소수 첫째 자리 숫자는 6이고 0.6을 나타냅니다.

단계	문제 해결 과정
①	8.026의 100배인 수를 바르게 구했나요?
②	소수 첫째 자리 숫자가 나타내는 수를 구했나요?

4 ㉠ 0.1이 5개, 0.01이 17개인 수는
0.5＋0.17＝0.67입니다.
따라서 0.67보다 0.34만큼 더 큰 수는
0.67＋0.34＝1.01입니다.

단계	문제 해결 과정
①	0.1이 5개, 0.01이 17개인 수를 구했나요?
②	설명하는 수보다 0.34 큰 수를 구했나요?

5 ⓔ 합이 가장 크려면 가장 큰 수와 두 번째로 큰 수를 골라 덧셈식을 만들어야 합니다.
$5.71 > 3.9 > 3.77 > 2.45$이므로 합이 가장 큰 덧셈식은 $5.71 + 3.9 = 9.61$입니다.

단계	문제 해결 과정
①	합이 가장 큰 식을 만들기 위한 두 수를 찾았나요?
②	합이 가장 큰 식을 올바르게 세웠나요?

6 ⓔ $3.7 - 1.29 = 2.41$이므로 $2.41 < 2.\square 1 < 2.91$입니다.
따라서 □ 안에 들어갈 수 있는 수는 5, 6, 7, 8이므로 모두 4개입니다.

단계	문제 해결 과정
①	소수의 뺄셈을 바르게 계산했나요?
②	□ 안에 들어갈 수 있는 수는 모두 몇 개인지 구했나요?

7 ⓔ 만들 수 있는 가장 큰 소수 두 자리 수는 987.05이고 가장 작은 소수 두 자리 수는 507.89입니다.
따라서 두 소수의 차는
$987.05 - 507.89 = 479.16$입니다.

단계	문제 해결 과정
①	가장 큰 소수 두 자리 수와 가장 작은 소수 두 자리 수를 각각 만들었나요?
②	두 소수의 차를 구했나요?

8 ⓔ $1.96 > 1.79$이므로 도서관에서 더 먼 곳은 예서네 집입니다.
(거리의 차) $= 1.96 - 1.79 = 0.17$(km)
따라서 예서네 집이 0.17 km 더 멉니다.

단계	문제 해결 과정
①	누구네 집이 더 먼지 구했나요?
②	몇 km 더 먼지 구했나요?

9 ⓔ 어떤 수를 □라 하면 $\square + 2.69 = 8.03$,
$\square = 8.03 - 2.69 = 5.34$입니다.
따라서 바르게 계산하면 $5.34 - 2.69 = 2.65$입니다.

단계	문제 해결 과정
①	어떤 수를 구했나요?
②	바르게 계산한 값을 구했나요?

10 ⓔ 색 테이프 2장의 길이를 더한 다음 겹쳐진 부분의 길이를 뺍니다.
이어 붙인 색 테이프의 전체 길이는
$25.3 + 25.3 - 2.54 = 50.6 - 2.54$
$= 48.06$(cm)입니다.

단계	문제 해결 과정
①	이어 붙인 색 테이프의 전체 길이를 구하는 식을 세웠나요?
②	이어 붙인 색 테이프의 전체 길이를 구했나요?

다시 점검하는 기출 단원 평가 Level ❶ 26~28쪽

1 (1) 0.08 (2) 0.1 (3) 63

2 4.285 / 사 점 이팔오   **3** (1) $<$ (2) $>$

4 ④   **5** (1) 1.33 (2) 0.16

6 (위에서부터) 0.003, 3, 30 / 0.092, 0.92, 920

7 2.5, 0.18   **8** 1.17 m

9 5.43   **10**
$$\begin{array}{r} 1 \\ 6.47 \\ +\,6.8 \\ \hline 13.27 \end{array}$$

11 3.01 km

12 5

13 4.67   **14** (위에서부터) 2, 9, 1

15 1.57   **16** 0, 1, 2, 3

17 10.27 cm   **18** 0.09

19 수지   **20** 4.94 kg

2 1이 4개이면 4, 0.1이 2개이면 0.2, 0.01이 8개이면 0.08, 0.001이 5개이면 0.005이므로
$4 + 0.2 + 0.08 + 0.005 = 4.285$입니다.

3 (1) 일의 자리 숫자가 같으므로 소수 첫째 자리 숫자를 비교하면 $8 < 9$이므로 $5.89 < 5.98$입니다.
(2) 일의 자리, 소수 첫째 자리 숫자가 같으므로 소수 둘째 자리 숫자를 비교하면 $2 > 1$이므로 $0.721 > 0.71$입니다.

4 ① $0.51 \rightarrow 5$, ② $7.29 \rightarrow 2$, ③ $10.09 \rightarrow 0$, ④ $38.82 \rightarrow 8$, ⑤ $17.64 \rightarrow 6$
$8 > 6 > 5 > 2 > 0$이므로 소수 첫째 자리 숫자가 가장 큰 소수는 ④ 38.82입니다.

5
(1)
$$
\begin{array}{r}
{}^{1}{}^{1} \\
0.5\,9 \\
+\,0.7\,4 \\
\hline
1.3\,3
\end{array}
$$
(2)
$$
\begin{array}{r}
{}^{4}{}^{10} \\
0.\cancel{5}\,4 \\
-\,0.3\,8 \\
\hline
0.1\,6
\end{array}
$$

6 소수의 $\dfrac{1}{10}$ 은 소수점을 기준으로 수가 오른쪽으로 한 자리 이동합니다.
어떤 수를 10배 하면 소수점을 기준으로 수가 왼쪽으로 한 자리 이동합니다.

7 $1\,g=0.001\,kg \Rightarrow 2500\,g=2.5\,kg$
$1\,mL=0.001\,L \Rightarrow 180\,mL=0.18\,L$

8 $7.03-5.86=1.17(m)$

9 가장 큰 수는 8.8, 가장 작은 수는 3.37입니다.
$\Rightarrow 8.8-3.37=5.43$

10 소수점의 위치를 맞추지 않고 계산하여 틀렸습니다.

11 (오늘 달린 거리)=(어제 달린 거리)+0.86
$=2.15+0.86=3.01(km)$

12 51.8의 $\dfrac{1}{100}$ 인 수는 0.518입니다.
0.518에서 소수 첫째 자리 숫자는 5입니다.

13 $\square+5.73=10.4$
$\square=10.4-5.73=4.67$

14
$$
\begin{array}{r}
8.\,ⓛ\,8 \\
-\,6.8\,ⓒ \\
\hline
ⓐ.3\,9
\end{array}
$$
· $10+8-ⓒ=9$
$\Rightarrow ⓒ=18-9=9$
· $10+(ⓛ-1)-8=3$
$\Rightarrow ⓛ=3-1=2$
· $8-1-6=ⓐ \Rightarrow ⓐ=1$

15 어떤 수의 10배가 1570이면 어떤 수는 1570의 $\dfrac{1}{10}$ 이므로 157입니다. 157의 $\dfrac{1}{100}$ 은 1.57입니다.

16 자연수 부분과 소수 첫째 자리 수가 같고 소수 셋째 자리 수를 비교하면 3>0이므로 소수 둘째 자리 수에서 $\square<4$이어야 합니다.
따라서 $\square$ 안에 들어갈 수 있는 수는 0, 1, 2, 3입니다.

17 (색 테이프 2장의 길이의 합)
$=5.78+5.78=11.56(cm)$
(이어 붙인 색 테이프의 길이)
$=11.56-1.29=10.27(cm)$

18 카드 6장을 한 번씩 모두 사용하여 만들 수 있는 소수 두 자리 수는 ■■■.■■ 모양입니다.
만들 수 있는 가장 큰 소수 두 자리 수는 754.32이고, 두 번째로 큰 소수 두 자리 수는 754.23입니다.
따라서 두 소수의 차는 $754.32-754.23=0.09$입 니다.

^{서술형}
19 예 4.6 m의 $\dfrac{1}{10}$ 은 0.46 m, 405 m의 $\dfrac{1}{1000}$ 은 0.405 m입니다. 0.46>0.405이므로 수지가 사용한 끈의 길이가 더 깁니다.

평가 기준	배점(5점)
수지와 지우가 사용한 끈의 길이를 각각 구했나요?	3점
사용한 끈의 길이가 더 긴 사람을 구했나요?	2점

^{서술형}
20 예 (정후가 캔 고구마의 무게)
$=0.53+0.89=1.42(kg)$
(아버지가 캔 고구마의 무게)
$=1.76+1.76=3.52(kg)$
(두 사람이 캔 고구마의 무게)
$=1.42+3.52=4.94(kg)$

평가 기준	배점(5점)
정후가 어제와 오늘 캔 고구마의 무게를 구했나요?	2점
아버지가 어제와 오늘 캔 고구마의 무게를 구했나요?	2점
두 사람이 어제와 오늘 캔 고구마의 무게를 구했나요?	1점

다시 점검하는 기출 단원 평가 Level ❷ 29~31쪽

1 0.04, 0.08 **2** 민정

3 예 $2.804<29.1$, $28.04<29.1$, $2.804<2.91$

4 ⓒ **5** ⓐ

6 유진, 0.18 m **7** 1.24 / 일 점 이사

8 = **9** 0.42

10 4.69 **11** 0.57

12 6.62 m   **13** 16.13

14 37.65   **15** 0.306

16 2.1 km   **17** 3.33 m

18 1.59 kg   **19** 2.903

20 1.31 kg

1 작은 눈금 한 칸의 크기는 0.01입니다.

2 민정: 12.04는 0.01이 1204개인 수입니다.

3 2.804 < 29.1, 28.04 < 29.1 등 여러 가지가 있습니다.

4 3.528보다 0.001이 작은 수는 소수 셋째 자리 숫자가 1 작은 수이므로 3.527입니다.

5 ㉠ 2.554   ㉡ 2.55
㉠과 ㉡은 소수 둘째 자리 숫자까지 같으므로 소수 셋째 자리 숫자를 비교하면 4 > 0이므로 ㉠ > ㉡입니다.

6 1 cm = 0.01 m이므로 118 cm = 1.18 m입니다.
1.36 > 1.18이므로
유진이의 키가 1.36 − 1.18 = 0.18(m) 더 큽니다.

7 1보다 크고 2보다 작으므로 일의 자리 숫자는 1입니다.
소수 첫째 자리 숫자는 1보다 1만큼 더 크므로 2입니다.
각 자리의 숫자를 더하면 7이므로 소수 둘째 자리 숫자는 7 − 1 − 2 = 4입니다.
따라서 세진이가 설명하고 있는 소수는 1.24입니다.

8 $1.1 + 2.08 = 3.18 \ominus 5.34 - 2.16 = 3.18$

9 □ = 0.71 − 0.29 = 0.42

10 가장 큰 수는 5.78이고 가장 작은 수는 2.47이므로
5.78 + 2.47 = 8.25
➡ 8.25 − 3.56 = 4.69

11 13.65 + ㉠ = 19.24, ㉠ = 19.24 − 13.65 = 5.59
9.13 − ㉡ = 2.97, ㉡ = 9.13 − 2.97 = 6.16
➡ ㉡ > ㉠이므로 ㉡ − ㉠ = 6.16 − 5.59 = 0.57

12 10 − 8.96 + 5.58 = 1.04 + 5.58 = 6.62(m)

13 □ = 31.49 − 5.6 − 9.76 = 25.89 − 9.76 = 16.13

14 $\frac{1}{10}$의 100배는 10배와 같습니다.
따라서 3.765의 10배는 37.65입니다.

15 어떤 수의 100배가 30 + 0.6 = 30.6이면 어떤 수는 30.6의 $\frac{1}{100}$입니다. 30.6의 $\frac{1}{100}$은 0.306입니다.

16 (집에서 버스정류장을 거쳐 은행까지의 거리)
 = (집에서 버스정류장까지의 거리)
  + (버스정류장에서 은행까지의 거리)
 = 1.45 + 0.65 = 2.1(km)입니다.

17 동생이 가진 끈의 길이를 □라 하면
언니가 가진 끈의 길이는 (□ + 2.34) m입니다.
□ + □ + 2.34 = 9, □ + □ = 9 − 2.34 = 6.66,
3.33 + 3.33 = 6.66이므로 동생이 가진 끈의 길이는 3.33 m입니다.

18 (빵 한 개를 만드는 데 필요한 밀가루와 설탕의 무게의 합) = 0.34 + 0.19 = 0.53(kg)
(빵 3개를 만드는 데 필요한 밀가루와 설탕의 무게의 합) = 0.53 + 0.53 + 0.53 = 1.59(kg)

서술형
19 예 3.2에서 3은 3을, 2.903에서 3은 0.003을, 0.131에서 3은 0.03을, 7.38에서 3은 0.3을 나타냅니다. 따라서 0.003이 가장 작으므로 3이 나타내는 수가 가장 작은 소수는 2.903입니다.

평가 기준	배점(5점)
3이 나타내는 수를 각각 구했나요?	3점
3이 나타내는 수가 가장 작은 수를 찾았나요?	2점

서술형
20 예 (책 4권의 무게) = 14.39 − 10.03 = 4.36(kg)
(책 12권의 무게) = 4.36 + 4.36 + 4.36
     = 13.08(kg)
따라서 (빈 상자의 무게) = 14.39 − 13.08
     = 1.31(kg)입니다.

평가 기준	배점(5점)
책 12권의 무게를 구했나요?	3점
빈 상자의 무게를 구했나요?	2점

4 사각형

1 ㉮ 직선 가와 직선 나가 만나서 이루는 각이 90°이므로
㉠ = 90° − 60° = 30°, ㉡ = 90° − 45° = 45°입니다.
따라서 ㉡ − ㉠ = 45° − 30° = 15°입니다.

단계	문제 해결 과정
①	㉠과 ㉡의 각도를 각각 구했나요?
②	㉠과 ㉡의 각도의 차를 구했나요?

2 ㉮ 평행사변형은 마주 보는 두 쌍의 변이 평행한 사각형입니다. 사다리꼴은 마주 보는 한 쌍의 변이 평행하고, 마름모, 직사각형, 정사각형은 마주 보는 두 쌍의 변이 평행합니다.
따라서 평행사변형이라고 할 수 있는 사각형은 ㉡, ㉢, ㉣입니다.

단계	문제 해결 과정
①	평행사변형이라고 할 수 있는 도형을 모두 찾았나요?
②	그 이유를 바르게 설명했나요?

3 ㉮ 수선이 있는 글자는 ㄱ, ㄹ, ㅍ, ㅁ이고 평행선이 있는 글자는 ㄹ, ㅍ, ㅁ입니다.
따라서 수선도 있고 평행선도 있는 글자는 ㄹ, ㅍ, ㅁ으로 모두 3개입니다.

단계	문제 해결 과정
①	수선이 있는 글자를 찾았나요?
②	평행선이 있는 글자를 찾았나요?
③	수선과 평행선이 모두 있는 글자를 찾았나요?

4 ㉮ 평행사변형은 마주 보는 두 변의 길이가 같으므로
(변 ㄱㄹ) = (변 ㄴㄷ) = 9 cm이고
(변 ㄱㄴ) + (변 ㄹㄷ) = 28 − 9 − 9 = 10(cm)입니다.
따라서 (변 ㄱㄴ) = 10 ÷ 2 = 5(cm)입니다.

단계	문제 해결 과정
①	마주 보는 두 변의 길이가 같음을 알고 있나요?
②	변 ㄱㄴ의 길이를 구했나요?

5 ㉮
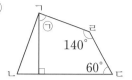

꼭짓점 ㄱ에서 변 ㄴㄷ과 수직이 되는 선분을 그으면 직각이 생깁니다.
사각형의 네 각의 크기의 합은 360°이므로 360°에서 알고 있는 세 각의 크기의 빼면 ㉠의 각도를 알 수 있습니다.
따라서 ㉠ = 360° − 140° − 60° − 90° = 70°입니다.

단계	문제 해결 과정
①	꼭짓점 ㄱ에서 변 ㄴㄷ에 선분을 그었을 때 생기는 각의 크기를 구했나요?
②	㉠의 각도를 구했나요?

6 ㉮ 직선 가와 직선 다의 평행선 사이의 거리는
(직선 가와 직선 나의 평행선 사이의 거리)
+ (직선 나와 직선 다의 평행선 사이의 거리)입니다.
따라서 직선 가와 직선 나의 평행선 사이의 거리는 9 cm이므로 직선 나와 직선 다의 평행선 사이의 거리는 21 − 9 = 12(cm)입니다.

단계	문제 해결 과정
①	직선 가와 직선 다의 평행선 사이의 거리를 구하는 방법을 알고 있나요?
②	직선 나와 직선 다의 평행선 사이의 거리를 구했나요?

7 ㉮

사각형 1개짜리: ①, ④ → 2개,
사각형 2개짜리: ①④, ②③, ⑤⑥ → 3개,
사각형 3개짜리: ①②③, ④⑤⑥ → 2개,
사각형 4개짜리: ②③⑤⑥ → 1개,
사각형 6개짜리: ①②③④⑤⑥ → 1개
따라서 크고 작은 평행사변형은 모두
2 + 3 + 2 + 1 + 1 = 9(개)입니다.

단계	문제 해결 과정
①	사각형 1개, 2개, 3개, 4개, 6개로 이루어진 평행사변형을 각각 찾았나요?
②	크고 작은 평행사변형의 개수를 모두 구했나요?

8 ㉮
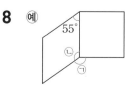

마름모의 이웃한 두 각의 크기의 합은 180°이므로 ㉡의 각도는 180° − 55° = 125°입니다.
따라서 정사각형의 한 각의 크기는 90°이고 한 바퀴의 각도는 360°이므로
㉠의 각도는 360° − 90° − 125° = 145°입니다.

단계	문제 해결 과정
①	㉡의 각도를 구했나요?
②	㉠의 각도를 구했나요?

다시 점검하는 기출 단원 평가 Level ❶ 36~38쪽

1 ③, ④　　　　　　　　**2** 가, 다, 라, 바

3 가, 라, 바

4 변 ㄱㄴ과 변 ㄹㄷ, 변 ㄱㅁ과 변 ㄴㄷ

5 (위에서부터) 105, 75　　**6** 선분 ㄹㅁ

7 선분 ㄷㄹ　　　　　　　**8** 5개

9 ㉠, ㉡, ㉢　　　　　　　**10** ③

11 16 cm　　　　　　　**12**

13 ㉢

14 70°

15 12 cm　　　　　　　**16** 9개

17 9 cm　　　　　　　**18** 70°

19 선주 / ⑩ 두 직선이 서로 수직일 때 한 직선을 다른 직선에 대한 수선이라고 합니다.

20 55°

---

1 ③ [사각형 도형] ④ [사각형 도형]

2 평행한 변이 한 쌍이라도 있는 사각형은 가, 다, 라, 바입니다.

3 마주 보는 두 쌍의 변이 서로 평행한 사각형은 가, 라, 바입니다.

4 서로 만나지 않는 두 변은 변 ㄱㄴ과 변 ㄹㄷ, 변 ㄱㅁ과 변 ㄴㄷ입니다.

5 평행사변형은 마주 보는 두 각의 크기가 서로 같고 이웃한 두 각의 크기의 합이 180°이므로
180° − 75° = 105°, 75°입니다.

8

| 가 | 나 | 다 | 라 | 마 | 바 |

변 ㄱㄹ과 변 ㄴㄷ이 서로 평행하므로 도형 나, 다, 라, 마, 바는 마주 보는 한 쌍의 변이 서로 평행합니다.
따라서 사다리꼴은 나, 다, 라, 마, 바로 모두 5개입니다.

9 마주 보는 한 쌍의 변이 평행하므로 사다리꼴입니다.
마주 보는 두 쌍의 변이 평행하므로 평행사변형입니다.
네 변의 길이가 모두 같으므로 마름모입니다.

10 ③ 평행선 사이의 거리는 선분 ㉡과 선분 ㉤입니다.

11 평행사변형은 마주 보는 두 변의 길이가 같으므로
(변 ㄹㄷ) = (변 ㄱㄴ) = 5 cm,
(변 ㄴㄷ) = (변 ㄱㄹ) = 3 cm입니다.
➡ (네 변의 길이의 합) = 5 + 3 + 5 + 3
= 16(cm)

12 한 선분에 평행한 선분을 긋고 다른 선분에 평행한 선분을 그어 사각형을 완성합니다.

13 ㉢ 평행사변형은 네 변의 길이가 항상 같지 않으므로 마름모라고 할 수 없습니다.

14 마름모는 네 변의 길이가 같으므로
(변 ㄴㄱ) = (변 ㄴㄷ)이고 삼각형 ㄱㄴㄷ은 이등변삼각형입니다.
따라서 (각 ㄴㄷㄱ) = (각 ㄴㄱㄷ) = 55°,
(각 ㄱㄴㄷ) = 180° − 55° − 55° = 70°입니다.
마름모는 마주 보는 두 각의 크기가 같으므로
(각 ㄱㄹㄷ) = (각 ㄱㄴㄷ) = 70°입니다.

15 평행사변형은 마주 보는 두 변의 길이가 같습니다.
(변 ㄱㄴ) + (변 ㄴㄷ) = 40 ÷ 2 = 20(cm)이므로
(변 ㄴㄷ) = 20 − 8 = 12(cm)입니다.

16

| ① | ② |
| ③ | ④ |

사각형 1개짜리: ①, ②, ③, ④ → 4개
사각형 2개짜리: ①②, ③④, ①③, ②④ → 4개
사각형 4개짜리: ①②③④ → 1개
➡ 4 + 4 + 1 = 9(개)

17 변 ㄱㅂ과 변 ㄹㅁ 사이에 수직인 변은 변 ㄱㄴ과 변 ㄷㄹ
이고 이 두 변의 길이의 합이 평행선 사이의 거리입니다.
따라서 변 ㄱㅂ과 변 ㄹㅁ의 평행선 사이의 거리는
(변 ㄱㄴ)＋(변 ㄷㄹ)＝6＋3＝9(cm)입니다.

18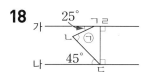

평행선 사이에 수선을 그어 사각형을 만듭니다.
(각 ㄴㄱㄹ)＝180°－25°＝155°
(각 ㄴㄷㄹ)＝90°－45°＝45°
사각형 네 각의 크기의 합은 360°이므로
㉠＝360°－155°－90°－45°＝70°입니다.

^{서술형}
19

평가 기준	배점(5점)
틀리게 설명한 사람을 찾았나요?	2점
틀린 이유를 바르게 설명했나요?	3점

^{서술형}
20 (예) 마름모는 이웃한 두 각의 크기의 합은 180°입니다.
㉠＋125°＝180°, ㉠＝180°－125°,
㉠＝55°입니다.

평가 기준	배점(5점)
이웃한 두 각의 크기의 합이 180°임을 알고 있나요?	2점
㉠의 각도를 구했나요?	3점

다시 점검하는 기출 단원 평가 Level ❷　39~41쪽

1 (위에서부터) 3, 4, 1, 2　　**2** 직선 마

3
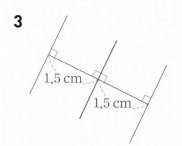

4 (예)
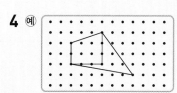

5
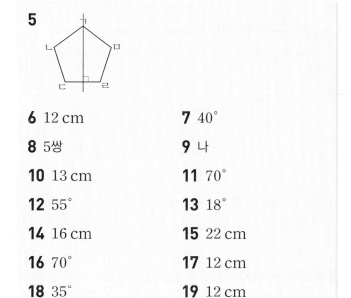

6 12 cm　　　　　　**7** 40°

8 5쌍　　　　　　　**9** 나

10 13 cm　　　　　　**11** 70°

12 55°　　　　　　　**13** 18°

14 16 cm　　　　　　**15** 22 cm

16 70°　　　　　　　**17** 12 cm

18 35°　　　　　　　**19** 12 cm

20 8 cm

1 ① 직선 ㄱㄴ 위에 점 ㄷ을 찍습니다.
② 각도기의 중심을 점 ㄷ에 맞추고 각도기의 밑금을
직선 ㄱㄴ과 일치하도록 맞춥니다.
③ 각도기에서 90°가 되는 눈금 위에 점 ㄹ을 찍습니다.
④ 점 ㄷ과 점 ㄹ을 선으로 잇습니다.

2 직선 다와 직선 나, 직선 마와 직선 나가 서로 수직이므
로 직선 다와 평행한 직선은 직선 마입니다.

3 평행선 사이의 거리가 1.5 cm가 되도록 주어진 직선
을 기준으로 양쪽 방향으로 평행선을 각각 긋습니다.

4 어느 방향으로든 한 꼭짓점을 옮겨서 마주 보는 한 쌍
의 변이 평행하도록 만들면 됩니다.

5 한 점을 지나고 한 선분과 수직인 직선은 1개 그을 수
있습니다.

6 선분 ㄱㄹ과 선분 ㄴㄷ이 서로 평행하므로 평행선 사이
의 수선인 변 ㄱㄴ의 길이는 12 cm입니다.

7 (각 ㄹㄱㄴ)＝(각 ㄱㄴㄷ)＝90°이므로
사각형 ㄱㄴㄷㄹ에서
(각 ㄴㄹㄷ)＝360°－90°－90°－40°－100°
＝40°입니다.

8 두 변이 직각으로 만나는 것을 찾으면 변 ㄱㄴ과 변 ㄴㄷ, 변 ㄷㄹ과 변 ㄹㅁ, 변 ㄹㅁ과 변 ㅂㅁ, 변 ㅅㅂ과 변 ㅂㅁ, 변 ㄱㅅ과 변 ㅅㅂ으로 모두 5쌍입니다.

9

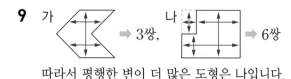

가 ➡ 3쌍, 나 ➡ 6쌍

따라서 평행한 변이 더 많은 도형은 나입니다.

10 마름모는 네 변의 길이가 모두 같으므로
(한 변의 길이) $= 52 \div 4 = 13$(cm)입니다.

11 평행사변형은 이웃한 두 각의 크기의 합이 $180°$입니다.
$60° + 50° + $ (각 ㄱㄷㄹ) $= 180°$
➡ (각 ㄱㄷㄹ) $= 180° - 60° - 50° = 70°$

12 마주 보는 두 각의 크기가 같으므로
(각 ㄴㄱㄹ) $=$ (각 ㄹㄷㄴ) $= 70°$입니다.
마름모는 네 변의 길이가 모두 같으므로
(변 ㄱㄴ) $=$ (변 ㄱㄹ)입니다.
따라서 삼각형 ㄱㄴㄹ은 이등변삼각형입니다.
(각 ㄱㄴㄹ) $+$ (각 ㄱㄹㄴ) $= 180° - 70° = 110°$
➡ (각 ㄱㄴㄹ) $= 110° \div 2 = 55°$

13 (각 ㄷㄹㄴ) $= 90°$
➡ (각 ㄷㄹㅁ) $= 90° \div 5 = 18°$

14 직사각형은 마주 보는 두 변의 길이가 같으므로
(변 ㄱㄹ) $+$ (변 ㄹㄷ) $= 80 \div 2 = 40$(cm)입니다.
(변 ㄹㄷ) $= 24$ cm이므로
(변 ㄱㄹ) $= 40 - 24 = 16$(cm)입니다.

15 (각 ㅁㄹㄷ) $= 180° - 90° - 45° = 45°$이므로
삼각형 ㄹㅁㄷ은 이등변삼각형입니다.
직사각형은 마주 보는 두 변의 길이가 같으므로
(변 ㄹㅁ) $=$ (변 ㅁㄷ) $=$ (변 ㄱㄴ) $= 8$ cm입니다.
➡ (직사각형 ㄱㄴㅁㄹ의 네 변의 길이의 합)
$= 8 + 3 + 8 + 3 = 22$(cm)

16

ⓛ $= 180° - 110° = 70°$
ⓒ $= 180° - $ ⓛ $- 90°$
$\quad = 180° - 70° - 90° = 20°$
➡ ⓐ $= 90° - $ ⓒ $= 90° - 20° = 70°$

17 (변 ㄱㅇ과 변 ㄴㄷ 사이의 평행선 사이의 거리)
$=$ (변 ㅇㅅ) $+$ (변 ㅂㅁ) $+$ (변 ㄹㄷ)
$= 4 + 5 + 3 = 12$(cm)

18 평행사변형과 마름모는 이웃한 두 각의 크기의 합이 $180°$입니다.
(각 ㄴㄷㄹ) $= 180° - 65° = 115°$
(각 ㄹㄷㅁ) $= 180° - 150° = 30°$
➡ ⓐ $= 180° - 115° - 30° = 35°$

19 예 틀린 이유: 평행선 사이의 수직인 선분의 길이를 재지 않았기 때문입니다.
직선 가와 직선 나의 평행선 사이의 거리는 7 cm이고, 직선 나와 직선 다의 평행선 사이의 거리는 5 cm이므로 직선 가와 직선 다의 평행선 사이의 거리는
$7 + 5 = 12$(cm)입니다.

평가 기준	배점(5점)
효주의 답이 틀린 이유를 알았나요?	3점
직선 가와 직선 다의 평행선 사이의 거리를 바르게 구했나요?	2점

20 예 사각형 ㄱㄴㅁㄹ은 평행사변형이 되고 평행사변형은 마주 보는 두 변의 길이가 같으므로
(선분 ㄴㅁ) $=$ (변 ㄱㄹ) $= 9$ cm입니다.
따라서 (선분 ㅁㄷ) $= 17 - 9 = 8$(cm)입니다.

평가 기준	배점(5점)
사각형 ㄱㄴㅁㄹ이 평행사변형임을 알았나요?	1점
선분 ㄴㅁ의 길이를 구했나요?	2점
선분 ㅁㄷ의 길이를 구했나요?	2점

5 꺾은선그래프

42~45쪽

서술형 문제

1 예 점들을 연결할 때에는 일직선으로 연결해야 하는데 점과 점 사이를 일직선으로 연결하지 않았습니다.

2 예 • 4월 이후 휴대 전화 판매량이 계속 늘어나고 있습니다.
• 3월과 4월 사이에는 휴대 전화 판매량이 줄었습니다.
• 7월의 휴대 전화 판매량은 46000대입니다.

3 예 22.6 cm

4 예 2017년부터 2021년까지 어린이 안전사고가 계속 늘어나고 있습니다.
따라서 2022년에도 2021년보다 사고가 더 많을 것으로 예상할 수 있습니다.

5 10.8, 10.4, 10.9 /

평균기온

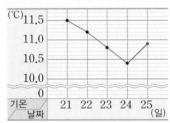

6 1.1℃　　　　　　　**7** 8월

8 혜성

1

단계	문제 해결 과정
①	잘못된 부분을 찾았나요?
②	잘못된 이유를 바르게 설명했나요?

2

단계	문제 해결 과정
①	알 수 있는 사실을 한 가지 썼나요?
②	알 수 있는 사실을 또 한 가지 썼나요?

3 예 그래프에서 세로 눈금 한 칸의 크기는 0.2 cm이므로 식물의 키는 25일에 22.4 cm, 27일에 22.8 cm입니다.
따라서 26일에 식물의 키는 22.4 cm와 22.8 cm의 키의 중간인 22.6 cm였을 것 같습니다.

단계	문제 해결 과정
①	25일과 27일의 식물의 키를 구했나요?
②	26일에 식물의 키는 몇 cm였을 것 같은지 구했나요?

4

단계	문제 해결 과정
①	꺾은선그래프를 분석했나요?
②	2022년도 안전사고 변화를 예상했나요?

5 예 꺾은선그래프에서 23일은 10.8 ℃, 24일은 10.4 ℃입니다. 25일은 24일보다 0.5 ℃ 더 높으므로 10.4＋0.5＝10.9(℃)입니다.

단계	문제 해결 과정
①	꺾은선그래프에서 23일, 24일의 기온을 구했나요?
②	25일의 기온을 구했나요?
③	표와 꺾은선그래프를 완성했나요?

6 예 평균 기온이 가장 높은 날: 21일, 11.5℃
평균 기온이 가장 낮은 날: 24일, 10.4℃
따라서 평균 기온의 차는 11.5 － 10.4 ＝ 1.1(℃)입니다.

단계	문제 해결 과정
①	평균 기온이 가장 높은 날을 구했나요?
②	평균 기온이 가장 낮은 날을 구했나요?
③	평균 기온의 차를 구했나요?

7 예 혜성이와 수영이의 눈금의 칸 수의 차는 4월: 2칸, 5월: 3칸, 6월: 2칸, 7월: 3칸, 8월: 5칸입니다.
따라서 눈금의 칸 수의 차가 가장 큰 달은 8월입니다.

단계	문제 해결 과정
①	혜성이와 수영이의 눈금의 칸 수의 차를 각각 구했나요?
②	혜성이와 수영이의 줄넘기 횟수의 차가 가장 큰 달을 구했나요?

8 예 꺾은선이 혜성이는 올라갔고 수영이는 6월부터 내려갔으므로 혜성이가 줄넘기 대회에 출전하는 것이 좋을 것 같습니다.

단계	문제 해결 과정
①	꺾은선이 올라갔는지 내려갔는지 비교했나요?
②	줄넘기 대회에 누가 출전하면 좋을지 구했나요?

다시 점검하는 기출 단원 평가 Level ❶ 46~48쪽

1 13 ℃   **2** 오전 8시와 9시 사이

3 예 19 ℃

4 예 온도가 더 올라갈 것입니다.

5 예 0.2 cm

6 132.2 cm부터 134.8 cm까지

7 예

줄넘기 횟수

8 9월과 10월 사이

9 240

10

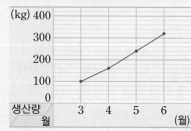

감자 생산량

11 6칸   **12** 9000명

13 예 34000명   **14** 월요일

15 14권

16

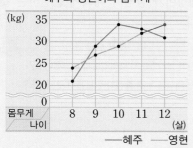

혜주와 영현이의 몸무게

17 10살, 5 kg   **18** 3 kg 늘어났습니다.

19 예 1.1 cm   **20** 12100 kg

---

1 세로 눈금 한 칸은 1 ℃를 나타내므로 오전 8시의 온도는 13 ℃입니다.

2 꺾은선그래프의 기울어진 정도가 가장 큰 때는 오전 8시와 9시 사이입니다.

3 오전 9시는 18 ℃, 오전 10시는 20 ℃이므로 오전 9시 30분의 온도는 그 중간인 19 ℃였을 것 같습니다.

4 온도가 오전 6시 이후로 계속 올라가고 있으므로 11시에도 더 올라갈 것이라고 예상할 수 있습니다.

8 선이 가장 많이 기울어진 때는 9월과 10월 사이입니다.

9 4월: 160 kg, 5월: □ kg
➡ 160 + □ = 400,
     □ = 400 − 160 = 240(kg)

11 8월과 9월의 판매량은 3칸 차이가 나므로 다시 그래프를 그린다면 $3 \times 2 = 6$(칸) 차이가 납니다.

12 2017년 45000명에서 2021년 36000명으로 줄어들었으므로 45000 − 36000 = 9000(명) 줄어들었습니다.

13 2018년부터 매년 2000명씩 줄어들고 있으므로 2022년에는 2021년보다 2000명 적은 34000명이 될 것이라고 예상할 수 있습니다.

15 가장 많이 판매한 날: 토요일 55권
가장 적게 판매한 날: 화요일 41권
➡ 55 − 41 = 14(권)

16 (12살 몸무게) = (11살 몸무게) + 2
          = 32 + 2 = 34(kg)

17 두 그래프 사이의 간격이 가장 많이 벌어진 때는 10살 때입니다.
➡ (몸무게의 차) = 34 − 29 = 5(kg)

18 혜주의 몸무게의 변화가 가장 큰 때는 8살과 9살 사이입니다. 이때 영현이의 몸무게는 24 kg에서 27 kg으로 3 kg 늘어났습니다.

서술형
19 예 수요일은 1 cm이고 목요일은 1.2 cm입니다. 수요일 오후 9시의 콩나물의 키는 1 cm와 1.2 cm의 중간인 1.1 cm였을 것 같습니다.

평가 기준	배점(5점)
수요일의 콩나물의 키를 구했나요?	2점
목요일의 콩나물의 키를 구했나요?	2점
수요일과 목요일의 콩나물의 키의 중간값을 구했나요?	1점

20 ⓔ 세로 눈금 한 칸의 크기는 $500 \div 5 = 100(\text{kg})$입니다. 따라서 2018년부터 2021년까지의 사과 생산량은 $2700 + 2900 + 3100 + 3400 = 12100(\text{kg})$입니다.

평가 기준	배점(5점)
세로 눈금 한 칸의 크기를 구했나요?	2점
2018년부터 2021년까지의 사과 생산량의 합을 구했나요?	3점

다시 점검하는 **기출 단원 평가 Level ❷** 49~51쪽

1 8, 10, 13, 13, 11   **2** 금요일과 토요일 사이

3 7 ℃   **4** 10칸

5 ⓔ 17 mm   **6** 470

7
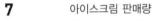
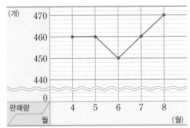

아이스크림 판매량

8 77개

9 2020년과 2021년 사이   **10** 1400000원

11 1440대   **12** 5월, 50대

13 나 회사, 80대   **14** 6월

15 ⓔ 가 회사의 판매량이 나 회사의 판매량보다 점점 더 많아질 것입니다.

16 2017년과 2018년 사이, 4 kg

17 9 kg

18 53, 58, 51 /
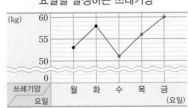

요일별 발생하는 쓰레기양

19 막대그래프 / ⓔ 막대그래프는 각 항목별 크기를 비교하기 쉽기 때문입니다.

20 꺾은선그래프 / ⓔ 꺾은선그래프는 시간에 따른 자신의 줄넘기 기록 변화를 알기 쉽기 때문입니다.

2 꺾은선의 변화가 없는 때는 금요일과 토요일 사이입니다.

3 최저 기온이 가장 높은 날: 금요일(토) 13 ℃
최저 기온이 가장 낮은 날: 월요일 6 ℃
➡ 차: $13 - 6 = 7(℃)$

4 세로 눈금 한 칸의 크기가 1 ℃이고, 토요일과 일요일의 세로 눈금은 2칸 차이가 납니다. 따라서 세로 눈금 한 칸의 크기를 0.2 ℃로 하여 다시 그리면 $2 \times 5 = 10(칸)$ 차이가 납니다.

5 오후 1시의 강수량은 14 mm이고 오후 2시의 강수량은 20 m m입니다. 오후 1시 30분의 강수량은 14 mm와 20 mm의 중간인 17 mm였을 것 같습니다.

8 월: 71개, 화: 74개, 목: 80개, 금: 83개
매일 3개씩 늘어나고 있으므로 수요일의 기록은 $74 + 3 = 77(개)$입니다.

9 선의 기울어져 있는 정도가 클수록 변화가 큽니다.

10 2021년도 감 생산량은 1400개이므로 감을 팔아서 번 돈은 $1400 \times 1000 = 1400000(원)$입니다.

11 가 회사: 710대, 나 회사: 730대
➡ $710 + 730 = 1440(대)$

12 두 그래프 사이의 간격이 가장 많이 벌어진 때는 5월입니다.
➡ (판매량의 차) $= 780 - 730 = 50(대)$

13 가 회사: $710 + 720 + 730 + 830 + 860 = 3850(대)$
나 회사: $730 + 760 + 780 + 820 + 840 = 3930(대)$
➡ (판매량의 차) $= 3930 - 3850 = 80(대)$

14 가 회사의 꺾은선이 나 회사보다 위쪽으로 올라간 때는 6월입니다.

15 6월부터 가 회사의 판매량이 나 회사의 판매량보다 많아지기 시작했으므로 점점 더 벌어질 것이라고 예상할 수 있습니다.

16 쌀 소비량이 가장 많이 줄어든 때는 2017년과 2018년 사이입니다. 2017년은 80 kg이고 2018년은 76 kg이므로 80−76=4(kg)이 줄어들었습니다.

17 2017년: 80 kg, 2021년: 71 kg
➡ 80 − 71 = 9(kg)

18 꺾은선그래프에서 월요일: 53 kg, 화요일: 58 kg입니다.
➡ 수요일: 53−2=51(kg)

서술형
19

평가 기준	배점(5점)
알맞은 그래프를 찾았나요?	3점
이유를 설명했나요?	2점

서술형
20

평가 기준	배점(5점)
알맞은 그래프를 찾았나요?	3점
이유를 설명했나요?	2점

6 다각형

서술형 문제
52~55쪽

1 예 • 변이 6개입니다.
  • 모든 변의 길이가 같습니다.
  • 모든 각의 크기가 같습니다.

2 예 만든 다각형은 사각형입니다. 사각형은 변의 수가 4개인 다각형입니다.

3 정구각형   **4** 17 cm

5 9개   **6** 49 cm

7 135°   **8** 35개

9 72°

1

단계	문제 해결 과정
①	정육각형의 특징을 1가지 썼나요?
②	정육각형의 특징을 2가지 썼나요?
③	정육각형의 특징을 3가지 썼나요?

2

단계	문제 해결 과정
①	다각형을 만들었나요?
②	만든 다각형의 특징을 썼나요?

3 예 정다각형은 변의 길이가 모두 같으므로 변의 수는 108 ÷ 12 = 9(개)입니다.
따라서 변이 9개인 정다각형은 정구각형입니다.

단계	문제 해결 과정
①	변의 수를 구했나요?
②	어떤 도형인지 찾았나요?

4 예 직사각형은 두 대각선의 길이가 같으므로
(선분 ㄴㄹ) = (선분 ㄱㄷ) = 34 cm입니다.
직사각형은 한 대각선이 다른 대각선을 똑같이 반으로 나누므로 (선분 ㄴㅁ) = 34 ÷ 2 = 17(cm)입니다.

단계	문제 해결 과정
①	선분 ㄴㄹ의 길이를 구했나요?
②	선분 ㄴㅁ의 길이를 구했나요?

5 예 삼각형의 대각선은 0개이고 육각형의 대각선은 9개입니다.
따라서 대각선의 수의 합은 0 + 9 = 9(개)입니다.

단계	문제 해결 과정
①	삼각형의 대각선의 수를 구했나요?
②	육각형의 대각선의 수를 구했나요?
③	대각선의 수의 합을 구했나요?

6 ⓔ 정오각형과 마름모는 변의 길이가 각각 모두 같으므로 한 변의 길이는 7 cm입니다.
따라서 만든 도형은 7 cm인 변이 7개이므로
(굵은 선의 길이) $= 7 \times 7 = 49$(cm)입니다.

단계	문제 해결 과정
①	정오각형과 마름모의 각 변의 길이를 구했나요?
②	만든 도형의 굵은 선의 길이를 구했나요?

7 ⓔ

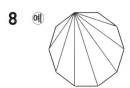

정팔각형은 사각형 3개로 나눌 수 있으므로 모든 각의 크기의 합은 $360° \times 3 = 1080°$입니다.
따라서 정팔각형의 한 각의 크기는
$1080° \div 8 = 135°$입니다.

단계	문제 해결 과정
①	정팔각형을 사각형 3개로 나누어 모든 각의 크기의 합을 구했나요?
②	정팔각형의 한 각의 크기를 구했나요?

8 ⓔ

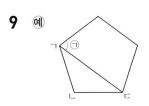

십각형의 한 꼭짓점에서 그을 수 있는 대각선은 7개입니다.
꼭짓점이 10개이므로 대각선을 $10 \times 7 = 70$(개) 그을 수 있습니다.
이때 대각선이 두 번씩 서로 겹치므로 대각선은 모두
$70 \div 2 = 35$(개)입니다.

단계	문제 해결 과정
①	십각형의 한 꼭짓점에서 그을 수 있는 대각선의 수를 구했나요?
②	십각형의 대각선의 수를 구했나요?

9 ⓔ

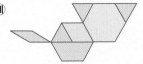

정오각형의 모든 각의 크기의 합은
(삼각형의 세 각의 크기의 합)$\times 3$
$= 180° \times 3 = 540°$이므로
정오각형의 한 각의 크기는 $540° \div 5 = 108°$입니다.
정오각형은 변의 길이가 모두 같으므로 삼각형 ㄱㄴㄷ은
각 ㄱㄴㄷ이 108°인 이등변삼각형입니다.
(각 ㄴㄱㄷ) + (각 ㄴㄷㄱ) $= 180° - 108° = 72°$
(각 ㄴㄱㄷ) = (각 ㄴㄷㄱ) $= 72° \div 2 = 36°$
따라서 ㉠ $= 108° - 36° = 72°$입니다.

단계	문제 해결 과정
①	정오각형의 한 각의 크기를 구했나요?
②	㉠의 각도를 구했나요?

다시 점검하는 **기출 단원 평가** Level **1** 56~58쪽

1 나, 다, 라, 바, 아   **2** 2개

3 ㉡, ㉢   **4** ㉡, ㉣

5 54 cm   **6** 5개

7 ④   **8** 정팔각형

9 26 cm   **10** (위에서부터) 90, 13

11 직각삼각형   **12** 11개

13 3개

14 ⓔ

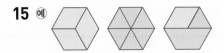

15 ⓔ

16 36 cm   **17** 36 cm

18 60°

19 ⓔ 선분으로 둘러싸여 있지 않기 때문입니다.

20 108°

1 선분으로만 둘러싸인 도형을 모두 찾으면 나, 다, 라, 바, 아입니다.

2 변의 길이가 모두 같고, 각의 크기가 모두 같은 다각형은 다, 바로 모두 2개입니다.

3 두 대각선의 길이가 같은 사각형은 ⓒ 정사각형, ⓒ 직사각형입니다.

4 두 대각선이 서로 수직인 사각형은 ⓒ 정사각형, ② 마름모입니다.

5 변이 6개인 정다각형은 정육각형입니다.
도형의 모든 변의 길이의 합은 $9 \times 6 = 54$(cm)입니다.

6 이웃하지 않은 두 꼭짓점을 이으면 모두 5개입니다.

7 ① 2개, ② 2개, ③ 5개, ④ 9개, ⑤ 0개
따라서 대각선의 수가 가장 많은 것은 ④입니다.

8 정다각형은 모든 변의 길이가 같습니다.
따라서 변의 수는 $40 \div 5 = 8$(개)이므로 정팔각형입니다.

9 (정오각형의 한 변의 길이) $= 130 \div 5 = 26$(cm)

10 정사각형은 두 대각선의 길이가 같고, 한 대각선이 다른 대각선을 똑같이 반으로 나눕니다. 또 두 대각선이 서로 수직입니다.

11 잘라낸 삼각형은 모두 한 각이 직각인 직각삼각형입니다.

12 대각선의 수는
사각형: 2개, 육각형: 9개, 삼각형: 0개
➡ $2 + 9 = 11$(개)

13 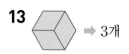 ➡ 3개

15 이외에도 여러 가지 방법으로 정육각형을 채울 수 있습니다.

16 가는 정오각형이고 나는 정사각형입니다.
(가의 한 변의 길이) $= 80 \div 5 = 16$(cm)
(나의 한 변의 길이) $= 80 \div 4 = 20$(cm)
➡ $16 + 20 = 36$(cm)

17 정다각형이므로 모든 변의 길이가 3 cm로 같습니다.
만든 도형은 3 cm인 변이 12개이므로
(굵은 선의 길이) $= 3 \times 12 = 36$(cm)입니다.

18

정육각형은 사각형 2개로 나눌 수 있으므로 정육각형의 모든 각의 크기의 합은
$360° \times 2 = 720°$입니다.
정육각형은 각의 크기가 모두 같으므로
(한 각의 크기) $= 720 \div 6 = 120°$입니다.
따라서 ㉠ $= 180° - 120° = 60°$입니다.

서술형
19

평가 기준	배점(5점)
다각형이 아닌 이유를 바르게 설명했나요?	5점

서술형
20 ⓐ 정오각형은 삼각형 3개로 나누어지므로 모든 각의 크기의 합은 $180° \times 3 = 540°$입니다.
정오각형은 모든 각의 크기가 모두 같으므로 한 각의 크기는 $540° \div 5 = 108°$입니다.

평가 기준	배점(5점)
정오각형의 모든 각의 크기의 합을 구했나요?	3점
정오각형의 한 각의 크기를 구했나요?	2점

다시 점검하는 **기출 단원 평가** Level ❷ 59~61쪽

1 (위에서부터) 정육각형, 정팔각형 / 30 cm, 56 cm

2 (1) 나, 라 (2) 가, 나 (3) 나

3 정사각형, 2개   **4** 칠각형, 14개

5 ⓐ

6 ⓒ   **7** 17 cm

8 오각형   **9** 15개

10 12 cm   **11** 12 cm

12 16 cm   **13** 18 cm

14 99 cm   **15** 72°

16 정십각형   **17** 120°

18 150°   **19** 120°

20 12°

2 (1) 정사각형, 직사각형 (2) 마름모, 정사각형
(3) 정사각형

3  ➡ 3개

4

변이 7개이므로 칠각형입니다. 이웃하지 않은 두 꼭짓점을 선분으로 모두 이어 보면 대각선은 14개입니다.

다른 풀이

한 꼭짓점에서 그을 수 있는 대각선이 4개이므로 대각선은 모두 $4 \times 7 \div 2 = 14$(개)입니다.

6 다각형으로 바닥을 빈틈없이 채우려면 꼭짓점을 중심으로 $360°$가 되어야 합니다.
정오각형은 한 각이 $108°$이므로 꼭짓점을 중심으로 $360°$를 만들 수 없습니다. 3개를 모으면 빈틈이 생기고, 4개를 모으면 겹치는 부분이 생깁니다.

7 (한 변의 길이)$= 136 \div 8 = 17$(cm)

8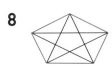

두 대각선이 시작되는 꼭짓점을 선분으로 이어 보면 변의 수가 5개인 오각형입니다.

9  ➡ $4 + 11 = 15$(개)

10 마름모는 한 대각선이 다른 대각선을 똑같이 반으로 나누므로 (선분 ㅁㄷ)$= 3$ cm입니다.
두 대각선의 길이의 합이 14 cm이므로
(선분 ㄴㄹ)$= 14 - 6 = 8$(cm)이고,
(선분 ㄴㅁ)$= 8 \div 2 = 4$(cm)입니다.
➡ (삼각형 ㄱㄴㅁ의 세 변의 길이의 합)
$= 5 + 4 + 3 = 12$(cm)

11 정육각형 1개를 만드는 데 필요한 색 테이프의 길이는
$144 \div 2 = 72$(cm)입니다.
➡ (정육각형의 한 변의 길이)$= 72 \div 6 = 12$(cm)

12 3개의 모양 조각으로 정육각형을 만들면 다음과 같습니다.

정육각형의 한 변의 길이가 8 cm이고 정육각형에서 가장 긴 대각선은 정육각형의 한 변의 길이의 2배이므로 (가장 긴 대각선의 길이)$= 8 \times 2 = 16$(cm)입니다.

13 (가의 모든 변의 길이의 합)$= 24 \times 6 = 144$(cm)
(정팔각형의 한 변의 길이)$= 144 \div 8 = 18$(cm)

14 (정육각형의 한 변의 길이)$= 54 \div 6 = 9$(cm)
굵은 선의 길이는 9 cm인 변 11개의 길이의 합과 같습니다.
➡ (굵은 선의 길이)$= 9 \times 11 = 99$(cm)

15 정오각형이므로 (각 ㄴㄱㅁ)$=$(각 ㄴㄷㄹ)$= 108°$
삼각형 ㄱㄴㅁ은 이등변삼각형이므로
(각 ㄱㄴㅁ)$+$(각 ㄱㅁㄴ)$= 180° - 108° = 72°$
(각 ㄱㅁㄴ)$= 70° \div 2 = 36°$
따라서 (각 ㄹㅁㄴ)$= 108° - 36° = 72°$입니다.

16 변의 길이가 모두 같고 각의 크기가 모두 같으므로 정다각형입니다. 다각형의 대각선의 수를 알아보면

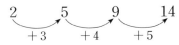

따라서 $35 = 14 + 6 + 7 + 8$이므로 정십각형입니다.

17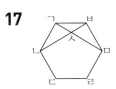

정육각형의 모든 각의 크기의 합은 $720°$이므로
(각 ㄴㄱㅂ)$=$(각 ㄱㅂㅁ)$= 720° \div 6 = 120°$
삼각형 ㄴㄱㅂ과 삼각형 ㄱㅂㅁ은 이등변삼각형이므로
(각 ㄴㅂㄱ)$+$(각 ㄱㄴㅂ)$= 60°$,
(각 ㄴㅂㄱ)$=$(각 ㄱㄴㅂ)$= 30°$이고
(각 ㅁㄱㅂ)$+$(각 ㄱㅁㅂ)$= 60°$,
(각 ㅁㄱㅂ)$=$(각 ㄱㅁㅂ)$= 30°$입니다.
따라서 삼각형 ㄱㄴㅅ에서
(각 ㄱㅅㅂ)$= 180° - 30° - 30° = 120°$,
(각 ㄴㅅㄱ)$= 180° - 120° = 60°$이므로
(각 ㄴㅅㅁ)$= 180° - 60° = 120°$입니다.

18

정육각형은 사각형 2개로 나누어지므로 6개의 각의 크기의 합은 $360° \times 2 = 720°$이고,

6개의 각의 크기가 모두 같으므로

ⓒ $= 720° \div 6 = 120°$입니다.

정사각형은 네 각이 모두 직각이므로 ⓒ $= 90°$입니다.

따라서 ㉠ $= 360° - 120° - 90° = 150°$입니다.

서술형
19 ㉞ 정다각형은 변의 수는 $36 \div 6 = 6$(개)이므로 정육각형입니다.

정육각형은 두 개의 사각형으로 나눌 수 있으므로 모든 각의 크기의 합은 $360° \times 2 = 720°$입니다.

따라서 한 각의 크기는 $720° \div 6 = 120°$입니다.

평가 기준	배점(5점)
정다각형의 이름을 구했나요?	3점
정다각형의 한 각의 크기를 구했나요?	2점

서술형
20 ㉞ 정육각형은 사각형 2개로 나눌 수 있고 모든 각의 크기의 합은 $360° \times 2 = 720°$이므로 한 각의 크기는 $720° \div 6 = 120°$입니다.

정오각형은 삼각형 3개로 나눌 수 있고 모든 각의 크기의 합은 $180° \times 3 = 540°$이므로 한 각의 크기는 $540° \div 5 = 108°$입니다.

㉠ $= 360° - 120° - 120° - 108° = 12°$입니다.

평가 기준	배점(5점)
정육각형의 한 각의 크기를 구했나요?	2점
정오각형의 한 각의 크기를 구했나요?	2점
㉠의 크기를 구했나요?	1점

다음에는 뭐 풀지?

STEP 4 Book
최상위로 가는 '맞춤 학습 플랜'

다음에 공부할 책을 고르기 어려우시다면, 현재 성취도를 먼저 체크해 보세요.
최상위로 가는 맞춤 학습 플랜만 있다면 내 실력에 꼭 맞는 교재를 선택할 수 있어요!
단계에 따라 내 실력을 진단해 보고, 다음 학습도 야무지게 준비해 봐요!

첫 번째, 단원평가의 맞힌 문제 수 또는 점수를 모두 더해 보세요.

단원		맞힌 문제 수 OR	점수 (문항당 5점)
1단원	1회		
	2회		
2단원	1회		
	2회		
3단원	1회		
	2회		
4단원	1회		
	2회		
5단원	1회		
	2회		
6단원	1회		
	2회		
합계			

※ 단원평가는 각 단원의 마지막 코너에 있는 20문항 문제지입니다.